전기철도공학
(종합정리)

공저 : 공학박사 기술사 이준경

공학박사 김진오

전기철도에 관한 참고 서적이 부족하던 시기에 전기철도기술사를 준비하면서 국내외 관련 자료를 취합하여 (특히 김용순님의 "철도기술자를 위한 전기개론 시리즈 번역본" 및 "제2회 전력세미나(예고집)번역본"을 많이 참고) 정리한 서브노트를 대학교, 기술사, 기사 등의 참고용 교재로 "21세기 핵심전기철도"로 출간 한 이후, 한 학기 강의용의 대학교 교재가 필요하여 도서출판 기다리에서 새로운 교재로 대폭 보완 수정하여 전기철도를 처음 접하는 분들에게 조금이라도 도움을 드린다는 마음으로 출간하였습니다.

본서는 "전기철도 핵심정리" 내용에 본인이 전기설계를 하면서 송전, 변전, 전력, 전차선의 4개 분야중 전기철도와 관련된 내용과 개정된 관련 규정 등을 반영하여 정리한 것으로, 본인이 대학교에서 전기철도의 전반적인 내용을 개략적이고 종합적으로 강의한 내용 위주로 출간한 것입니다. 그러므로 본서는 전기철도의 입문서로서 전기철도의 전반적인 내용을 공부하시는 분들에게 도움을 드려 전기철도 발전에 조금이라도 기여하고자 하는 마음으로 정리하였습니다.

본서를 발간함에 있어, 저와 함께 설계에 참여하고 있는 세종기술 동료 분들과 강의 시간을 배려 해주시는 송진호 사장님께 감사를 드리며, 또한 이 책의 출판에 수고하여 주신 도서출판 김복순 사장님과 본서가 출간되기까지 여러 분야에서 도움을 주신 분들에게도 감사를 드리며 본서를 이용하시는 모든 전기인에게 앞날의 축복이 있기를 기원합니다.

2010년 2월

공 저 이 준 경 · 김 진 오

목 차

제1장 전기철도일반

제2장 송 · 변전설비

제4장 전차선로

제5장 구조물

5-3. 응력과 변형도 / 352

5-4.부재단면의 성질 / 361

5-5. 전철주 / 366

5-6. 전철주의 기초 / 370

5-7. 빔 / 381

제 1 장
전기철도 일반

1-1. 전기철도의 분류

1. 수송목적에 의한 분류

1.1 일반 전기철도

1) 시가지철도(street Railway, 시내철도)

① 개 념 : 시가지 도로상에 건설하여 버스처럼 운행한다.

② 특 징 : 저속으로 운전시격이 짧게 운행, 노면전차라고도 한다.

2) 교외철도(suburban Railway, 근교철도)

① 개 념 : 도시를 중심으로 위성도시와 연결하는 순환철도

② 특 징 : 시내고속철도와 규모가 비슷

3) 시내 고속철도(Rapid Transit Railway, 도시고속철도)

① 개 념 : 도시 내의 고가철도, 지하철도

② 특 징 : 타교통기관에 지장이 없으며, 고속운전이 가능하고, 대도시 교통수단으로 각광받고 있다.

4) 도시간 철도(Interurban Railway)

① 개 념 : 도시와 도시간을 연결하는 철도

② 특 징 : 전차출력이 높고, 정차간격이 멀어 표정속도가 크며, 최고속도 80~110[km/h]이다.

5) 간선철도(Trunk Line Railway)

① 개 념 : 국내 간선을 이루는 철도로 경부선과 같은 기간철도

② 특 징 : 운행거리가 길고 고속운전

6) 등산철도

① 개 념 : 급경사 선구를 운행하는 철도

② 특 징 : 차륜의 부착력 높을 것, 견인력이 클 것, 보안도가 높을 것

1.2 특수 전기철도

1) 강삭철도 : 급경사 선구에서 차량을 강삭(케이블)에 의해 끌거나 내려서 운전한다.
2) 가공삭도 : 공중에 조가된 강삭(케이블)에 의해 차량을 상・하로 운반한다.
3) 현수철도 : 단궤도를 높은 곳에 부설, 차량의 상부에 달아매어 궤도상을 주행
4) 무궤도전차 : 노면전차와 자동차의 중간적인 특성으로 궤도없이 차륜은 고무타이어를 사용한다.
5) 동력탑재식 철도 : 차량내에 발전기 또는 축전지 탑재하고 열차는 전동기로 운전한다.

2. 전기방식에 의한 분류

2.1 직류식

600[V], 750[V], 1,200[V], 1,500[V], 3,000[V]

2.2 단상교류식

1) 16 2/3[Hz](11[kV], 15[kV]), 25[Hz](6.6[kV], 11[kV]), 50[Hz](6.6[kV], 16[kV], 25[kV]), 60[Hz](20[kV], 25[kV])
2) 국내 60[Hz](22.9[kV], 154[kV])를 수전 단상 25,000[V]로 변성

2.3 단상교류-직류식

1) 전철용 전동기는 직류 직권 전동기가 사용된다.
2) 차 내에 실리콘 정류기를 설치하여 직류직권 전동기를 운전한다.

2.4 3상 교류식

16 2/3[Hz](3[kV], 6[kV]), 25[Hz](6[kV])

3. 집전방식에 의한 분류

3.1 가공전차선방식

공중선에 전선을 가설하고, 이에 차량의 집전장치접촉, 전력공급

3.2 제3궤조방식

주행레일 외에 도전레일 설치하고, 집전화에 의해 전력을 공급받는다.

3.3 철도선로의 구성에 의한 분류

보통철도, 지하철도, 고가철도, 케이블카, 모노레일, 무궤조차, 3궤조식 등으로 분류한다.

4. 운전속도에 의한 분류

4.1 완속전철

운전속도 200[km/h] 미만으로 시가지철도, 도시철도, 도시간철도를 말한다.

4.2 고속전철

운전속도 200[km/h] 이상으로 레일점착방식의 속도한계(약 350~380[km/h])까지의 철도를 말한다.

4.3 초고속전철

고속전철의 속도 한계 이상으로 레일의 비점착, 비접촉구동방식을 말하며 자기부상방식이 해당된다.

표 1.1 각국의 고속철도 시스템 비교

구 분	경부고속철도	일본신간선	프랑스TGV	독일ICE	스페인AVE
최고속도 (설계속도)	300[km/h] (350[km/h])	260[km/h] (275[km/h])	300[km/h] (320[km/h])	280[km/h] (300[km/h])	270[km/h] (300[km/h])
궤 간	1,435[mm]	1,435[mm]	1,435[mm]	1,435[mm]	1,435[mm]
최소곡선반경	7,000[m]	4,000[m]	6,000[m]	7,000[m]	4,000[m]
최급구배	25[‰]	15[‰]	25[‰]	12.5[‰]	12.5[‰]
궤도중심간격	5.0[m]	4.3[m]	4.5[m]	4.7[m]	4.3[m]
설계하중	UIC하중	NP하중	UIC하중	UIC하중	UIC하중
터널단면적	107[m²]	60[m²]	100[m²]	82[m²]	74[m²]
신 호	ATC	ATC	ATC	ATC	ATC
공급전원	AC25kV 60Hz	AC25kV 50,60Hz	AC25kV 50Hz	AC15kV 16 2/3Hz	AC25kV 50Hz
견인전동기	AC 동기전동기	AC 유도전동기	AC 동기전동기	AC 유도전동기	AC 유도전동기
축 중	17[t]	11～17[t]	17[t]	19.5[t]	17.2[t]
차량길이	P:22.517 M:21.845 T:18.700	P: 20 T: 26	P:22.15 T:18.07	P:20.51 T:26.47	
대차형식	관절형	재래형	관절형	재래형	관절형
개통시기	2003년	1964	1981	1991	1992
차량출력	13,560 (1,130×12)	11,840 (185×64)	8,800 (1,100×8)	9,600 (1,200×8)	
편 성	20 (2P2M16T)	16(8M8T)	10(2M8T) 12(2M10T)	14(2M12T)	

1-2. 도시 신교통 시스템

1. 개 요

1.1 신교통 시스템이란?

대량수송의 철도와 소량형의 버스의 중간적인 수요에 대응하는 중용량 교통 시스템으로 최근 도입되고 있는 SLRT, 모노레일, AGT(자동 안내교통 시스템), 리니어 지하철, 자기부상식 도시철도, 도시형 삭도, 노면 전차 등 새로운 교통 시스템을 말하며, 경량전철이라 표현 할 수도 있다.

1.2 도시의 교통수단

1) 지하철 : 1시간당 편도 2만명 이상 수송, 시간당 30[km] 이동
2) 자가용 : 편리성, 이동거리의 자유화, 수송효율 및 수송능력 저하
3) 자전거 및 도보 : 단위 시간당 수만명 수송가능, 이동거리 제약, 2[km] 정도
4) 노면 전차와 시내버스 : 시간당 수천명, 10[km] 정도 단거리

2. 경량전철 시스템

2.1 모노레일(Mono-Rail)

1) 종 류

① 과좌형 : 1개의 주행로 위를 고무타이어 차량이 주행하는 방식이다.
② 현수형 : 주행 시설물에 본체가 매달려서 주행하는 방식이다.

2) 특 징

① 장 점

㉠ 일반적으로 고무차륜을 사용하므로 소음이 작고 승차감이 양호하다.
㉡ 점착계수가 커서 가속도 및 감속도를 크게 할 수 있다.
㉢ 도시공간을 입체적으로 활용할 수 있다.
㉣ 건설비가 저렴, 공사기간이 짧다.

② 단 점

㉠ 단위차량의 수송력이 일반 도시고속철도에 비해 적다.

㉡ 분기기의 구조가 복잡하다.

㉢ 대도시내에서는 대규모로 경제적으로 건설이 곤란, 노선제약

3) 운행방식

운행속도는 30~50[km/h]이며, 최대가 80[km/h]이고, 유인 운전 시스템, 운전간격 120~150[sec], 공급전력은 DC 1,500[V]가 일반적이다.

2.2 노면전차(SLRT : Street Light Rail Transit)

1) 1960년대 운행되었던 노면전차는 자동차의 대중화로 폐지되었으나 최근 재평가 되고 있다.

2) 최신 기술의 도입으로 자동운전, 저상형 시스템으로 재생된다.

3) 노면 전차는 도로상에 대중교통과 동시운행이 기본이다.

4) SLRT는 도로와 분리된 전용궤도 주행을 기본으로 고가화, 지하화하여 효율적인 운행이 목적이다.

2.3 AGT(Automated Guideway Transit) 방식

1) AGT란

고가 전용궤도에 의한 소형 경량의 고무다이이 부착 차량을 컴퓨터에 의해 자동 운행 관리하며, 최소 간격으로 무인운전한다.

2) 특 징

① 종래 철도와 버스의 중간 성격(2,000~20,000[인/h])

② 최대 속도 80[km/h], 표정속도 30~40[km/h] 정도

③ 1량당의 정원 60~70인, 4~6량 편성으로 운행

④ 운전시격은 컴퓨터 제어에 의해 수요변동에 따라서 조정이 가능

⑤ 제3궤조방식, DC 750[V]를 주로 사용

2.4 LIM(Linear Induction Motor) 레일 방식

1) LIM레일이란

양쪽 주행레일 중앙에 림레일을 가설하는 방식으로 주로 철제차륜 방식에 많이 사용된다. 국내에는 용인 경량전철에 설치되어 운행 중이다.

2) 리니어 모터 특징

① 차량의 쾌적성 확보, 소단면 경차량 개발

② 급곡선의 대응 : 반경 50[m] 정도의 주행

③ 급구배의 대응 : 80[‰] 구간에서도 안전하게 주행

④ 저소음화는 타행시 70[km/h]에서 73[dB], 역행시 76[dB]

⑤ 별도의 림레일을 부설해야 하는 단점이 있다.

2.5 자기부상 철도

1) 개 요

① 자기부상 열차란 : 자석의 흡인력, 반발력을 이용하여 넓은 의미로 사람 또는 물건을 수송하는 기계의 총칭을 말한다.

구 분	종 류	비 고
추진방식	선형 동기방식(LSM)	전원과 추진체의 동기, 고속형에 적합
	선형 유도방식(LIM)	비동기
부상방식	초전도 반발식(EDS)	초전도 자석의 반발력
	상전도 흡인식(EMS)	초전도 자석의 흡인력
전원공급방식	차상 1차방식	차량에 권선비치하여 전원인가
	지상 1차방식	궤도에 권선비치하여 전원인가

② 자기부상식의 기술적 특징

㉠ 진동 및 소음이 적다(고속시 공기 마찰음은 차륜식과 비슷).

㉡ 부품 마모가 없다.

㉢ 속도는 초고속 개발가능(500[km/h]), 점착식은 380[km/h]

㉣ 최대 경사 및 최소 곡률 반경(동일 속도에서 우수)

2) 선형 전동기의 종류 및 특징

① Linear Motor : 1차 궤도와 2차 도체 사이에서 기계기구를 사용함이 없이 직접 직선운동이 발생

② 선형 동기전동기(LSM : Linear Synchronous Motor)

㉠ 차량측 : 직류공급(초전도 자석)

㉡ 궤도측 : 3상 전원 공급, 차량 속도는 인가전압의 주파수에 동기된다.

$$N = 2f\ell$$

단, f 는 입력 주파수, ℓ 은 pole pitch이다.

㉢ 단부효과(end effect) 발생이 없다.

㉣ 보통 지상 1차방식 채용은 고속 운전에 가능하다.

㉤ 건설비가 많이 소요된다(고정자 권선 궤도에 설치).

③ 선형유도 전동기(LIM : Linear Induction Motor)

㉠ 보통 차상 1차방식이고, 궤도와 차량사이의 공극은 약 10~20[mm]

㉡ 1차측에 3상 전압 공급하면 진행파가 발생하며, 이 진행파와 2차측 도체판과의 상호작용으로 직선 운동힘 발생으로 추진력이 발생된다.

2.6 도시형 삭도

1) 개 요

① 도시형 삭도란 : 공중에 가설되는 삭도에 운반기를 늘어뜨려서 사람 및 물건을 수송하는 것

② 종 류

㉠ 보통삭도 : 자동순환식, 교주식, 고정순환식, 도어(문짝)가 있는 폐쇄식 운반기를 사용

㉡ 특수삭도 : 외부에 개방되어 있는 의자식 운반기를 사용

2) 삭도 특징

① 전용궤도계의 교통기관으로서 도로교통에 영향없이 정시성을 확보한다.

② 도로 상공을 이용하는 경우, 용지를 필요로 하는 경우, 지주부만으로써 도입공간의 확보가 비교적 용이하다.

③ 지주간의 틀 등 구조가 불필요하기 때문에 건설비기 저렴하다.

④ 지주 간격을 매우 길게 설정이 가능하다.

⑤ 급구배에 대응하고, 종단선형 설정의 자유도가 높다.

3) 적용의 예 : 요시노 다이봉 케이블(통근, 통학, 관광용)

4) 수송능력

종 류	수 송 능 력
교주식 보통삭도	5[m/sec], 166[인/시]
단선 자동 순환식	5[m/sec], 4 인 승차기구(운전간격 12 초, 1200[인/시])

5) 특 성

① 교주식, 자동순환식 특성

㉠ 용지 전용 면적이 적고, 공간의 적용 공간이 적다.

㉡ 경간의 길이 증대가 가능하며, 전용 궤도이다.

㉢ 급구배가 가능 84[‰]까지 환경면에서 우수하며, 건설비가 저렴하고 공기가 짧다.

② 자동 순환식

㉠ 중량 수송이 가능, 출발 간격이 짧다(9초까지 단축).

㉡ 실질 이동속도가 빠르고, 수송 수요의 파동에 대응할 수 있으며, 승차율이 높은 경우는 중간역에서 승차기회가 감소한다.

2.7 도시 신교통 시스템 도입 검토

1) 대량수송이 가능한 지하철의 경우 토목공사비가 대부분을 차지하며 또한 공사기간의 장기화로 교통체증을 유발하여 경제적인 손실이 막대하다.

2) 도시 신교통 시스템은 건설비의 저렴, 공사기간의 단축으로 지하철의 연계노선의 운영, 인접 도시와 연계 운영 등 중소 도시의 경우는 신교통 시스템 도입에 대한 검토가 필요하며, 경량전철이란 명칭으로 용인・김해・의정부・우이~신설・광명・대구・부산・전주・대전 등 전국 대다수 지역에서 설치 또는 설치를 고려하고 있다.

1-3. 전기철도의 이점, 단점

1. 전기철도의 이점(디젤기관차와 비교했을 때)

1.1 수송력의 증가

수송능력 결정요인은 열차단위, 열차속도, 열차횟수 등이다.

1) 선로용량 증가 : 속도향상으로 인하여 약 25[%] 증가한다.

① 철도에서 곡선과 구배가 많은 선로구간과 역구간이 짧은 도시근교 철도에 있어서 전기차량은 운전속도 가감특성이 좋고, 견인력이 커 열차운행 속도 향상으로 선로용량이 증대 됨

② 특히, 구배가 심한 선로, 역간이 짧은 도시철도에서의 효과는 현저함

③ 열차횟수의 증가 : 가속도와 감속도가 커서 열차의 속도(평균속도, 표정속도)가 높다.

④ 전철화 후 선로용량 증가 실 (예) : (편도:회/일)

구 분	중앙선 청량리~제천 (155.2[km])	중앙선 제천~영주 (64.0[km])	태백선 제천~고한 (80.1[km])	경인선 구로~인천 (27.0[km])	영동선 영주~철암 (87.0[km])
전철화 전	34	36	17	39	27
전철화 후	45	45	26	56	36
대 비 [%]	132	125	153	144	133

2) 운전속도 향상에 의한 운행시간의 단축 : 약 27%

① 고속운전가능 : 대전력계통에서 직접 전력 공급하므로 전동기의 출력이 크다.

② 전철화에 의한 운행시간 단축(SPEED UP) 실(예)

구 분	중앙선 청량리~제천 (155.2[km])	중앙선 제천~영주 (64.0[km])	태백선 제천~고한 (80.1[km])	수도권 인천~성북 (52.1[km])	영동선 영주~철암 (87.0[km])
전철화 전	6 : 00	1 : 50	3 : 20	2 : 00	2 : 40
전철화 후	4 : 00	1 : 20	2 : 40	1 : 21	1 : 40
시간 단축	2 : 00	0 : 30	0 : 40	0 : 39	0 : 40
대 비 [%]	33	27	20	32	25

《참 고》 1,000톤 견인시 10[‰] 구배에서 속도는 전기차량이 디젤보다 1.4배 유리

3) 견인력이 크다.

$$F \propto \mu W$$

단, F는 견인력[kg], W 는 동력차의 중량[kg], μ는 점착계수는 0.1 ~ 0.4(전차 0.14, 디젤기관 0.25~0.28, 교류전차 0.32~0.34)이다.

1.2 동력비의 절감 : 약 25%

1) 전철화시 동력원이 전기로 전환되어, 유류대체 효과와 운전효율증대 등 국가에너지의 효율적 이용에 기여 함

2) 철도 운전수단별 에너지 이용효율 비교(단위 : %)

전 기 운 전			D L 운 전		증 기 운 전	
화 력 발 전 소 (송 전 단)	직류 37(87)	교류 37(87)	기관의 열효율	30	보일러열 효율	60
송 전 선	90	90	기관차	85	증기효율	11
전철용 변전소	95	98				
전 차 선	90	95	전달효율	80	기관효율	80
기 관 차	85	80				
견인에 유효하게 이용되는 에너지	24(57)	25(58)		20		5

《참 고》 ( )는 수력발전의 경우

1.3 동력차의 유지, 보수비의 절감 : 디젤기관차는 내연기관 + 발전기 탑재

1) 내연기관이 필요없어 윤활유 등의 소비가 없으며 보수비가 감소한다.

2) 유지, 보수비용은 디젤기관차의 약 1/6 정도이다.

1.4 공해의 제거

1) 증기기관차, 디젤기관차는 매연과 소음이 크며, 장대터널은 승객·승무원이 고통스럽고, 선로 연변주민이 불편하다.

2) 전기기관차는 매연과 소음이 적다.

1.5 열차운전 취급의 간단화

전기차량은 속도제어가 간단하고 정확하며, 급수·급유 등이 필요없으므로 관련

종사원수가 감소한다.

1.6 Service 개선 및 지역균형 발전에 기여

1) 수송 서비스 개선

전철화에 의한 속도향상, 운행시간 단축, 선로용량 증대에 의한 고빈도 열차운행 등으로 편리하고 쾌적한 교통수단을 제공할 수 있음.

2) 지역균형 발전에 기여

① 도시전철은 인구 및 경제활동의 분산, 도심 도로 혼잡도 완화, 지역주민의 교통편익 제공 등 도심에 집중된 도시기능을 외곽지역으로 적절히 분산, 배치하여 도시 전체의 균형적 발전에 기여하고 있으며,

② 간선전철은 인접도시 및 지역간 대용량 수송체계를 구축하게 되어 인적, 물적교류의 원활로 경제적 균형발전과 수송수요를 유발하여 영업창출에 기여 (수요유발은 선별조건에 따라 약 5~20% 증가)

1.7 경영의 합리화

아래와 같은 이점으로 수입증대와 경비가 절감한다.

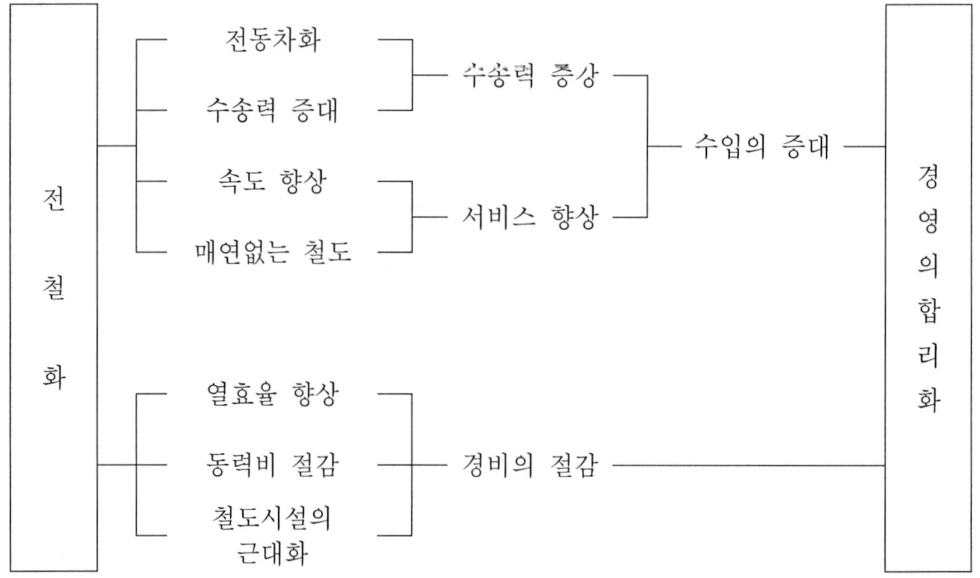

2. 전기철도의 단점

2.1 초기투자비의 증가

송전선로, 변전소, 전차선로 등의 필요로 시설물의 유지, 보수비가 필요하다.

1) 직류전기철도의 개략건설비(백만원)

구 분	변 전			전 차 선		전 력	
	송전(22.9[KV])		변전			전기실	연락배전
내용	수전선로	연락송전	DC변전	가공	T-바	AC변전	6.6[KV]
적요	2회선/m당	1회선/m당	1개소	m당	m당	1개소	3회선/m당
금액	1	0.15	3,000	0.6	1.1	1,000	0.3

2) 교류전기철도의 개략건설비(백만원)

구 분	변 전 소				전 차 선		전 력	
	송 전	변 전					전기실	연락배전
내용	154[KV]	SS	SP	SSP	가공	R-바	AC변전	22.9[KV]
적요	2회선/m당	1개	1개	1개	m당	m당	1개	2회선/m당
금액	3	20,000	6,000	3,000	0.3	1.2	3,000	0.2

2.2 전식과 유도장해

1) 전식 : 직류방식에서 발생한다.

① 주행 레일을 귀선으로 사용하고, 레일과 변전소간 전위차가 발생한다.

② 전류는 레일로 귀로하며 대지로 누설하여 흐르는 전류는 매설금속을 따라 변전소로 흐른다.

③ 매설금속에서 전류 나올 때 부식한다.

2) 유도장해 : 교류방식에서 발생한다.

① 근접 통신선에 유도장해의 발생(정전유도, 전자유도)

② 기술적으로 방지 가능(BT, AT방식)

2.3 지상 시설물의 개수

1) 전력설비 : 가공선에서 전력을 공급하므로 역사, 터널, 구름다리, 선로횡단시설 등에 전기적 안전설비가 필요하다.

2) 신호설비 : 위치변경, 궤도회로방식을 전철화방식에 따라 변경 개수의 필요
3) 통신설비 : 차폐 케이블화의 필요

1-4. 궤도공학

1. 철도선로의 구성

1.1 철도 선로의 정의

1) 철도선로(Road way) 는 열차 또는 차량을 운행하기 위한 전용통로를 총칭하며, 궤도(軌道), 노반, 선로구조물(構造物)로 구별한다.
2) 궤도(Track)는 레일과 그 부속품, 침목, 도상을 포함한다.
3) 구조물은 선로의 노반(Road bed)과 이에 부속된 교량, 터널 등 구조물로 구성된다.

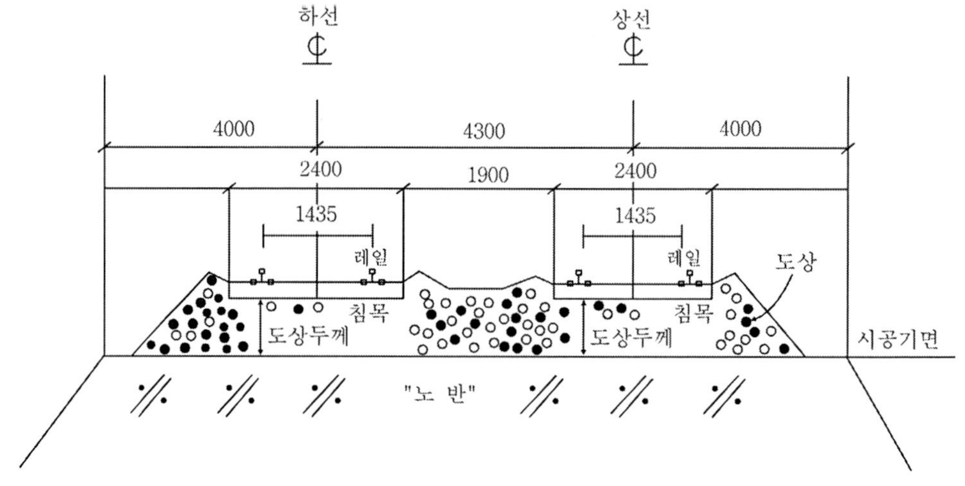

그림 1.1 선로의 구성예

1.2 철도선로의 등급

선로의 건설과 보수에 있어 수송량과 열차의 속도에 따라 선로 등급을 정하고 그 등급에 해당하는 선로구조로 경제적인 건설과 유지보수를 한다

선로등급	열차최고 속도 [km/h]	레일류 [kg]	노반중심에서 부터의시공기 면폭[m]	선 형			
				최급구배[‰]		최소곡선반경[m]	
				정차장내	정차장외	정차장내	정차장외
1급선	150	60	3.0	본선3(차량연결 않는 곳8) 측선3(차량유치 않는 곳35)	8(10)	600	600
2급선	120	50	3.0		12.5(15)	500	400
3급선	80	37	2.7		15(30)	400	300(250)
4급선	70	37	2.5		25(35)	400	250(200)

《참 고》 ( )는 특별한 경우의 축소한도

2. 궤도(Track)

2.1 궤조(Rail)

1) 역할 및 작용

① 레일은 열차하중을 침목과 도상을 통하여 주행저항을 작게 하고, 차량의 안전 운행을 확보하여야 한다.

② 레일은 수직력 이외의 측면에 작용하는 횡압력과 길이 방향의 축방향력이 동적으로 작용하므로 이에 견딜 수 있는 것이어야 한다.

2) 형상 및 제원 (단위: [mm])

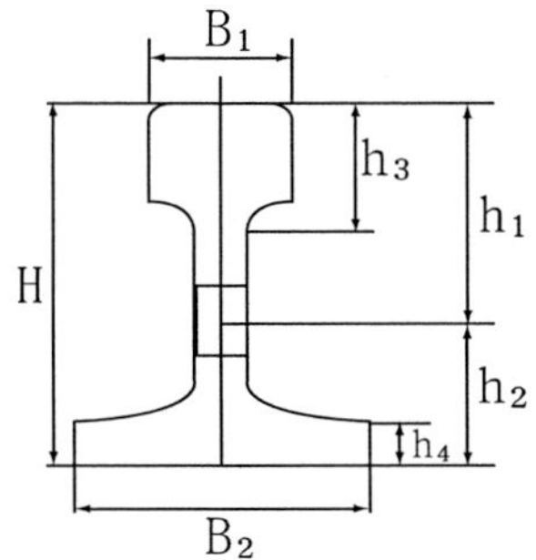

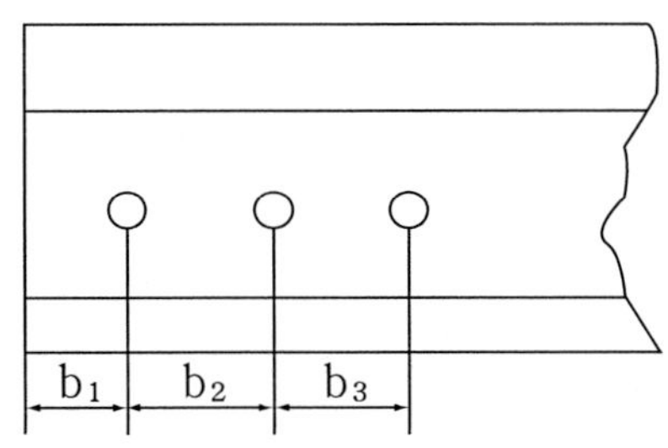

구 분	두부폭	저부폭	높이	구멍중심 높이(상)	구멍중심높이 (하)	레일끝~ 첫째구멍 까지거리	첫째~둘째 구멍까지 거 리	둘째~셋째 구멍까지 거 리	두부 높이	저부 높이
	B1	B2	H	h1	h2	b1	b2	b3	h3	h4
50[kg N]	65	127	153	90	63	77	130	-	49	12
60[kg]	65	145	174	100.7	73.8	77	130	130	49	12
치수차	0mm	+18	+21	+10.7	10.8	0	0	-	0	0

《참 고》 레일크기는 1[m]당 무게[kg]으로 표시한다.

3) 레일의 길이

레 일 종 류	길 이(m)
장대레일(Long Rail)	200[m] 이상
장척레일(Longer Rail)	20[m]보다 크고~200[m] 미만
정척레일(Standard Rail)	20[m],(철도공사 : 25[m]),12[m]
단척레일(Shorter Rail)	5~20[m] 미만

2.2 침목(Sleeper)

1) 용 도 :궤조지지, 궤간확보(궤조위치유지), 궤조에 작용하는 압력을 분배시켜 도상에 전달한다.

2) 종 류 : 목침목, 철침목, 콘크리트침목, PC침목(철심+콘크리트 압축)

3) 침목의 배치간격 및 부설수

침목종별	본 선				측 선	비 고
	1 급선	2 급선	3 급선	4 급선		
P.C 침목	17	16	16	16	15	10[m] 당
목침목	17	17	16	16	15	10[m] 당
교량침목	25	25	25	25	18	10[m] 당

《참 고》 경량전철에서 파워레일의 지지는 침목에 설치하는 경우가 있어 간격을 참고한다.

2.3 도상(Ballast)

1) 용 도 : 열차하중을 노반에 분포하고, 침목을 고정하며, 궤도에 탄성을 주어 승차감을 좋게 하고 배수를 양호하게 한다.

2) 도상재료 : 깬자갈, 친자갈, 막자갈, 광재, 석탄재 등이 사용된다.
3) 탄성도상 : 노반 위에 사리·쇄석 등을 사용한 도상으로 유지보수가 용이하고, 진동에 의한 소음이 감소하며, 누설전류가 적다.
4) 유지보수 : 자갈등을 뒤집는등의 유지보수 필요하다.
5) 최근에는 콘크리트 도상사용으로 유지보수는 용이하나 소음이 커진다.

3. 궤간(Gauge)

3.1 개 념

궤도에서 양궤조의 두부내측의 최단거리을 말한다.

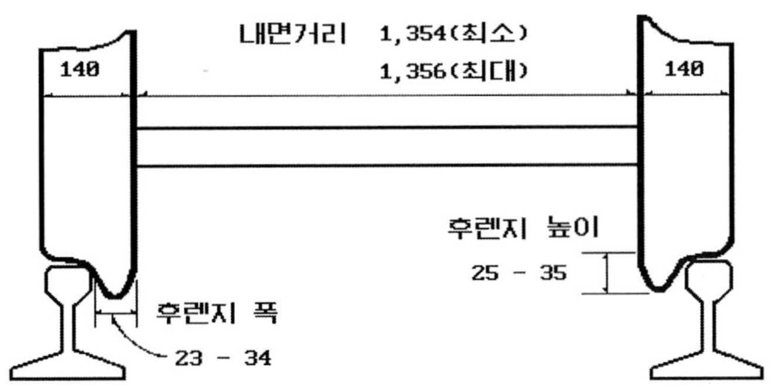

그림 1.2 궤간의 최대와 최소(지하철의 경우)

3.2 크 기

1) 협 궤(약17[%]) : 1,000[mm], 1,067[mm](일본)
2) 표준궤간(약68[%]) : 1,435[mm](국내, 일본의 신간선)
3) 광 궤(약15[%]) : 1,523[mm](시베리아 철도), 1,600[mm], 1,676[mm] (인도·아르헨티나)

4. 구배(Grade)와 곡선로

철도는 직선으로 부설하는 것이 이상적이지만, 지형에 따라 곡선이나 구배를 둘 필요가 있으며, 급한 곡선은 탈선, 급한 구배는 차량이 공전하거나 활주할 염려가 있다.

4.1 구 배

1) 개 요 : 2점 사이의 고·저차를 수평거리로 나눈 값을 말한다.

① 선로의 구배는 최소곡선 반경보다 수송력 및 열차속도에 직접적인 영향을 미침

② 가능한 한 수평이 좋으나 선로 구조상 구배가 없을 수는 없다.

③ 10‰ 정도보다 완만한 구배는 기관차 견인력에 영향을 주지 않으며 배수상으로 필요

2) 구배의 표시

① 천분율(permilage,[‰]) : 수평거리 1,000에 대한 고저차를 천분율로 표시하고, 한국, 프랑스, 독일, 일본 등 세계각국 철도에서 사용한다 (예 수평거리1,000[m]에 대한 고저차가 35[m] 일 때 35[‰]로 표시)

② 백분율 [%] : 수평거리 100에 대한 고저차를 백분율로 표시하고, 미국철도와 도로에서 사용하고 있다 (예 20[‰]를 2[%]로 표시한다.)

③ 고저 차 : "1" 에 대한 수평거리를 표시하며 영국에서 사용되고 있으며, 일반적으로 고저차는 분자로 하고 수평거리를 분모로 하여 고저차와 수평거리의 비율로 표기한다. (예 20[‰]를 $\frac{1}{50}$ 로 표시한다)

3) 구배의 분류

① 최급구배(最急句配) maximum grade : 열차 운전구간 중 물매가 가장 심한 구배(전차전용선로 : 35[‰])

② 제한구배(制限句配) ruling grade : 기관차의 견인정수를 제한하는 구배 (반드시 최급구배와 일치하는 것은 아니다.)

4.2 곡선로

1) 곡선로의 표시

각도에 의한 표시는 원호에 대한 중심각 Θ°로 표시하며, 반경에 의한 표시는 원호의 반경 R[m]로 표시하며 R=800[m]이상은 직선으로 간주하는 경우도 있다.

2) 곡선의 종류

① 평면곡선(平面曲線)

㉠ 원(단)곡선(圓曲線) : 동일한 곡선 반경으로 이루어진 곡선

㉡ 완화곡선(緩和曲線) : 곡선반경이곡선길이에따라변화하는곡선으로직선과 원곡선 사이에 삽입하는 곡선

㉢ 복심곡선(複心曲線): 곡선반경이 서로 다르고 접속지점에서 곡선중심이 같은 곡선

㉣ 반향곡선(反向曲線): 곡선방향이 반대 반향으로 연이은 곡선

② 종단곡선(縱斷曲線)

㉠ 종곡선(終曲線) : 레일길이 방향으로 부설하는 곡선으로 구배 변화점에 설치한다.

5. 고도(Cant)와 확도(Slack)

5.1 고도(Cant) : 안쪽 레일과 바깥 레일의 고저차를 말한다.

1) 개 념

열차가 곡선부 주행시 원심력에 의해 밖으로 나가려고 하고, 이것을 막기 위해 바깥쪽 레일을 안쪽 레일보다 높게 한다.

2) 계 산

$$C = \frac{GV^2}{127R}[\text{mm}],\ V_m = \sqrt{\frac{127RC}{G}}[\text{km/h}]$$

단, C는 고도[mm], G는 궤간[mm], V는 평균속도[km/h], R은 곡선반지름[m], V_m은 최대속도이다.

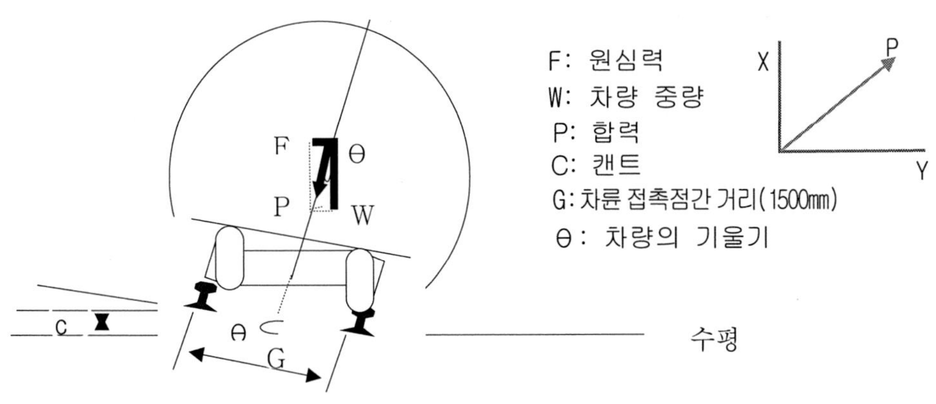

그림 1.3 캔트

5.2 확도(Slack)

1) 개 념

곡선궤도 운행시 차륜의 플런지와 궤조 두부의 측면 사이에 심한 마찰이 발생하고, 마찰을 완화하기 위해 내측궤조의 궤간을 넓혀 횡압을 줄인 것을 말한다.

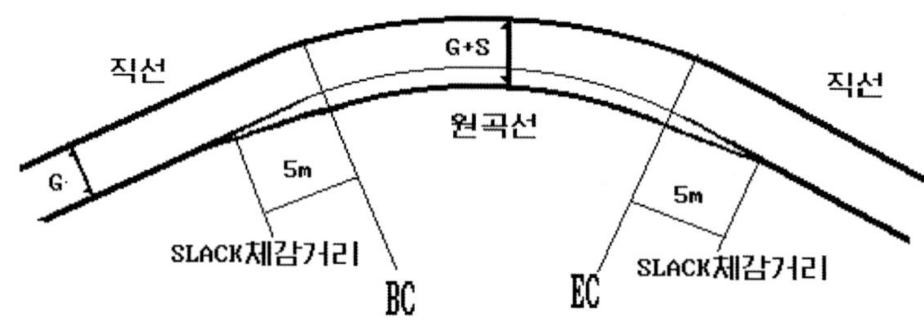

그림 1.4 원곡선 체감거리 예

2) 계 산

$$S = \frac{\ell^2}{8R} \text{ [mm]}$$

단, R은 곡선반지름[m], ℓ 은 고정차축거리[m]이다.

6. 선로의 분기

6.1 분기기의 개요

1) 분기기의 정의 : 열차 또는 차량을 한궤도에서 타궤도로 전환시키기 위하여 궤도 상에 설치한 설비를 분기장치 또는 분기기(分岐器 turnout)라 한다

2) 분기기 구성 : 포인트(轉轍機 point), 크로싱(crossing or frog), 리이드(leed)

6.2 분기기종별 및 번호의 의미

1) 레일 종별 : 50Kg N, 50Kg PS, 60Kg

2) 형태별 : 일반분기기, 탄성분기기

3) 분기 번호 : 분기되는 크로싱의 번호를 따른다.

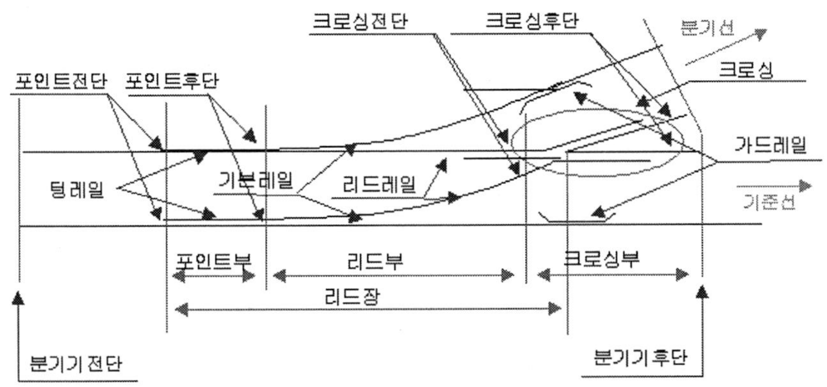

그림 1.5 분기기의 구성

4) 크로싱 번호 : 분기 크로싱 횡거와 종거의 비율

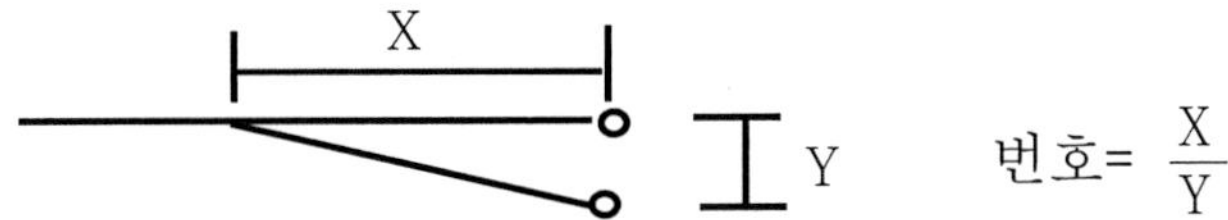

① 크로싱번호 N=8 이란위 그림에서 X : Y = 8 : 1 이 되는 것을 말한다.

② 종래사용한 것은 대부분 8~10번이나 이것을 12~16번 등으로 대체하면 열차 주행이 원활해지고 고속화에도 유리하다.

7. 건축한계(建築限界)와 차량한계(車輛限界)

7.1 차량한계의 정의

차량을 제작(製作) 할 때 일정한 크기 안에서 제작토록 규정한 공간으로, 건축한계 보다 좁게 하여 차량과 철도 시설물과 접촉을 방지하는 것이다

7.2 건축한계

1) 건축한계의 정의

차량한계 내의 차량이 안전하게 운행될 수 있도록 선로상에 설정한 일정한 공간을 말한다.

곡선에서는 직육면체의 차량 운행으로 인한, 편기에 대한 확폭치수와 캔트에 의한 차량의 기울기 및 슬랙을 감안하여 직선구간 건축한계 보다 넓게 확대하여야 한다.

2) 곡선에 있어서의 건축한계(철도공사) : 캔트에 따라 경사를 주어야 한다.

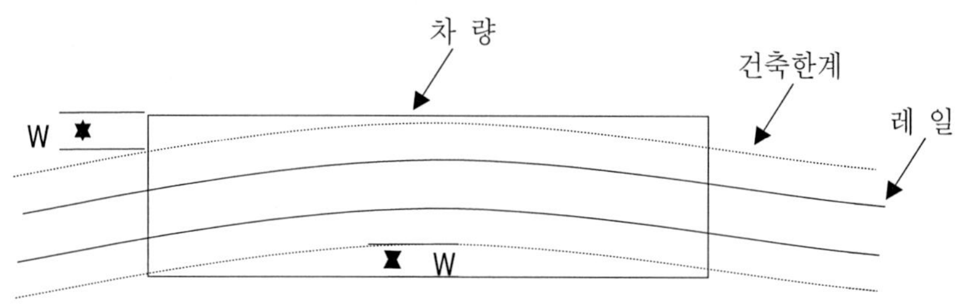

그림 1.6 곡선로의 건축한계

① $W = \frac{50,000}{R}$[mm] 만큼 확폭(양측으로 확폭)

[부산지하철은 $W = \frac{20,000}{R}$ 임 (R : 곡선반경[m])]

【예】 R=500[m]의 곡선에서 건축한계 확폭량은 :

W= 50,000/R= 50,000/500= 100[mm]

【예제 1.1】

곡선에 있어서 건축한계는 직선에 있는 건축한계의 넓이보다 확폭하여야 한다. 곡선반경 R=250의 곡선에서 확폭하여야할 치수는 얼마인가?(궤도중심 각측에 확폭하여야 하므로 2배를 해준다.)

☞ 해 설) $W = \frac{50,000}{R} \quad \therefore \frac{50,000}{R} \times 2 = \frac{50,000}{250} \times 2 = 400[mm]$

② 가공전차선과 그 현수장치를 제외한 상부에 대한 한계는 예외로 할 수 있다.

7.3 건축한계와 차량한계 예

1) 개 념

철도는 주행하는 차량과 그 통로에 접근하여 건축되는 구조물과 상당한 여유를 두어 주행차량에 위험이 없도록 하기 위하여 구조물에의 최소 공간제한(건축한계)과 차량의 최대 공간제한(차량한계)을 두어 열차안전 운행을 확보한다.

2) 건축한계와 차량한계 치수예 : (단위 : [mm])

구 분		폭 (B,b)	상부 높이 (H1,h1)	굴곡선 높이 (H2,h2)	상부폭 (B1,b1)	승강장 높이 (H4)	직선 승강장		곡선부 확폭 (W)
							궤도중심에서 폭	간격 (EB)	
철도공사	건축한계	4,200 (2,100)	5,150	4,020	3,000	1,150	1,675	75	$\frac{50,000}{R}$
	차량한계	3,200 (1,600)	4,800	3,600	1,900	-	1,600		
지하철	건축한계	3,600 (1,800)	5,150	4,150 (4,250)	2,000	1,100	1,650	50	$\frac{24,000}{R}$
	차량한계	3,200 (1,600)	4,750	3,530	1,808	-	1,600		

《참 고》 첫 번째 행의 ( )는 궤도중심에서 차량 및 건축한계 까지 폭을 말하며, 굴곡선 높이란의 ( )는 곡선부 기울기 계산할 때 적용하는 높이를 말한다.

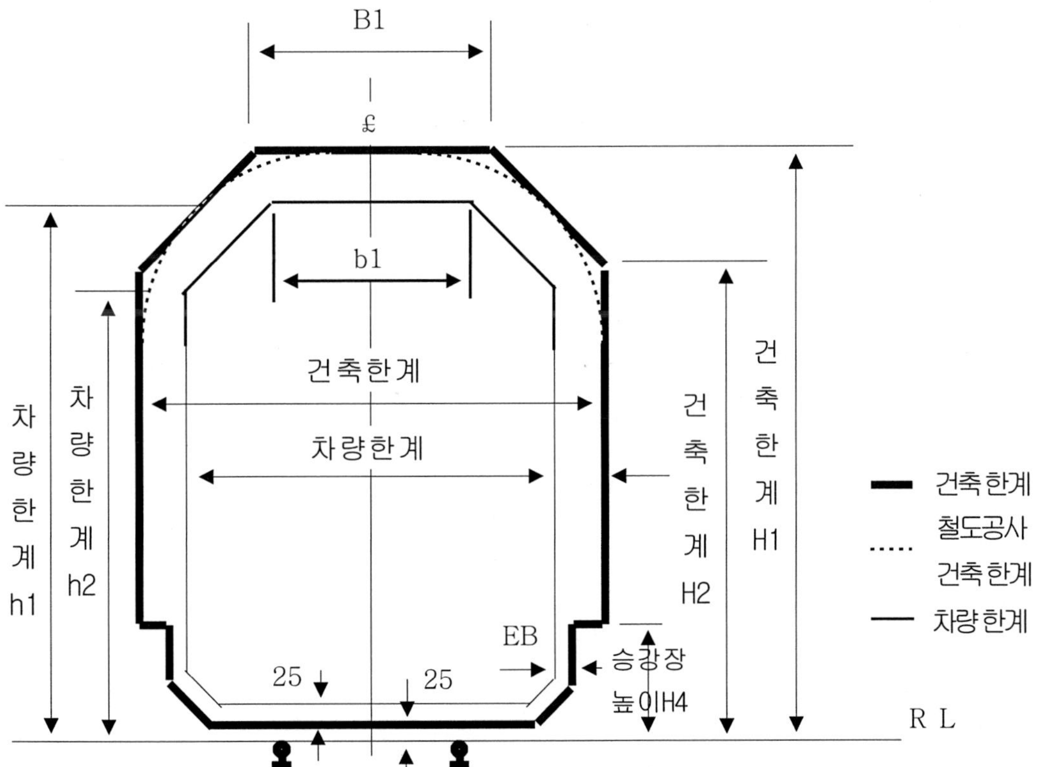

그림 1.7 건축한계와 차량한계

1-5. 전기철도 차량

1. 개 요

1.1 전기차

전기 에너지를 받아서 주행하는 차량을 말한다.

1.2 차량전기설비

전원방식, 구동방식, 동력방식 등에 따라 분류된다.

2. 전원방식

2.1 직류방식

지하철에 주로 사용하며, 국내에는 대부분 직류 2상식 1,500[V]방식이 채택되며, 레일을 귀선으로 사용하고, 누설전류가 많아 전식 우려가 있다.

2.2 교류방식

단독급전이고, 전선로에 dead section이 필요하며, 레일을 귀선으로 사용하므로 통신선의 유도장애가 발생한다.

2.3 교·직겸용방식

교·직류 전기차(AC 25[kV] / DC 1,500[V])를 사용하여 교류와 직류에서 운전하는 것을 말한다.

3. 구동방식

3.1 집전방식

차량 내에 전기를 끌어 들이는 장치로써 팬터그라프, 트롤리봉, 뷔겔, 집전화 등이 있다.

3.2 구동장치

1) 방 식

전류형 인버터와 동기 전동기 조합방식, 전압형 인버터와 유도 전동기 조합방식이 있다.

2) 주전동기(견인 전동기) 발전과정

초창기에는 직류직권 전동기를 사용하였고 그후 최근에는 동기 전동기 및 유도 전동기가 사용되고 있다.

① 종 래 : 직류직권 전동기를 사용하는 이유는 기동토크가 크고, 효율이 좋다.

② 최 근 : 교류 전동기는 출력이 크고, 구조가 간단하고 튼튼하며, 운전 · 취급 · 유지보수가 간단하다. VVVF 인버터제어방식의 발전으로으로 3상 유도전동기를 사용하고, 리니어모터 구동도 개발되고 있다.

※ **리니어모터**(liner motor) : 동기 전동기의 1차측, 2차측을 축방향으로 전개한 것을 말하며 회전운동을 직선운동으로 변환한 것

3) 유도 전동기의 인버터제어

① 개 념 : 직류를 교류로 변환하고 전압과 주파수를 자유로이 조절하여 유도 전동기에 공급하므로 속도제어를 하고, 반도체 특히 대용량 GTO 및 IGBT의 발전으로 VVVF제어가 실용화되었다.

② 특 징 : 주전동기의 고출력화 · 소형화 · 경량화 · 에너지절약화, 신뢰성, 점착 성능 향상, 유지보수의 양호

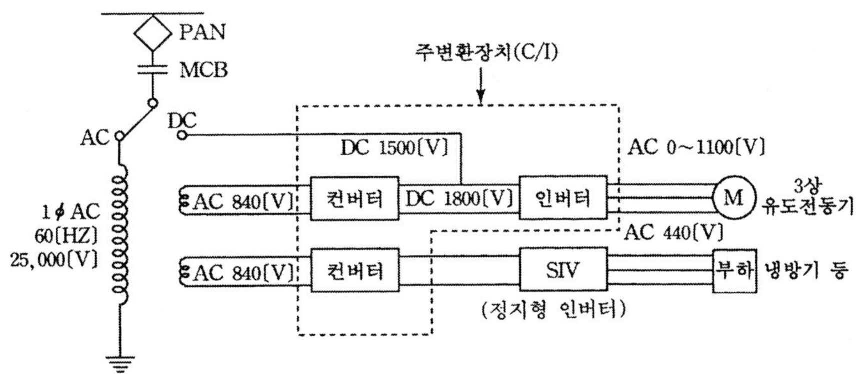

그림 1.8 VVVF 제어회로

4. 동력방식

4.1 동력집중방식

1) 방 법

동력차의 동력원을 집중 배치하는 방식이며, 전기기관차로 객차를 견인한다.

2) 특 징

성능은 낮으나 경제적으로 우수하다.

① 구동 전동기수 적기 때문에 고장이 적다.

② 객차에 구동 전동기가 없기 때문에 진동, 소음 적고 승차감 양호하다.

③ 여객과 화물수송 병용이 가능하므로 동력차(전기기관차)의 효율 향상된다.

④ 전철화시 기존 객차 이용 가능하기에 차량 투자비가 절감된다.

⑤ 디젤 기관차 등과 공통 운용 가능하여 초기 투자비 감소된다.

3) 적 용

장거리 여객열차, 화물수송열차

4.2 동력분산방식

1) 방 법

동력차의 동력원을 분산 배치하는 방식이다.

2) 특 징 : 성능 좋고, 경제적으로 불리하다.

① 속도의 급상승, 급제동이 용이하고, 축중이 가볍다.

② 선로의 제한속도를 높일 수 있다.

③ 양단에 운전실이 있어 운전이 용이하다.

④ 편성량수를 가감하여도 성능이 동일하다.

⑤ 초기 투자비가 많다.

3) 적 용

정차・출발이 반복되는 수송 전용의 도시전동열차에 적용한다.

5. 전기차의 제동장치

5.1 제동장치의 종류

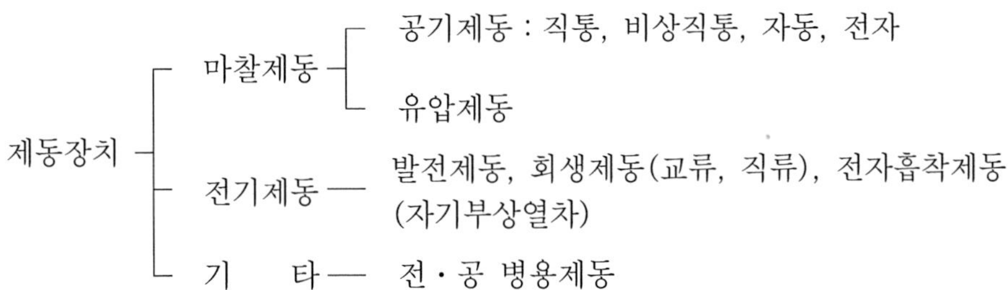

5.2 전기제동장치

1) 개 념

주전동기를 발전기로 작동시켜 열차 내의 운동 에너지를 소비시켜 제동하고, 발전제동은 발생전력을 열로 변환하여 회생제동은 발생전력을 변전소로 반환하며, 너무 고속도로로 제동 걸면 발생전압이 높아져 주전동기 정류에 문제가 발생한다.

2) 발전제동

전동기의 전원을 차단하고 관성에 의해 회전자가 회전하여 회전 전기자형 교류 발전기로 동작할 때 발생전력을 저항기에서 열로 소비되어 운동 에너지 흡수하여 제동한다.

3) 회생제동

전동기을 접속된 상태에서 동기속도 이상으로 운전하면 유도 발전기로 동작할 때 발생전력을 전차선 통해 변전소로 반환한다.

4) 전 · 공 병용식

고속에서는 전기제동, 저속에서는 공기제동하는 것을 말한다.

1-6. 전기차 운전

1. 개 요

1.1 운전속도

그 속도에서 1시간에 주행한 거리[km/h]로 최고속도, 평균속도, 표정속도가 있다.

1.2 열차저항

열차가 주행시 이에 반항하여 여러 가지 힘이 작용하는 것

1) 출발저항 : 정지하고 있는 열차가 기동하려 할 때의 저항을 말한다.
2) 주행저항 : 차량이 평탄한 직선로를 주행할 때의 저항(기계적 저항, 공기저항)
3) 구배저항 : 열차가 구배를 주행할 때 중력에 의해 발생하는 저항을 말한다.
4) 곡선저항 : 열차가 곡선구간을 운행시 발생되는 레일과의 마찰저항이다.
5) 가속도 저항 : 열차를 가속할 때 작용하는 관성에 의한 저항은 가해야 할 힘과 크기가 같고, 방향이 반대이다.

1.3 견인력

주전동기의 전기자 토크에 의하여 견인력이 발생하며, 동륜주 견인력, 인장봉 견인력, 기동 견인력, 특성견인력, 점착 견인력이 있다.

2. 운전속도

2.1 최고속도

1) 최고제한속도 : 선로의 상태에 의해 결정
2) 최고허용속도 : 차량의 성능에 의해 결정

2.2 평균속도

1) 개　념 : 운전구간의 거리를 정차시간을 뺀 순 주행시간으로 나눈 속도이다.
2) 크　기 : $평균속도 = \dfrac{운전거리[km]}{순\ 주행시간[s]}$

2.3 표정속도

1) 개 념

① 운전구간의 거리를 정차시간을 포함한 전운전시간으로 나눈 속도이다.

② 수송시간을 결정하는 속도로서 열차소요 편성수, 운전계획서 작성의 자료로 사용된다.

2) 크 기 : $표정속도 = \frac{운전거리[km]}{순\ 주행시간 + 정차시간[s]}$

3) 표정속도가 크면 수송시간이 감소하여 차량과 승무원 감소

4) 표정속도를 크게 하려면 가속도, 제동도를 크게 해야 하며, 주전동기 출력증가, 변전소 및 송배전설비 용량 증가를 해야 한다.

【예제 1.2】

열차가A역에서 D역까지 운전시 A역에서 B역까지 거리는 3[Km]이고 5분소요, B역에서 C역까지 거리는 3[Km]이고 5분소요, C역에서D역까지는 5[Km]이고 7분 소요 되었고 각 역의 정차시간은 1분일 경우 평균 속도와 표정속도를 구하시오.

☞ 해 설) $평균속도 = \frac{11}{\frac{17}{60}} = 38.82[km/h]$, $표정속도 = \frac{11}{\frac{19}{60}} = 34.74[km/h]$

3. 견인력

3.1 견인력(인장력)

1) 개 념

주전동기의 전기자 토크에 의하여 견인력이 발생한다.

2) 견인력(인장력)의 분류

① 동륜주 견인력(최대 견인력) : 실제로 동륜주와 레일면간에 발생하는 인장력으로 지시견인력에서 동력전손실을 뺀 견인력

② 인장봉 견인력 : 기관차가 객화차를 견인 주행시 기관차의 후부연결기에 나타나는 인장력, 동륜주 견인력에서 전기기관차 자신의 열차저항을 뺀 견인력으로 유효견인력이라 한다.

③ 지시 견인력 : 전기자에 발생한 토크가 손실이 전혀없이 동륜에 전달되는 견인력

④ 기동 견인력 : 기동 가속시 견인 전동기 전류에 의해 제한되는 견인력

⑤ 특성 견인력 : 견인 전동기 특성에 의해 제한되는 견인력

⑥ 점착 견인력 : 점착 중량과 차륜이 공전하지 않고 낼 수 있는 최대 견인력 (동륜주 인장력)

3) 견인력 크기

① 견인력

$$F = \text{열차저항} + \text{가속도저항} = R + R_a = R + 31aW\ [kg \cdot f]$$

$$R = (R_r \pm R_g + R_c)$$

단, R_r은 주행저항, R_g는 구배저항, R_a는 곡선저항, a는 가속도[km/h/s], W는 열차의 총중량[t]이다.

② 점착 견인력

$$F_m = 1{,}000\mu W_a = 31\alpha_m W\ [kg]$$

단, W_a는 점착중량(전차중량), α_m은 최대가속도, μ는 점착계수 0.1~0.4(전차 μ ≒0.14)이다.

3.2 견인력과 출력

1) 전동기 출력

$$P = \frac{2\pi \cdot \tau \cdot N}{60}[kg \cdot m/s], \quad 1[kW] = \frac{1{,}000}{9.8} \fallingdotseq 102[kg \cdot m/s]$$

$$\therefore P = \frac{2\pi}{60 \times 102} \cdot \tau \cdot N = 1.025 \cdot \tau \cdot N \cdot 10^{-3} = \frac{\tau N}{975}[kW]$$

단, r은 반지름[m], F는 견인력[kg], τ는 토크[kg · m], τ = F · r이다.

2) 전차속도

$$V = \pi \cdot D \cdot \frac{N}{60} \cdot \frac{1}{r} \cdot \frac{3,600}{1,000} = \frac{60\pi D N}{R} \cdot 10^{-3} [km/h]$$

단, N은 주전동기의 회전수[rpm], D는 차륜의 지름,$r = Z_2 / Z_1$은 기어비이다.

3) 견인력과 토크

$$견인력\ F = \frac{2 m r \tau_a \eta_g}{D} [kg]$$

단, m 은 주전동기 대수, r 은 주전동기의 전기자 반지름, τ_a는 토크[kg · m], η_g 은 전달효율이다.

단, η_g는 전달효율, m 은 전동기수이다.

4. 운전선도(운전곡선)

4.1 개 요

1) 운전선도

열차 운전 중의 속도, 시간, 주행거리, 전류, 전력량 등의 상호관계를 나타낸 곡선.

2) 운전선도의 종류

① 시간기준 : 속도시간 · 거리시간곡선, 전류 · 시간곡선, 전력 · 시간곡선, 전력량 · 시간곡선

② 거리기준 : 속도거리 · 시간거리곡선, 전류 · 거리곡선, 전력 · 거리곡선, 전력량 · 거리곡선

4.2 운전선도

1) 속도시간 · 거리시간 곡선(속도시 · 거리시 곡선)

① 방 법 : 시간기준으로 종축은 속도 · 주행거리이며 횡축은 시간으로 표시하며, 속도시간곡선과 거리시간곡선을 동일도표로 나타낸다.

② 적 용 : 운전시격을 결정하고, 열차간격, 대피시분, 반복시분, 신호기 설치위치 등을 결정한다.

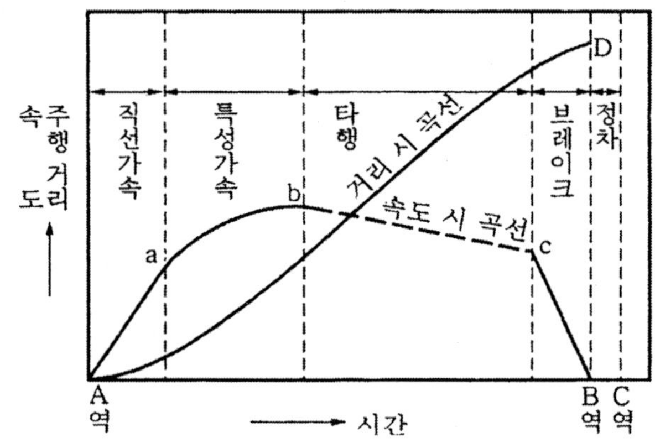

그림 1.9 속도시간 · 거리시간곡선 예

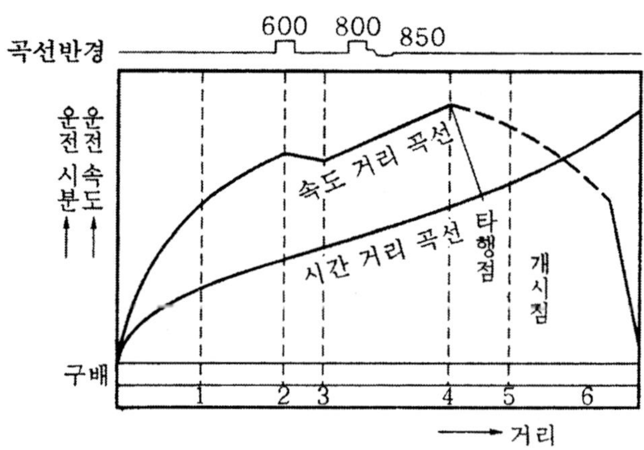

그림 1.10 속도거리 · 시간거리곡선 예

2) 속도거리 · 시간거리 곡선

① 방 법 : 거리기준으로 종축은 속도 · 시간, 횡축은 거리로 표시하며, 속도거리 곡선과 시간거리곡선을 동일 도표로 나타낸다.

② 적 용 : 운전시분 결정, 역행시분, 가속상태, 타행위치, 균형속도, 제동개시점, 속도, 속도제한개소, 제한속도 등을 결정한다.

3) 전류 · 시간곡선

① 방 법 : 시간을 기준으로 종축은 전류, 횡축은 시간으로 표시하며, 속도시간 곡선에서 각속도에 의해 전류를 산출한다.

② 적 용 : 전력시간곡선 작성자료, 전력량시간곡선 작성자료

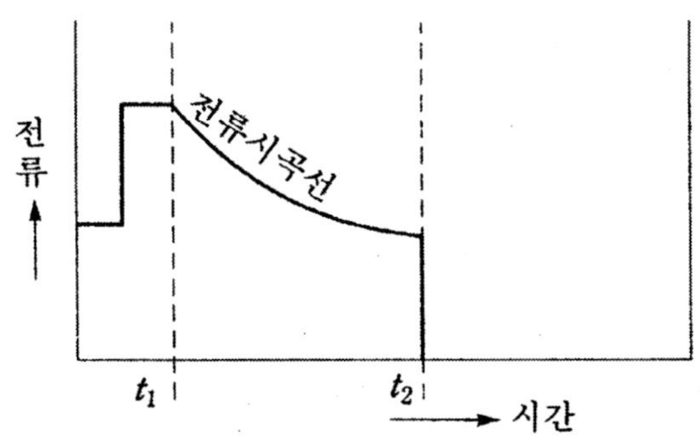

그림 1.11 전류 · 시간곡선

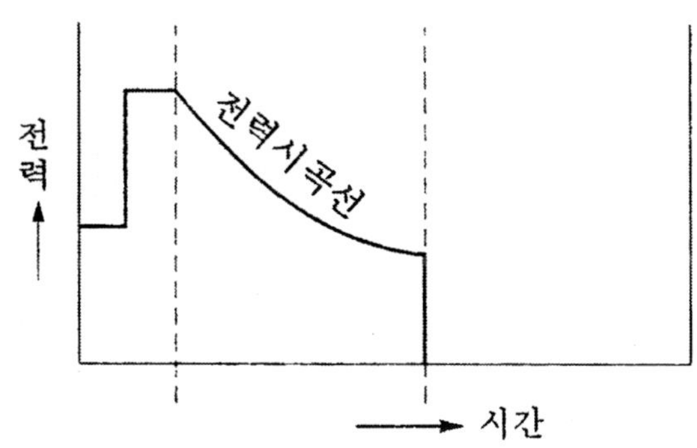

그림 1.12 전력 · 시간곡선

4) 전력 · 시간곡선

① 방 법 : 전류시간곡선에서 E와 I로 전력시간곡선 작성

② 적 용 : 전력소비량계산

$$전력소비량 = \frac{곡선전면적}{단위면적} \times 단위면적\ 표시전력량$$

5) 전력량 · 시간곡선

① 방　법 : 종축은 전력량, 횡축은 시간으로 표시한다.

② 적　용 : 누계전력소비량으로 산정한다.

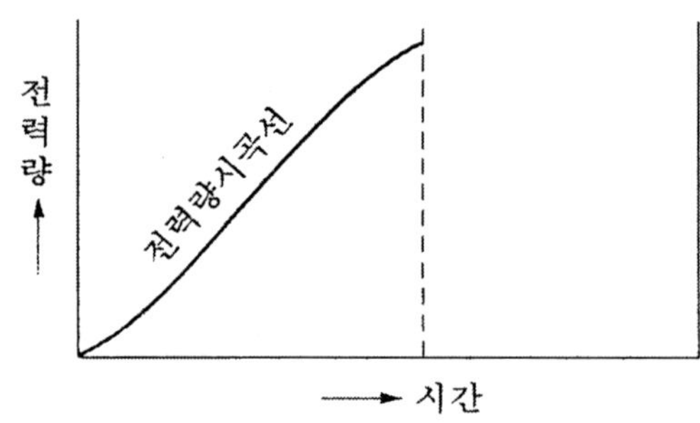

그림 1.13 전력량 시간곡선

1-7. 철도 신호제어 시스템의 종류

1. 개　요

1.1 철도제어 시스템

열차의 안전운행과 수송능률을 향상시키기 위해 종합적인 운용을 하기 위한 제어설비이다.

1.2 철도제어 시스템의 분류

1) 열차간격제어 시스템 : 궤도회로장치, 폐색장치, 자동열차정지장치(ATS), 자동열차제어장치(ATC), 자동열차운전장치 등이 있다.

2) 열차진로제어 시스템 : 연동장치, 선로전환장치, 자동원격제어장치, 열차집중제어

장치(CTC), 자동진로제어장치 등이 있다.

3) 각종 보안장치 및 정보화장치 : 건널목경보장치, 지장물검지장치, 낙석검지장치, 축소검지장치, 융설장치, 지진경보장치, 자동안내장치 등이 있다.

2. 열차간격제어 시스템

동일한 선로를 주행하는 열차의 충돌을 방지하고 수송력을 향상시켜 선로용량의 증대 등에 기여한다.

2.1 궤도회로장치

1) 개 념

궤도를 이용하여 전기회로를 구성하는 것으로 이 회로에 열차 또는 차량이 진입하게 되면 차량에 의해서 양쪽궤도가 단락되어 궤조에 흐르는 전류 및 주파수의 변화작용에 의하여 신호보안장치를 제어하기 위한 목적으로 만들어진 전기회로

2) 궤도회로의 구성

궤도회로는 전원장치, 한류장치, 궤조절연, 레일본드, 점퍼선, 궤도 계전기 등으로 구성된다

3) 특 징

열차 운행을 제어하는 데 필요한 열차정보를 검지한다.

2.2 폐색장치

1) 개 념

정차장 상호간에 열차의 충돌함이 없시 열차와 열차사이에 항상 일정한 간격이 확보하기 위하여 1개 구간에는 1개의 열차만 진입하게 한 장치를 말한다.

2) 열차운행 방식

① 시간간격법 : 일정한 시간 간격을 두고 열차를 출발시키는 방법으로 선행열차의 임의지연으로도 후속열차는 출발하게 되므로 보안도가 낮아 천재지변 등으로 통신이 두절되는 특별한 경우에만 사용

② 공간간격법 : 일정한 공간거리를 두고 일정구역을 정하여 1개의 열차만이 운행할 수 있도록 한 것으로 폐색구간이 길면 길수록 보안도는 향상되지만 운행밀도는 제약을 받음

3) 특 징

폐색구간의 길이는 열차의 운전시격과 관계가 있다.

2.3 자동열차정지장치(ATS : Automatic Train Stop Device)

1) 개 념

신호를 무시하고 계속 진행하는 열차가 위험구역에 접근하면 1차로 경보를 울려 주고 열차를 자동으로 비상제동이 걸리게 하는 장치이다.

2) 특 징

연속적으로 속도조사가 가능하며, 지상설비가 간단하다.

2.4 자동열차제어장치(ATC : Automatic Train Stop Control)

1) 개 념

속도제한 구간에서 열차속도가 제한속도 이상이 되면 자동적으로 브레이크가 작동하여 열차속도를 제어하는 장치를 말한다.

2) 특 징

ATS에 더욱 발전시켜 운전능률의 향상시킨 장치이다.

2.5 자동열차운전장치(ATO : Automatic train Operation)

1) 개 념

주어진 선로를 일정 속도로 열차를 자동운행하게 하는 장치이다.

2) 특 징

ATC를 더욱 발전시켜 무인운전이 될 수 있게 한 장치이다.

3. 열차진로제어 시스템

분기기를 열차 진행 방향으로 전환하고 열차통과시까지 움직이지 않게 제어하고, 동일한 진로상의 일부를 타차량이 진입하지 않게 정차장 내의 안전을 확보하여 열차의 운전업무, 정차장 구내업무의 효율증대를 도모한다.

3.1 연동장치

정차장 구내에 열차의 운행과 차량의 입환을 안전하고 신속하게 하기 위하여 신호기,

전철기등의 상호간을 전기적 또는 기계적으로 연관시켜 동작하도록 만든 장치이다.

3.2 선로전환장치

열차를 하나의 선로로부터 타선로로 분기할 수 있도록 분기기를 전환하는 장치이다.

3.3 원격제어장치

한 정차장으로부터 인접한 타정차장의 신호기, 전철기를 원격제어한다.

3.4 열차집중제어(CTC : Centralized Traffic Control)

광범위한 구간 내의 다수의 열차진로를 원격제어하여 지역내의 열차를 일괄 통제, 조정한다.

3.5 자동진로제어장치

열차운행계획에 따라 정차장으로 진출입하는 열차의 진로를 자동적으로 설정, 제어 한다.

4. 임피던스 본드

1) 개 념

전기철도에서는 일반적으로 주행 레일을 귀선로로 이용하고, 궤도 회로도 레일을 이용하기 때문에 레일에는 신호전류와 귀선전류가 흐른다. 이 때문에 궤도 회로의 경계점에 임피던스 본드를 설치하여, 귀선 부하전류는 통과하여 흐르게 하고 신호 전류는 인접 궤도 회로에는 유입되지 않도록 한다.

2) 구 조

임피던스 본드는 내철형의 성층 철심에 1차권선과 2차권선을 감고, 2차권선의 양단은 각각 레일에 접속하여 그 중성점을 인접 구간의 2차 권선의 중성점에 접속한 구조

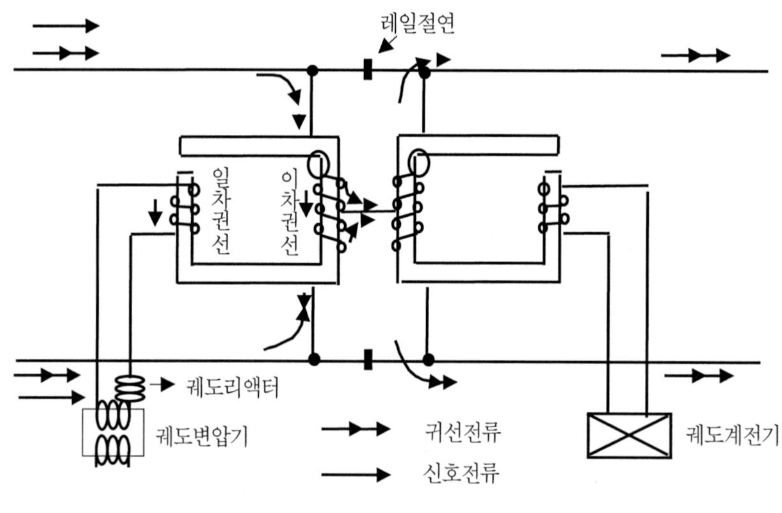

그림 1.14 임피던스본드구성

1-8. 전기철도의 전력공급방식(전기방식)

1. 개 요

1.1 전기철도방식의 선정시 고려사항

수송단위, 열차 횟수 등 운송조건, 그 선로 구간에 채용할 건축 한계, 수전 가능한 전원망의 상태, 선로에 근접한 통신선 등의 상태, 기존 전철구간과의 접속방법, 기타 선로의 특수 조건등이 필요함.

1.2 교류방식의 구성

초고압수전설비(154[kVA]) 및 송전선로, AC 55[kV] 급전, 급전구분소(SP) 설치, 보조급전구분소(SSP), AC 25[kV] 전차선

1.3 직류방식의 구성

특고압 수전설비(22.9[kV]), 변압기 및 정류설비, 고압배전설비, DC 1,500[V] 전차선

2. 변전소 부하의 특성

2.1 운전용 전력(전기차용)

1) 급격한 변화를 반복하는 부하이다. : 전차는 기동, 타행, 제동을 반복하면서 운전하고, 모터 기동시 큰 전류가 흐르고 일정속도가 되면 전류가 감소하여 타행 운전하며 이때 전류는 0이 된다.
2) Rush시간대 전류 : 기동전류가 중복되어 단시간에 peak전류가 흐르고, peak전류는 평균전류의 약 2~3배이다.
3) 변전소 설비용량 : 아침 Rush시의 사용전력으로 결정한다.

2.2 부대용 전력

1) 일일부하 : 운행시간시는 서서히 증가하여 일정하고, 운행정지시는 사용이 적다.
2) 계절부하 : 여름이 특히 크고, 냉방부하 증가로 타계절의 약 3배이다.
3) 변전소 설비용량 : 여름 냉방시의 최대 전력으로 결정

2.3 운전용 전력과 부대용 전력의 비교

구 분		용 도	추정 비율
지하철	운전용	전기차용	60[%]
	부대용	신호, 통신, 조명, 냉・난방, 환기, 배수, 에스컬레이터, 엘리베이터	40[%]
지상철	운전용	전기차용	88[%]
	부대용	신호, 통신, 조명냉・난방, 환기, 배수, 에스컬레이터, 엘리베이터	12[%]

3. 전력공급방식

3.1 전기방식의 분류

전기방식	전 압 종 류	장 점	단 점
직류식	▪ 600[V], 750[V] : 제 3 제궤조식 ▪ 1,200[V] ▪ 1,500[V] : 가공선식 ▪ 3,000[V] : 북한	▪ 전차선설비 간단 ▪ 통신선의 유도장해 적음 ▪ 절연이 용이	▪ 정류장치 설치로 건설비 높음 ▪ 전압이 낮아 전선이 굵음 ▪ 전력손실, 전압강하 커 변전소 간격이 짧음(3 ~ 10[km]) ▪ 보호방식 복잡 ▪ 전식피해
단 상 교류식	▪ 16 2/3[Hz] : 11[kV], 15[kV] ▪ 25[Hz] : 6.6[kV], 11[kV] ▪ 50[Hz] : 6.6[kV], 16[kV], 25[kV] ▪ 60[Hz] : 20[kV], 25[kV]	▪ 정류장치가 필요없어 변전소 설비가 간단 ▪ 고압급전으로 전선 굵기 가늘다. ▪ 전력손실 전압강하 적음으로 변전소간격을 길게 함(30 ~ 50[km]) ▪ 전식피해 없음	▪ 통신선의 유도장해 큼 ▪ 3상 전력망의 전압불평형
3 상 교류식	▪ 16 2/3[Hz] : 3.7[kV] ▪ 25[Hz] : 6[kV]	▪ 전식 피해 없음 ▪ 전차선설비 간단	▪ 속도제어 곤란 ▪ 기동토크 적음

3.2 교류방식과 직류빙식의 비교

구 분			교류급전방식(25[kV])	직류급전방식(1,500[V])
지상설비	수변전	구성도 예	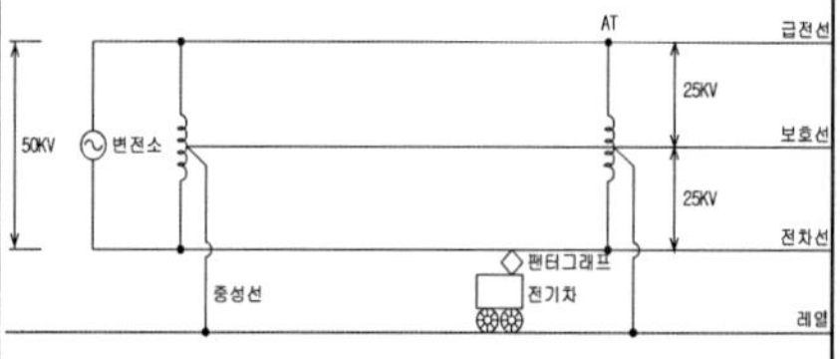	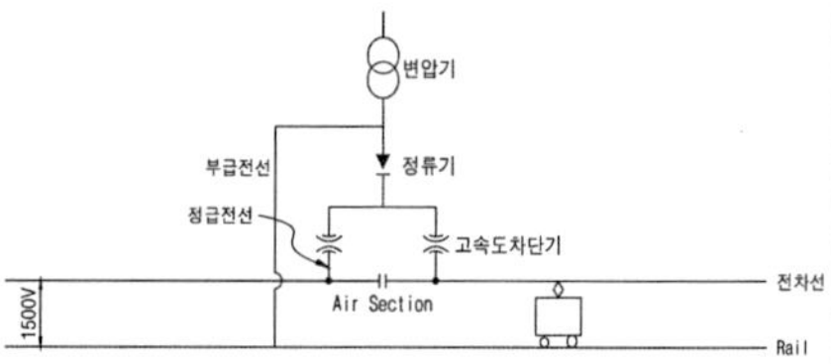
		수 전 전 압	AC 154[kV](AT), 66[kV](BT)	AC 154[kV](부산), 22.9[kV](기타)
		변 전 소 간 격	▪ BT 방식 : 30 ~ 40[km] ▪ AT 방식 : 40 ~ 100[km](변전소 수 적다)	3 ~ 10[km] (변전소 수가 많다)
		변 전 소 설 치 비	小 : 정류기가 없다(간단).	大 : 정류기가 있다(복잡).

지상설비	수변전	보호설비	간단 : (운전전류 · 사고전류)가 小이므로 선택 차단이 용이하다.	복잡 : (운전전류 · 사고전류)가 大이므로 선택 차단이 곤란하다.
	급전	급전전압	• BT 방식 AC 25[kV] • AT 방식 AC 50[kV]	DC 1,500[V]
		전차선 전류	小 : 전선이 가늘다.	大 : 전선이 굵다.
		전압강하	小 : 직렬 콘덴서로 보상	大 : (급전선의 증설, 급전구분소, 변전소의 증설로) 보상
		급전선	불필요	필 요
	부대설비	터널 단면적	大 : 절연이격거리 크므로	小 : 절연 이격거리 적으므로
		통신선의 유도장해	大 : 부급전선, 중성선, 단권변압기, 흡상변압기, 통신선의 케이블화 등 필요	小 : 변전소에 필터 설치
		전원 불평형	있음 : 단상부하이므로 대책 필요	없 음
차량설비		차량가격	大	小
		급전전압	大	小
		집전장치	小	大
		속도제어	용이 : 변압기 탭 절환	복 잡
		점착특성	좋 음	나 쁨
		부속기기	변압기 설치로 형광등, 냉방전원을 얻기가 쉽다.	형광등, 냉방전원을 얻기 곤란하여 인버터를 설치한다.
기타		장 애	통신선의 유도장해로 인한 대책 필요	누설전류에 의해 지중도체 전식 발생으로 전식대책 필요
		경 제 성	약 100[%]	약 70[%]
		차량을 뺀 건설비	약 80[%]	약 100[%]

1-9. 전기철도의 급전방식

1. 급전방식의 종류

1.1 가공단선식 : 국내에 대부분 적용

1) 방　법 : ⊕ 측은 궤도상부의 전차선에 연결하여 팬터그라프를 통하여 전기차에 급전하고, ⊖ 측은 레일에 연결하여 귀선으로 이용한다.
2) 특　징 : 구조가 간단(건설비 · 보수비가 적음)하고, 고속운전에 적당하며, 전식의 우려가 있다.

1.2 가공복선식

1) 방　법 : 변전소에서 ⊕ , ⊖ 의 인출선을 절연하고, 2본의 전차선에 연결
2) 특　징 : 트롤리버스등에 적용

1.3 제3궤조식(Side Rail식)

1) 방　법 : 주행레일 옆에 Side Rail이라는 급전용 레일을 설치하여 집전장치로 급선
2) 특　징 : 집전장치는 팬터그라프에 상응하는 집전화(Collector Shoe)에 사용한다.

1.4 직접급전방식

1) 방　법 : 전차선과 레일만으로 구성된 간단한 급전방식이다.
2) 귀선경로 : 차륜을 거쳐 레일을 통하여 변전소로 간다.
3) 특　징 : 전차선로의 구성이 간단, 보수가 용이, 고장점 발견이 용이, 레일 전위가 높음, 애자섬락보호가 곤란하고, 통신유도장해가 크다.
4) 회로의 보완 : 레일과 병렬로 별도의 귀선을 설치하여 단점을 약간 보완했다.
5) 적　용 : 독일의 ICE 신설구간, 사유철도에 일부적용

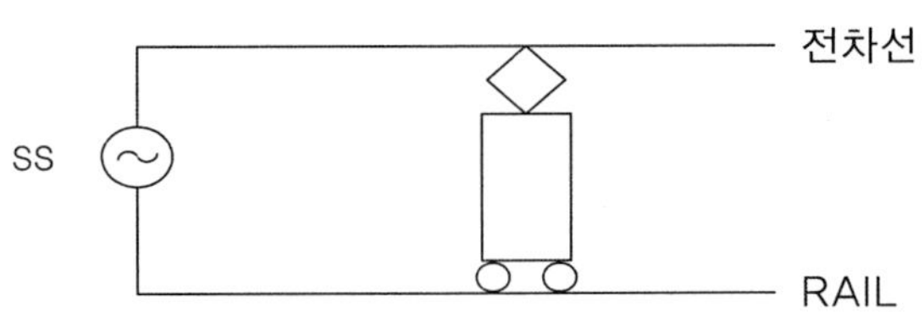

직접급전방식(기본형)

그림 1.15 직접급전방식

2. 직류급전방식의 종류

2.1 변전소로만 급전하는 방식

정류기의 ⊕ 를 급전선에, ⊖ 를 레일에 접속한다.

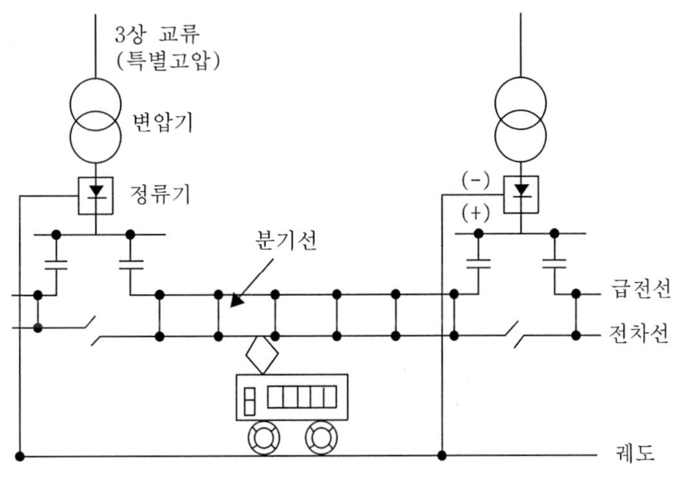

그림 1.16 변전소만으로 구성 하는 경우

2.2 구분개폐소(SP:Section Post)

1) 개 념

선로 분기개소에 설치하여 사고시 연장급전, 전압강하를 보상하고, 본선과 분기선이 병렬급전상태로 운전하다 사고발생시 사고노선을 분리하여 건전노선으로 연장급전한다.

2) 특　징

① 개폐기능만 갖고 있다.

② 본선과 분기되는 곳에 설치하는데 1호선 신설동에서 2호선 성수 방향과 2호선 성수정거장에서 1호선 신설동 방향, 2호선 신도림정거장에서 신정차량기지 방면 등에 있다.

2.3 타이포스트(TP : Tie Post)

1) 개　념

직류복선 전화구간에서 전차선로의 전압강하를 보상할 목적으로 사용하고, 상선과 하선의 급전선이 직류고속도 차단기(양방향)를 통해서 연결한다.

2) 특　징

어떤 방향으로나 정격전류 이상의 과전류가 흐르면 차단기가 개방되어 상선과 하선을 분리시키는 기능이 있으며, 노선의 끝지점에 설치하는데 1호선의 경우에는 서울역과 청량리역에 있다.

2.4 정류 포스트가 있는 방법

1) 목　적

레일과 대지간의 누설전류를 경감하기 위한 것이다.

2) 방　법

차단기가 없는 직류 변전소를 설치하여 누설전류 경감하기 위해 변전소 간격 짧게 하고, 변전소 건설비 상승으로 인한 건설비 절감을 위해 차단기 없앤다.

3) 특　징

① 급전회로 단락사고시에는 전원을 변전소 차단기만으로 차단해야 한다.

② 차단장치가 복잡하므로 고신뢰성이 필요하다.

③ RP에서 단락사고를 검출하여 연락차단장치로 변전소에 차단신호를 전송한다.

3. 교류급전방식의 종류

3.1 BT 급전방식

흡상 변압기(BT : Booster Transformer)방식이다

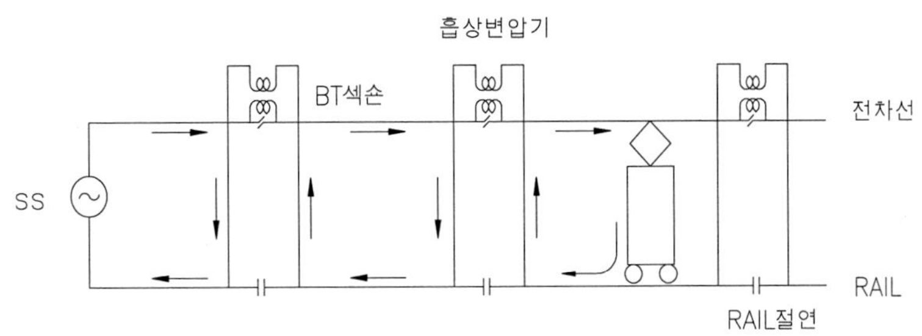

※화살표는전류분포표시

NF 없는 BT 급전방식(BT급전방식)

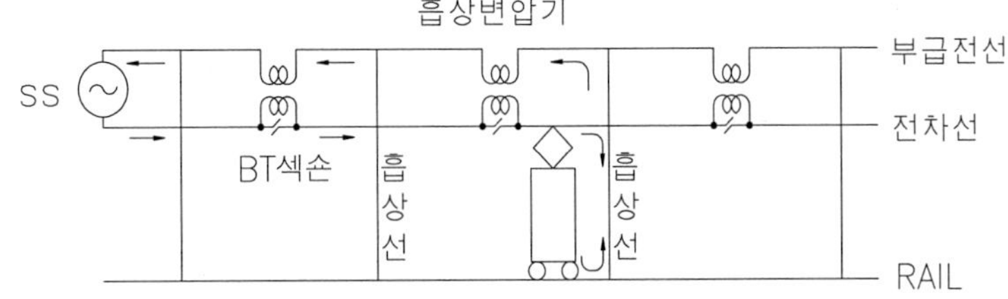

※화살표는전류분포표시

NF 있는 BT 급전방식(BT급전방식)

그림 1.17 흡상변압기 급전방식(BT 급전방식)

1) 방 법

① 권선비가 1 : 1인 흡상 변압기 사용하여 1차 전류와 2차 전류가 같게 되는 성질을 이용한다.

② 대지에 누설되려는 귀선전류를 빨아올려 부급전선에 흐르게 한다.

③ 전차선과 부급전선에는 크기가 같고 방향이 반대인 전류가 흘러 유도작용이 소멸한다.

2) 부급전선이 있는 경우

① 방 법 : 전차선과 병렬로 부급전선을 설치하고 BT 1차측은 섹션을 설치하여 전차선에, 2차측은 부급전선에 연결한다.

② 귀선경로 : 차륜를 통하여 레일에서 임피던스 본드, 흡상선, 부급전선을 거쳐 변전소로 귀로한다.

3) 부급전선이 없는 경우

BT 1차측을 전차선에, 2차측을 레일에 연결하며, 2차 단자간의 레일에도 절연이 필요하다.

4) 특 징

① 흡상 변압기 설치 간격은 약 3 ~ 4[km]이다.

② 흡상 변압기 설치개소의 전차선에 팬터그래프의 단락, 개방에 의하여 아크 발생을 방지하기 위해 Section이 필요하다.

③ 부하전류가 클 경우 Section 간 아크경감 대책이 필요하다.

④ 급전선은 전선에 3[kV] 절연 NF급 전선을 설치한다.

⑤ 변전소 간격은 약 30 ~ 40[km]이고, 유지관리가 복잡하다.

5) 적 용

초창기 전기철도 중에서 산업선의 중앙선(청량리 ~ 제천), 영동선, 태백선에 적용되었으나 최근에는 AT방식으로 교체중이다.

3.2 AT 급전방식 : 단권 변압기(AT : Auto Transformer)방식

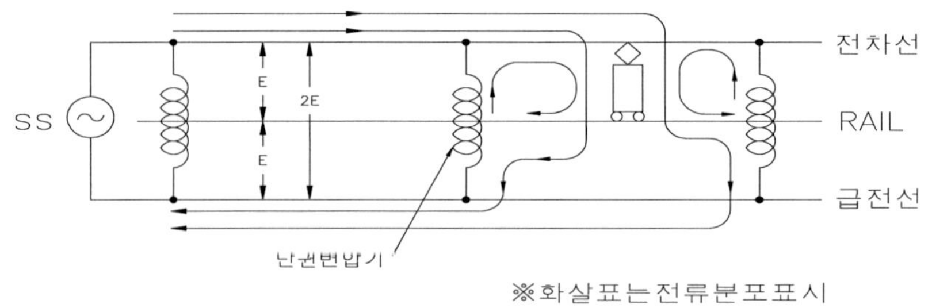

단권 변압기급전방식(AT급전방식)

그림 1.18 AT급전방식

1) 방 법

① 적당한 권수비(1 : 1)의 단권 변압기를 사용하여 부하전류가 단권 변압기 전원측에서는 급전선과 전차선에 크기가 같고 방향이 반대인 전류가 흘러 유도작용이 소멸, 레일에는 전류가 흐르지 않는다.

② 단권 변압기 작용으로 전자유도전압의 감소, 귀선전류의 감소로 인하여 통신선의 유도장해가 경감된다.

2) 귀선경로

차륜를 통하여 레일, 임피던스본드, 중성선, 급전선를 거쳐 변전소로 귀로한다.

3) 특 징

① 단권 변압기 설치간격 : 약 10 ~ 15[km]

② 아크를 발생시키는 Section이 필요없고, 유지관리가 간단하다.

③ 급전전압을 전차선전압보다 2배 높게 하므로 대전력 공급이 가능하다.

④ 대전력 급전이 가능 : 대단위, 고속, 고밀도 수송에 적용

⑤ 급전선 : 전선에 20[kV] 절연 AT 급전선의 설치

⑥ 변전소 간격은 약 40 ~ 100[km]이나 실제 적용은 50[km] 이하가 적당하며 그 이상은 연장급전이 어렵다.

⑦ 송전선 건설비 절감가능 : 전철 변전소를 한전 변전소 근처에 설치가 가능

4) 적 용

수도권 전철, 초창기 산업선 일부(중앙선 – 제천 ~ 영주), 경부 고속철도, 일본 및 프랑스의 고속철도등 최근의 국내전기철도는 AT방식이 대다수다.

3.3 BT 급전방식과 AT 급전방식의 비교

구 분		BT 방식	AT 방식
수변전	구성도예		
	수전전압	AC 66[kV]	AC 154[kV]
	변전소 간격	약 30 ~ 40[km]	약 40 ~ 100[km](50[km] 이내가 적당)
	변압기 설치간격	약 3 ~ 4[km]마다 BT 설치	약 10 ~ 15[km]마다 AT 설치
급전	급전전압	AC 25[kV]	AC 50[kV](사용전압 25[kV])
	급 전 선	3[kV] 절연 NF급 전선	20[kV] 절연 AT급 전선
	급전회로 임피던스	100[%]	25[%]
	전압강하	大	小(BT 방식의 1/3)
	전차선로	간 단 (저렴)	복 잡 (고가)

<table>
<tr><td rowspan="2">급전</td><td>부 스 타 section</td><td>필요(아크 발생함)</td><td>불필요</td></tr>
<tr><td>레일전위</td><td>小</td><td>中</td></tr>
<tr><td rowspan="3">회로</td><td>회로해석</td><td>간 단</td><td>복 잡</td></tr>
<tr><td>고장점 발 견</td><td>쉬 움</td><td>어려움</td></tr>
<tr><td>회로보호</td><td>어려움</td><td>쉬 움</td></tr>
<tr><td rowspan="4">기타</td><td>통신유도 경감효과</td><td>大</td><td>大</td></tr>
<tr><td>유지관리</td><td>복 잡</td><td>간 단</td></tr>
<tr><td>공사비</td><td>▪ 수전점이 먼 경우 : 大(100[%])
▪ 송전선의 철도와 병행된 경우 : AT와 비슷</td><td>수전점이 먼 경우 : 小(33[%])</td></tr>
<tr><td>적 용</td><td>초기의 중앙선(청량리～제천), 영동선, 태백선</td><td>중앙선(제천～영주), 수도권 전철, 경부고속철도, 최근의 전기철도</td></tr>
</table>

3.4 전압강하 보상장치

1) 과 거

직렬 콘덴서를 설치하였으나 급전선 사고시 전원보호계통 교란의 위험성이 있고, 급전회로 이상 진동 발생시 억제대책이 복잡하다.

2) 최 근

① 전압보상장치(ACVR : AC Voltage Regulator) 설치 : 주변압기 2차측에 설치하고, 변전소용과 선로용이 있다.

② 자동 탭절환장치(OLTC : On Load Tap Changer) 설치 : 주변압기 2차측에 설치하고, 변전소 주변압기에만 적용한다

1-10. 전기철도의 급전계통

1. 개 요

1.1 급전선 및 급전선로

급전선은 변전소에서 전차선로에 전기를 보내는 선이고, 급전선로는 급전선 및 급전선을 지지하는 설비이다.

1.2 급전계통

변전소에서 전차선로를 거쳐 전기차에 이르는 선로이다.

1) 직류방식 : 한전변전소(345[kV]/154[kV]/22.9[kV]) → 전철변전소(22.9[kV]/1.2[kV] 또는 0.6[kV]) → 정류기 1차측에 1.2[kV]또는 0.6[kV]를 가압하고 2차측은 DC1.5[kV]를 전차선에 공급한다.
2) BT방식 : 한전변전소(345[kV]/154[kV]/66[kV]) → 전철변전소(66[kV]/25[kV]) → 전차선 25[kV]에 공급하여 팬터그라프를 통하여 차량에 공급한다.
3) AT방식 : 한전변전소(345[kV]/154[kV]) → 전철변전소(154[kV]/50[kV]) → 급전선를 통하여 전차선에 공급하고 25[kV]를 차량에 공급한다.

2. 급전계통의 기본

2.1 급전계통의 구성

1) 개 념 : 사고발생시에도 영향을 최소화할 수 있게 구성하며 부하의 성질, 부하전류, 전압강하 등을 고려하여 구성하고, 변전소간에는 급전구분소를 설치하여 방면별로 급전한다.
2) 전차선 : 섹션으로 구분한다.
3) 급전선 : 전차선의 각 구간마다 단독급전 또는 급전정지 되도록 계통을 분리 구성한다.

2.2 급전계통의 특성

1) 레일을 귀선으로 사용하므로 직류방식은 지중매설금속에 전식, 교류방식은 통신

선에 대한 유도장해가 발생한다.

2) 전차선의 지락시 : 선간 단락상태가 되므로 사고전류가 크다.

3) 교류방식 : 전압변동, 전압불평형 등의 문제가 발생한다.

2.3 급전계통의 운전 조건

1) 전류용량이 충분할 것 : 차량부하에 충분한 용량일 것

2) 절연협조가 잘 될 것 : 변전소, 전차선로, 차량간의 절연강도, 이격거리 확보

3) 보수작업 및 사고발생시 신속하게 사고구간을 구분할 것

2.4 급전계통의 분리

1) 급전별 분리 : 인접 변전소와 상호계통 운전을 원칙으로 하며, 각 변전소별로 전압 위상별, 방면별, 상하선별로 구분하고, 사고시 다른 계통에서 급전받거나 인접 변전소로부터 연장급전을 받을 수 있다.

2) 본선간의 분리 : 사고시 급전구분소(SP), 보조급전구분소(SSP)를 두어 사고구간을 분리하고, 7[km] 이상의 긴 터널에서는 터널 양단에 단로기를 설치하여 구분한하며,구분소간에 에어조인트를 두어 에어섹션으로 구분한다.

3) 본선과 측선의 분리 : 주요 역 구내 사고시 사고구간의 단선운전, 타절운전이 필요하다.

   ① 주요 역구내의 전차선을 분리하여 상·하선별로 다른 급전계통으로부터 상호 급전힌다.

   ② 측선 사고시 본선과 분리하여 열차운행할 수 있게 한다.

4) 본선과 차량 기지의 분리 : 기지에는 수많은 열차가 대기 및 정비를 하고 있고, 정비시 차량의 장애에 의한 전차선로의 정전을 막기 위해 본선과 분리한다.

3. 전기방식별 급전계통

3.1 직류급전계통

1) 방 법

SS 및 SP간을 1구간으로 하여 방면별, 상·하선별로 급전하는 것이 표준이고, 큰 역구내, 차량 기지 등에는 별도의 단독 급전회로를 구성하며, 각 회선은 인접 변전소와 병렬급전방식으로 한다.

2) 특 징

① 변전소와 급전구분소간의 상·하 급전선이 병렬로 접속되어 있다. 급전선의 합성저항이 1/2로 되고, 전압강하가 경감된다.

② 복선구간에서 상하선의 부하가 시간에 따라 크게 다른 구간에 유효하다.

3.2 교류급전계통

1) 방 법

단독급전방식을 사용하며, 위상각이 달라 병렬급전이 어렵고, 인접 변전소로부터 연장급전을 가능하게 하고, 급전구분소를 설치하여야 한다.

2) 급전방식의 형태

① 방면별 급전방식

㉠ 방법 : 변전소를 중심으로 좌·우의 급전회로에 급전한다.

㉡ 방면별 동상급전방식 : 전력의 위상이 동상인 경우

㉢ 방면별 이상급전방식 : 전력의 위상이 다른 경우, 역구내나 건널선이 많은 구간의 급전방식에 적합하나 본선의 변전소 위치에 이상 섹션이 설치되는 결점이 있다.

② 상·하선별 급전방식

㉠ 방법 : 복선 이상의 선로에서 공급전력을 상·하선별로 나누어 공급한다.

㉡ 상·하선별 동상급전방식 : 전력의 위상이 동상인 경우

㉢ 상·하선별 이상급전방식 : 변전소 앞에 섹션이 없으므로 고속운전에 적합하나 역구내의 건널선에 이상섹션이 들어가는 결점이 있다.

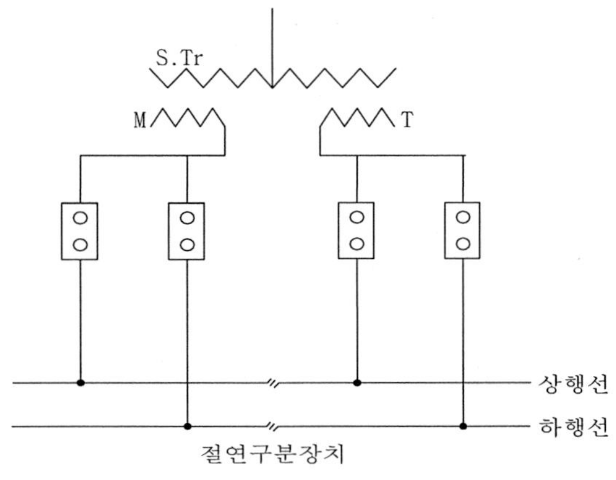

그림 1.19 방면별 이상급전방식

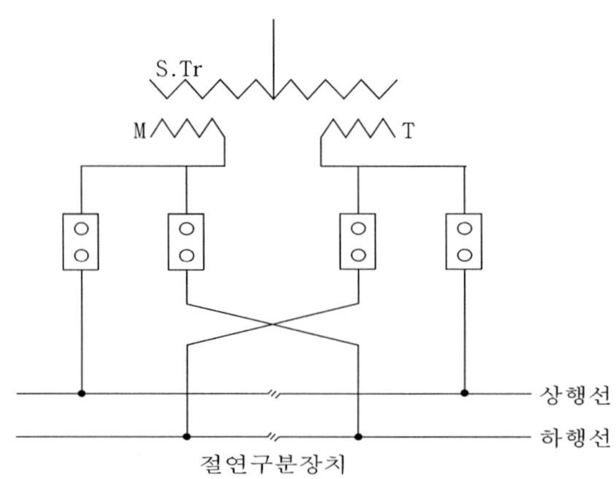

그림 1.20 상·하선별 이상 급전방식

③ 방면별 상·하선별 이상급전 방식의 비교

구 분	방면별 이상급전방식	상·하선별 이상급전방식
변전소 앞 섹션	이상 섹션	동상 섹션
상하 건널선 섹션	동상 섹션	이상 섹션
상·하 타이급전방식의 채용	가 능	불 가 능
특 징	역 구내가 건널선이 많은 구간에 적합	고속운전에 적합

송 · 변전설비

2-1. 송전선로 일반사항

1. 개 요

전기철도에서 송전선로라 함은 한국전력공사에서 전기를 받아오는 수전선로 개념으로 일반적으로 AC 철도에서는 154kV 송전선로, DC 철도에서는 22.9[kV] 수전 또는 연락 송전선로가 있다.

2. 송전선로 경과지 선정

2.1 송전선로 측량

1) 업무흐름도

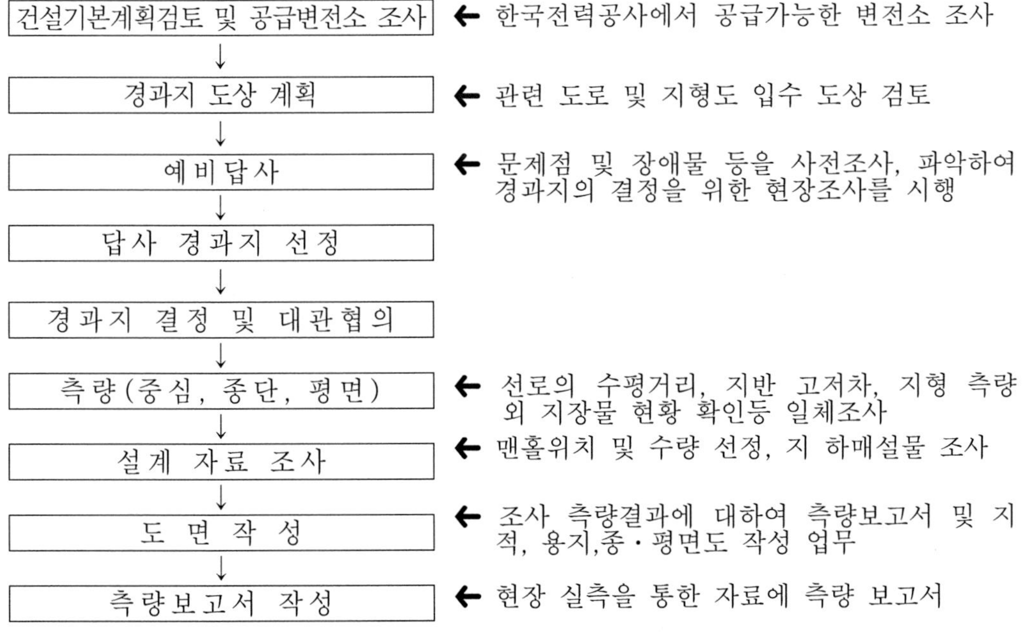

(주) 필요시 사전환경성 검토 시행

2) 경과지 측량 내용

답사 및 대관협의 결과에 따라 선정된 경과지에 대하여 지지물의 위치, 형태 및 높이, 애자련 등을 결정하기 위한 현지 측량업무로서 아래와 같은 항목별 절차를 거쳐 시행한다.

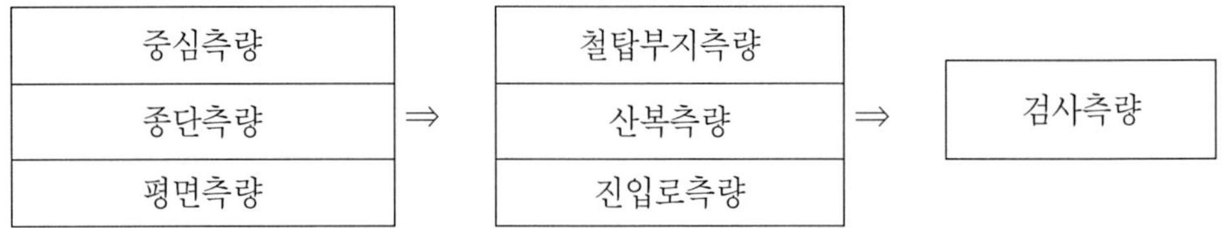

2.2 송전선로 경과지 선정

1) 경과지에 대한 기본 조건

① 선로의 건설비 및 유지비를 최소로 한다.
② 장래 설비계획에 지장이 없도록 한다.
③ 연약한 지반을 피하여 설비보수가 용이하게 한다.
④ 용지 확보가 용이하여야 한다.

2) 반드시 피해야 할 개소

① 건조물이 많은 지역으로 장래 주택 공장지 발전경향이 있는 개소
② 지형변화가 쉬운 지역(산사태, 눈사태, 흙사태, 홍수피해지역)
③ 시가지, 학교(분교), 사적지, 기타 인가밀집지역

3) 가급적 피해야 할 개소

① 비행장 부근 및 화약고, 기타 폭발위험이 있는 개소
② 군사시설 보호지역 및 기타 특수개소
③ 농경지 정리지역 또는 대단위 과수지역으로써 항공방제구역
④ 시가지 기타 인가밀집지역

2.3 경간장의 결정

관로의 경간장의 결정은 Route의 상태, 케이블의 제조, 수송 등을 고려하여 결정하고, 다음 사항도 고려하여 일반적으로 350[m] 전후로 선정한다.

1) 케이블의 허용장력 및 측압
2) 맨홀 설치공간 확보

3) 케이블의 단위조장
4) 사고시 Cable 교체 및 보수점검
5) 단심 Cable의 경우 Cable 시스에 유기되는 대지전압
6) 온도변화에 의한 케이블 신축
7) 케이블의 제조능력, 운반 및 포설여건
8) 경제성 등

2.4 대관협의

선정된 경과지 관할 도, 시, 군 및 군부대와 협의함을 원칙으로 하되, 별도의 협의를 필요로 할 경우에는 아래의 관련부서와 협의토록 한다.

1) 농지개발, 초지조성, 항공방제 및 산림에 관한 사항 : 농림수산식품부
2) 군시설 보호지역에 관한 사항 : 국방부
3) 도시계획 및 산업기지개발에 관한 사항 : 국토해양부(관할 도, 시, 군)
4) 항공법에 관한 사항 : 국토해양부
5) 문화재에 관한 사항 : 문화체육관광부
6) 광업권 설정에 관한 사항 : 지식경제부

3. 공급방식에 따른 비교

구 분	1안 (1회선 송전)	2안 (2회선 송전 예비전력 갑)	3안 (2회선 송전 예비전력 을)
구성도	한전전원, 수용가, 변전소, 전용선로	한전전원, 수용가, 변전소, 전용선로	한전전원, 수용가, 변전소, 전용선로
개 요	▪ 한전 변전소에서 154[kV] 1회선 송전	▪ 동일 한전 변전소에서 154[kV] 2회선 송전	▪ 다른 한전 변전소에서 154[kV] 각각 1회선 송전
장 점	▪ 송전선로 공사비 저렴 ▪ 기본요금 추가부담 없음	▪ 전력공급의 신뢰성 우수	▪ 전력공급의 신뢰성 매우 우수
단 점	▪ 전력공급의 신뢰성 불리	▪ 송전선로 공사비 1안의 2배 ▪ 기본요금의 5[%] 추가부담	▪ 송전선로 공사비 1안의 2.5배 ▪ 기본요금의 10[%] 추가부담

2-2. 가공송전선로

1. 가공송전선로 일반사항

가공송전선로는 지지물로 철탑을 세우고 철탑에 전선를 지지하는 방식이다.

1.1 가공전선로 및 타공작물과의 이격거리

1) 66[kV] T/L과 66[kV]이하 전선로 및 타공작물과의 이격거리 : 3[m]
2) 154[kV] T/L과 66[kV]이하 전선로 및 타공작물과의 이격거리 : 4[m]
3) 154[kV] T/L과 154[kV] T/L이하의 이격거리 : 4[m]
4) 345[kV] T/L과 66[kV]이하 전선로 및 타공작물과의 이격거리 : 6.5[m]
5) 345[kV] T/L과 154[kV] T/L과의 이격거리 : 6.5[m]
6) 345[kV] T/L과 345[kV] T/L과의 이격거리 : 8.5[m]

1.2 사용목적에 따른 철탑의 분류

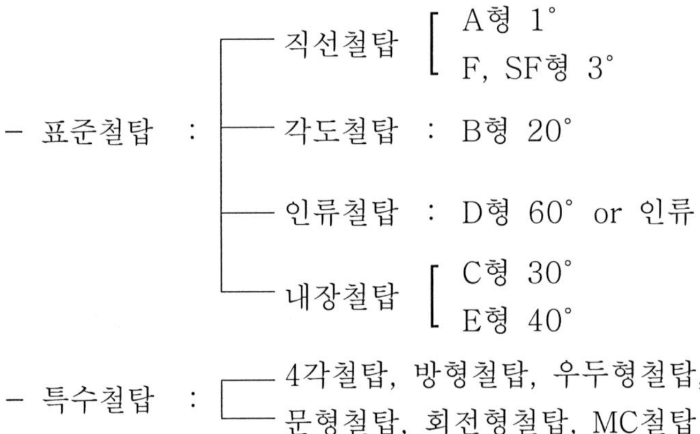

2. 가공철탑의 설계

2.1 기초형식 결정

기초는 상부 구조의 하중조건, 지반특성, 부지의 상황, 시공성 및 기초의 설치로 인하여 인접 지역에 미치게 될 영향 등을 종합적으로 고려하여 기초형식을 결정한다.

1) 일반층의 기초 : 작은 하중인 경우는 역T형기초, 큰하중인 경우는 심형 기초 적용

2) 연약층의 기초 : 작은 용수 개소는 말뚝기초를 적용한다.

3) 암반층의 기초 : 락앵커기초를 적용한다.

2.2 철탑의 접지

1) 접지저항 목표치(가공지선이 있는 지지물의 경우)

가공지선이 없는 지지물접지는 전기설비기술기준에 따른다.

송전선로전압	접지저항 목표치
345[kV]	20[Ω] 이하
154[kV]	15[Ω] 이하
66[kV]	30[Ω] 이하

2) 표준 접지 시공

<table>
<tr><th rowspan="2">대지저항율
[Ωm]</th><th colspan="2">154[kV] 이하 T/L
매설지선 길이 및 조수</th><th colspan="2">345[kV] T/L
매설지선 길이 및 조수</th><th rowspan="2">토 질</th></tr>
<tr><th>분포접지</th><th>집중접지</th><th>분포접지</th><th>집중접지</th></tr>
<tr><td>500 미만</td><td>20[m] × 4</td><td>-</td><td>15[m] × 4</td><td>-</td><td rowspan="3">점토질 습지, 밭, 적토, 산지점토 등 암반 제외 토양</td></tr>
<tr><td>500이상~700미만</td><td>30[m] × 4</td><td>-</td><td>20[m] × 4</td><td>-</td></tr>
<tr><td>700이상~1,000미만</td><td rowspan="2">30[m] × 4</td><td rowspan="2">10m × 4</td><td>30[m] × 4</td><td>-</td></tr>
<tr><td>1,000이상</td><td>30[m] × 4</td><td>10[m] × 4</td><td>풍화암, 연암, 연암섞인 보통암, 보통암, 경암</td></tr>
</table>

[주] 1. 분포접지 : 탑각에서 선로진행방향으로 평행하게 설치하되 현장여건을 고려하여 가능한 한 선하부지내에 매설

2. 집중접지 : 탑각에서 10[m] 떨어진 지점의 분포접지에 직각방향으로 매설

2.3 가공전선

1) 전선의 배치

공 칭 전 압	전선과 철탑과의 간격 [mm]			내장장치의 경우 점퍼선과 암과의 간격 (mm)
	표 준	최 소	이상시	
66[kV]	650	400	-	800
154[kV]	1,300	1,150	450	1,650
345[kV]	2,700	2,200	1,000	3,300

2) 허용온도 및 허용전류

선	종	상 시	단 시 간	순 시
ACSR 및 ACSR/AW 480 (Cardinal)	허용온도[℃]	90	100	180
	허용전류[A]	919	1021	67977
AW 200	허용온도[℃]	200	230	400
	허용전류[A]	731(633)	799(692)	34556(31108)
OPGW 200	허용온도[℃]	100	150	300
	허용전류[A]	427(370)	598(519)	30142(27127)

[주] 1. 순시 허용전류는 통전시간 20[Hz]기준임.
2. ( )는 도전율 30[%] 경우임.

2.4 진입로 개설 및 복구

철탑은 대개 산지에 설치되는 경우가 많음으로 철탑 부재를 운반할 수 있는 진입로 설계를 해야 하며 또한 철탑 시공이 끝난후에는 진입로를 복구하는 설계를 하여야 한다.

1) 진입로 개설비 산출

자재운반용 진입도로는 산림훼손이 최소화 되도록 계획하고 토사구간과 암반구간 등 각각 현장에 맡는 비용을 산출하여야 한다.

2) 진입로 복구비 산출

산지관리법에 따라 복구설계서의 승인을 얻고자 할 경우 복구설계승인신청서에 복구 설계서를 첨부하여 국립산림과학원장, 국립수목원장, 국유림관리소장 또는 시장·군수·구청장에게 제출하여야 한다. 이 경우 산지전용면적이 660㎡ 이상인 경우의 복구설계서는 복구전문기관 또는 산림법 시행령에서 정한 산림토목기술자가 작성한 것이어야 한다.

2-3. 지중송전선로

1. 지중선로 포설방식 선정

1.1 지중선로 포설방식비교

구 분	직 매 식	관 로 식	전력구 및 암거식	본선 이용
개 념 도	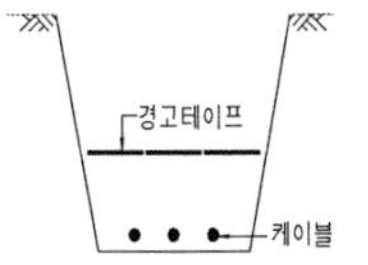 경고테이프 케이블	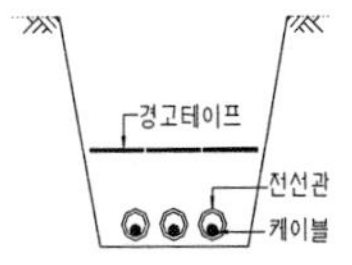 경고테이프 전선관 케이블	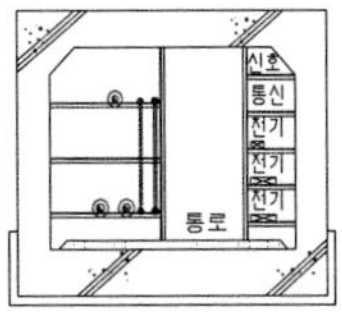 신호 통신 전기 통로	 케이블 터널단면도
장 점	• 공사비가 저렴 • 열방산 효과 양호 • 공사기간 단축가능 • 케이블 포설용이	• 증설 및 이설용이 • 보수 점검용이 • 외상 보호용이	• 증설 및 이설용이 • 열방산 효과 우수 • 다회선 포설 가능 • 보수 점검용이	• 증설 및 이설용이 • 열방산 효과 우수 • 다회선 포설 가능 • 보수 점검용이
단 점	• 유지보수 측면불리 • 증설 및 이설불리 • 케이블 보호불리	• 열방산 효과 저하로 허용전류 감소	• 방재대책이 필요 • 소용량에는 불리 • 장기간 공사 기간 • 건설비가 고가	• 방재대책이 필요 • 소용량에는 불리 • 장기간 공사 기간 건설비가 고가

1.2 케이블 포설방법비교

구 분	아스팔트 포장구간	아스팔트 포장 콘크리트 보강구간
상 세 도	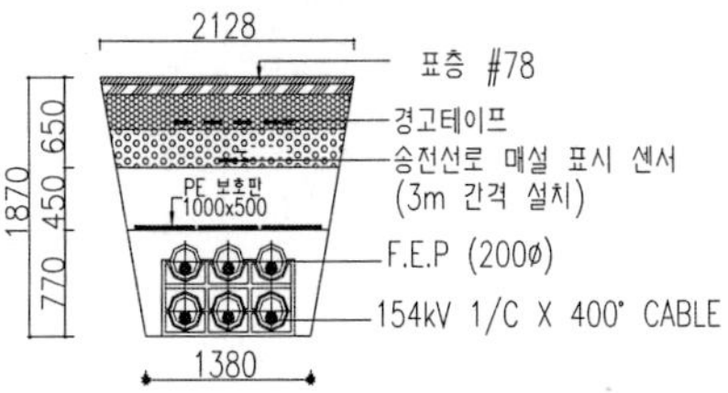 2128 표층 #78 경고테이프 송전선로 매설 표시 센서 (3m 간격 설치) PE 보호판 1000x500 F.E.P (200ø) 154kV 1/C X 400˚ CABLE 1870 650 450 770 1380	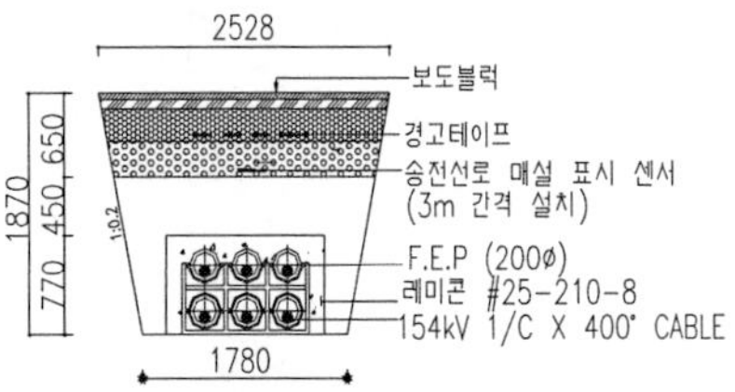 2528 보도블럭 경고테이프 송전선로 매설 표시 센서 (3m 간격 설치) F.E.P (200ø) 레미콘 #25-210-8 154kV 1/C X 400˚ CABLE 1870 650 450 770 1780
매설깊이	일반 0.6[m], 중량의 압력구간 1.2[m] 이상	일반 0.6[m], 중량의 압력구간 1.2[m] 이상
보호설비	PE 보호판, 경고 테이프	PE 보호판, 경고 테이프
매설표시	20[m] 간격	20[m] 간격
표지센서	3[m] 간격	3[m] 간격
고 정	스페이서	스페이서
관 보 호	-	덕트뱅크

2. 관로설계

2.1 관내경

1) 1공1조 포설

D ≧ 1.3d, D ≧ d + 30[mm]를 동시에 만족해야 한다.

표 2.1 관내경 계산 (예)

구 분	케이블 외경[mm]			계 산 (최대외경으로 계산)	비 고
	D 사	L 사	I 사		
400[㎟]	106	106	102	D≥1.3×106 = 138 D≥106+30 = 136	
200[㎟]	97	98	95	D≥1.3×98 = 128 D≥98+30 = 128	

2) 1공3조 포설

2.16d + 30㎜ ≦ D ≦ 2.85d 또는 D ≧ 3.15d를 만족해야 한다.

즉, 2.85d < D < 3.15d의 범위의 내경을 갖는 관을 사용하면 안된다.

단, D : 관 내경[㎜]　　　　d : 케이블 최대외경[㎜]

3) 케이블 종류별 사용 관 내경은 다음을 표준으로 한다.

선 종	도체규격	인입방식	관로내경	비 고
66[kV] 단심 XLPE 케이블	400[㎟] 이하	1공1조	100[㎜]	OF : 유입케이블 XLPE : 가교폴리에틸렌 절연전력케이블
154[kV] 단심 OF 케이블	2,000[㎟] 이하	1공1조	200[㎜]	
		1공3조	300[㎜]	
154[kV] 단심 XLPE 케이블	1,200[㎟] 이하	1공1조	200[㎜]	
		1공3조	300[㎜]	
	2,000[㎟] 이하	1공1조	200[㎜]	

3. 맨홀 검토

3.1 맨홀의 분류

형 (대분류)	형 (소분류)	구 조	비 고
A	A		── 케이블 ■ 접 속
B	B		

3.2 맨홀경간

표준경간은 350[m]로 하되 조건에 따라 결정한다.

3.3 맨홀의 출입구

맨홀 출입구의 내경은 일반적으로 Φ750[㎜]로 한다. 단, 필요시는 Φ900[㎜] 또는 별도 검토된 규격으로 할 수 있다.

3.4 맨홀의 내부 크기

1) 높이는 관로구의 위치 및 배열을 고려하여 다음과 같이 선정한다.

$$H = h_1 + h_2 + \sum h_0$$

h_1 : 윗면~가장 위쪽 접속부 행거와의 간격

h_2 : 밑면~가장 아랫쪽 접속부 행거와의 간격

h_0 : 접속부 행거~접속부 행거 간격

단, H가 1,800[㎜] 미만인 경우는 작업성을 고려하여 1,800[㎜] 정도로 한다.

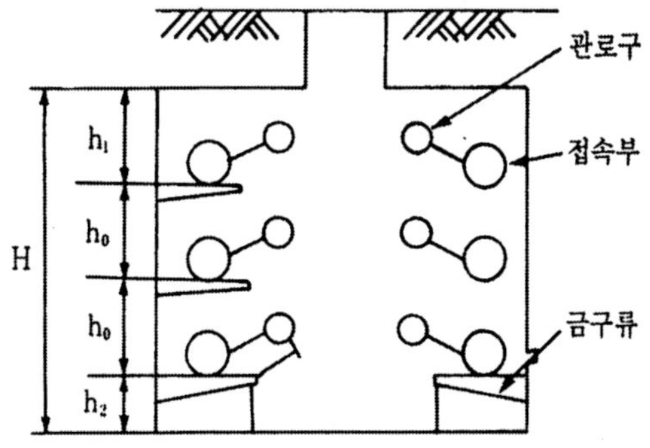

그림 2.1 맨홀내 접속부 표준배치 간격

개 소 / 종 별			밑 면 ~ 최하단행거	윗 면 ~ 최상단행거	접속부행거 ~ 접속부행거	접속부행거 ~ 케이블행거	케이블행거 ~ 접속부행거	측 면 ~ 접속부중심
66[kV]	단심	NJ, IJ	300	800	300	250	300	250
154[kV]	XLPE		300	800	400	350	400	300

2) 폭은 필요한 작업공간과 옵셋트(Off-Set)폭, 관로구의 배치 등을 고려하여 정한다.

배열종별 / 전압[kV]	양측배열(W)(단위 : [mm])		편측배열(W)(단위 : [mm])	
	NJ, IJ	SJ	NJ, IJ	SJ
66[kV] (단심)	1,500	-	1,200	-
154[kV]	1,800	2,200	1,300	1,500

NJ : 보통접속함, IJ : 절연접속함, SJ : 유지접속함

3) 맨홀길이는 작업길이, 옵셋트, 케이블 설치시의 설계곡률반경 등을 고려하여 정한다.

배 열	맨 홀 길 이 계 산(예)	비 고
양측배열	$L = 2(l_0 + \alpha_1) + l_1 + \alpha_2$ l_0 : 케이블 옵셋트 길이[mm] → 2,500 $l_0 = \sqrt{Z_{min}(4R - Z_{min})}$ $= \sqrt{750(4 \times 2,180 - 750)}$ $= 2,444 ≒ 2,500$[mm] l_1 : 접속부 양단 지지간격[mm] → 2,400 α_1 : $\alpha_1' + \alpha_1''$ [mm] → 400 α_2 : 조정값 [mm] → 600 ∴ L = 2 (2,500 × 400) + 2,400 + 600 = 8,800[mm]	
	계산결과 : 8,800[mm]	
편측배열	양측배열과 동일	

4. 케이블 포설

4.1 케이블의 선정(예)

철도에 많이 사용되고 있는 30/40[MVA] 2대 상시운전의 경우로 용량 추정한다

1) 부하전류용량

$$I = \frac{40[MVA] \times 2대}{\sqrt{3} \times 154 \times 0.9} ≒ 333[A]$$

2) 전선 규격별 검토

선 로 별	선로 규격별 허용전류	부하전류	검토내용	선 정
가공전선	ACSR 240[㎟] : 595A	333[A]	약 20[%]여유	◎
	ACSR 330[㎟] : 720A		약 45[%]여유	
	ACSR 410[㎟] : 835A		약 68[%]여유	
지중전선	XLPE 200[㎟] : 387A	333	약 16[%] 여유	
	XLPE 400[㎟] : 552A		약 67[%]여유	◎
	XLPE 600[㎟] : 671A		약 103[%]여유	
	XLPE 800[㎟] : 792A		약 140[%]여유	

3) 단락시 지중케이블 허용전류 검토

① 계산식(적용기준 : IEC 949)

$$I = \epsilon \times 226 \times A \times \sqrt{\frac{1}{t}\ln\left(\frac{234.5+\theta_f}{234.5+\theta i}\right)} \times 10^{-3} \quad [kA]$$

여기서, A : 도체 공칭단면적[㎟] ⇒ 400

t : 단락시 지속시간[sec] ⇒ 0.5, 1.0, 1.7, 2.0

θi : 단락시 초기온도[℃] ⇒ 90

θf : 단락시 최종온도[℃] ⇒ 250

ε : 단열 효과계수 ⇒ 1.0072, 1.0103, 1.0135, 1.0146

② 계산결과

단락시 지속시간 / 도체단면적	0.5[sec]	1.0[sec]	1.7[sec]	2.0[sec]
154[㎸] XLPE 400[㎟]	81.52[kA]	57.82[kA]	44.49[kA]	41.06[kA]

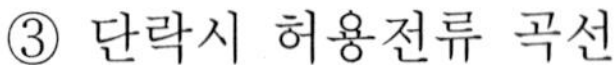
③ 단락시 허용전류 곡선

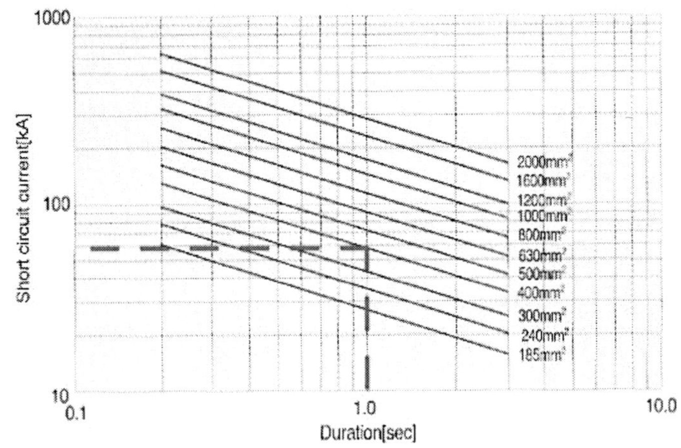

4) 단락전류

한전 154[kV] OO S/S의 154[kV] 모선 3상 단락용량 : 4,120.96[MVA]

$$I_S = \frac{4120.96}{\sqrt{3} \times 154} \fallingdotseq 15.45 \ [kA]$$

5) 검토결과

규격별, 허용전류, 단락강도에 의한 검토결과 154[kV] XLPE 200[mm^2] 이상이면 가능하나, 전기철도의 송전선로의 굵기는 일반적으로 여유 및 기타를 고려하여 154[kV] XLPE 400[mm^2]를 선정한다.

4.2 케이블의 표준여유 길이

구 분	설 계 적 용	비 고
직 매 식	▪ 직매 길이의 2[%] 이내 ▪ 접속 및 옵셋트 여유길이 : 2[m](양측 맨홀의 합계임)	
관로 및 전력구식	▪ 관로 길이의 1[%] 이하, 전력구 길이의 0.5[%] 이하 ▪ 접속 및 옵셋트 여유길이 : 2[m](양측 맨홀의 합계임)	
케이블 입상(종단개소)	▪ 1.5[m](개소당)	

4.3 케이블 포설 공사시의 허용곡률반경

선심 / 케이블 종별		단 심	비 고
66[kV] XLPE		10 D	D_s : 케이블 시스의 평균외경 D : 케이블 외경
154[kV]	OF	20 D_s	
	XLPE	20 D_s	
345[kV] OF		20 D_s	

4.4 케이블의 허용장력 및 허용측압

케이블을 관로에 시설할 때 인장력(케이블을 끌어당기는 장력)은 원칙적으로 도체에만 작용한다. 따라서 과도한 인입장력은 케이블의 성능을 저하시키며, 만곡부분에서는 측압에 의하여 케이블이 눌리거나 방식층에 손상을 주므로, 적정한 인입장력과 허용측압을 계산하여야 한다.

1) 허용장력

도 체	허 용 장 력 [kg]	비 고
동	7[kg/㎟]×케이블 선심수×케이블 도체단면적[㎟]	단심케이블 3조 일괄포 설의 경우는 선심수를 2 로 한다.
알루미늄	4[kg/㎟]×케이블 선심수×케이블 도체단면적[㎟]	

2) 허용측압

케 이 블 종 별	허 용 측 압 [kg/m]
PE 및 PVC 외장 케이블	300
파이프형 케이블	700

4.5 백텐션(Back Tension)

케이블 포설 초기에 인입측의 관로구에서 케이블에 걸리는 장력을 말한다.

$$T_0 = \frac{WS^2}{8D},\ T_d = \sqrt{T_0^2 + (W \cdot L/2)^2}$$

$$\text{단, } L = 2a\sinh\frac{S}{2a},\ a = \frac{T_0}{W}$$

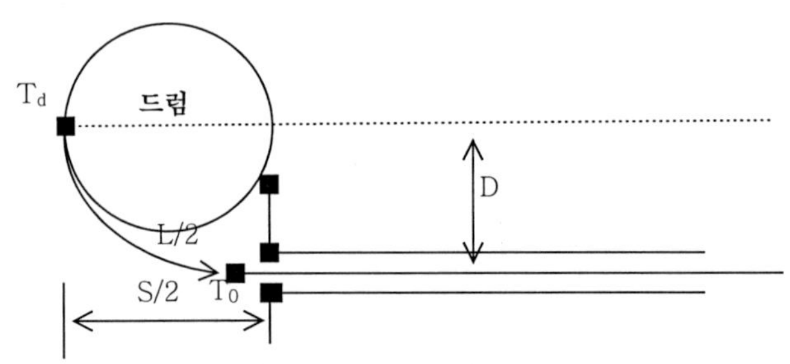

T_d : 드럼의 제동력

T_0 : 케이블에 작용하는 장력

W : 케이블의 중량

표 2.2 백텐션(Back Tension)

케이블 종류	백 텐 션 [kgf]	비 고
66[kV] XLPE	100	1공1조 포설시의 값 (1공3조 포설시는 이 값의 3배)
154[kV] XLPE	150	
154[kV] OF	150	

2-4. 변전설비 용량 관련사항

1. 변전소 용량선정시 참고사항

1.1 변전소 용량 계산방법

1) 차량원단위에 기초한 수계산 방법
2) 열차 전력 시뮬레이션에 의한 방법

1.2 부하의 측정

1) 1시간 최대 전력 : 변전소 부하를 1시간 단위로 나누어 그1시간내에 사용한 전력량의 최대값이다.
2) 순시 최대 전력 : 시간적으로 부하변화가 심한 전철 변전소의 1일 중 최대 전력값이다.
3) 평균 전력 : 설비가 얼마나 유효하게 사용되었나를 나타내는 수치이다.

$$평균전력 = \frac{1일공급전력량}{24[시간]}[kW]$$

4) 부하율 : 설비의 유효도를 표시한 것

$$부하율 = \frac{1일평균전력}{1일1시간최대전력} \times 100[\%]$$

5) 부담률 : 과부하의 비율

$$부담률 = \frac{순시최대출력}{설비용량} \times 100[\%]$$ → 약 200~250[%]로 설계

1.3 부하의 계산

1) 전력소비율(전력원 단위)

① 개 념 : 차량중량 1[ton]당 1[km] 주행하는 데 필요한 전력량

② 크 기

$$전력소비율[Kwh]/1{,}000[t \cdot Km] = \frac{상 \cdot 하선전력량 \times 1{,}000}{상 \cdot 하선총열차주행거리[Km] \times 견인력[t]수}$$

2) 1 시간 출력

① 열차의 운전조건, 변전소의 위치, 전력소비율을 이용하여 계산

② 1시간 출력[kW]=급전거리×전력소비율×견인정수×시간대별 급전구간을 통과하는 열차대수등 으로 구할 수 있다.

3) 1시간 최대 출력

$$Y = \frac{60}{T} 2 \cdot K \cdot L \cdot N \cdot C$$

단, T는 러쉬 시간대의 운전시간[분], K는 러쉬 시간대 차량 원단위[kWh/C·km], L은 변전소 담당 급전구간[km], N은 열차편성수, Y는 1 시간 최대출력[kW], C는 편성당 차량수이다.

4) 순시 최대 출력

① 유사구간의 변전소 출력을 참고로 결정하는 방법이다.

② 변전소 급전구간 내의 각 열차 운전전류를 순시값으로 집계 그 최대값을 결정한다.

$$Z = Y + C_0\sqrt{Y}$$

단, Z은 순시최대출력[kW], Y는 1시간 최대출력[kW], C_0 은 1개 열차의 전류 크기나 파형, 변전소 입지조건에 따라 결정되는 정수이다.

※ C_0는 일반적으로 60~140 정도(지하철은 70~120), 열차전류의 파형률이 변하면 열차 최대 전류의 평방근에 비례한다.

$C_0 = K_c\sqrt{I_{tm}}$ 단, K_c는 정수, I_{tm}은 1개 열차의 최대전류[A]이다.

5) 1시간 최대 출력과 순시 최대 출력의 관계(Y와 Z관계)

① 사용 중인 변전소에서는 다음 식으로 관계를 확인할 수 있으며,

$$C_0 = \frac{(Z - Y)}{\sqrt{Y}}$$

회생전력차 구간에서는 Y가 작고 C_0이 커지는 경향이 있다.

② 순시전력과 1시간 최대출력의 비 : $\frac{Z}{Y} = 2 \sim 3$ → 평균 2.5 정도

6) 최대 출력

1시간 최대 출력 + 변전소 내 변성 손실 + 배전용 부하

2. 정류기 및 정류기용 변압기 용량 선정

2.1 소요 정류기용량 Y_1

정격전류에서는 연속으로 운전하고, 과부하 내량이 150[%] 부하에서 2시간, 300[%] 부하에서 1분을 견디어야 하며 1시간 최대 출력과 순시 최대 출력의 40[%]를 비교하여 다음과 같이 산정한다.

1) $Y > \frac{Z}{2.5}$인 경우 : Y를 변전소 용량으로 적용

2) $Y < \frac{Z}{2.5}$인 경우 : $\frac{Z}{2.5}$를 변전소 용량으로 적용

☞ 간략하게 $Y_1 = Y \times (1.1 \sim 1.2)$로 하는 경우도 있다.

2.2 정류기용변압기 용량선정 방법

1) 3상정류 방식일 경우 직류측과 교류측의 관계

① 전압관계

$E_d = 1.35V_s$ 단, E_d : 직류측전압, V_s : 교류측전압

【예】 정류기 내부전압강하 8[%]일때 변압기2차측 전압 V_s는

$$V_s = (1 + 0.08)E_d / 1.35 = 1,620/1.35 = 1,200[V]$$

② 전류관계

$I_s = I_d \times \sqrt{\frac{2}{3}} = I_d \times 0.8165$ 단, I_d : 직류측전류, I_s : 교류측전류

2) 정류기용 변압기 용량계산식

$$P = \frac{\sqrt{3} \times V_s \times I_s \times 10^{-3}}{\text{효율}} \quad [KVA]$$

단, 효율은 무시하는 경우도 있다.

3) 정류기가 4,000[KW]일 경우 정류기용 변압기용량 계산

$P = \sqrt{3}\,E_s I_s = \sqrt{3} \times 1,200 \times 2,177.3 = 4,525[kVA]$

→ 3상 전파의 경우 $I_s = \sqrt{\frac{2}{3}} \cdot I_D = \sqrt{\frac{2}{3}} \times 2,666.6 = 2,177.3$

→ 정류기 정격 출력 전류 $I_D = \frac{4,000}{1.5} = 2,666.6$

표 2.3 변전소 부하 계산표

구 분	단 위	계 산 식	S/S 명	
			년도	년도
1) 차량편성수 (C)	량			
2) Rush hour 운전시격 (T)	분			
3) 전원단위 (K)	kWH/C·km			
4) 편성당 전원단위 (P1)	kWH/편성·km	P1 = K × C		
5) 급전거리 (L)	km			
6) 편성당 소비전력 (P2)	kWH	P2 = P1 × L		
7) 편 성 수 (N)	편성			
8) 1시간 최대 전력 (Y)	kW	Y = P2 × N		
9) 순시 최대전력 (Z)	kW	$Z = Y + C0 \times \sqrt{Y}$		
10) $Max(Y, \frac{Z}{2.5})$				
11) 변전소 용량	kW			

2.3 전철용 변압기 용량 선정방법 예)

1) 방 법

1시간당 평균최대전력P_{m1}에 여유율과 η, $\cos\theta$를 고려하여 선정한다.

2) 공 식

$$P_{m1} = \frac{P_a \times W_t \times L \times N}{1000} [kW]$$

단, P_a : 평균전력소비율

$$\rightarrow \frac{\text{상 · 하선전력량[kwh]} \times 1{,}000}{\text{상 · 하선총주행거리[km]} \times \text{견인력톤수}}$$

W_t : 1 열차의 중량[t], L은 급전거리[km]

N : 1 시간당 주행열차 편수 = 60 / t × 2, t는 운전시격[분]이다.

$$\therefore \text{ 변압기 용량 } P = \frac{P_{m1} \times \text{여유율}}{\eta \times \cos\Theta} [kW]$$

【예제 2.1】

다음 조건에서 교류의 주변압기 용량을 선정하시오

① 조건 1 : 열차형식(4M4T:8량, 견인톤 수:445[ton])
급전거리(M상 31.1[km], T상 25[km]), 운전시격(4분)

② 조건 2 : 전력소비율은 다음을 참고하여 선정하시오.
월평균 전력 사용량(3,442,320[kWh])
월간 상・하선 총주행[km](168,312[km]/월)
사용전동차 견인톤수(3M3T:6량, 337.5[ton])

☞ 해 설)

$$P_{m1} = \frac{P_a \times W_t \times L \times N}{1000} \text{ 에서}$$

$$P_a = \frac{3,442,320 \times 1000}{168,312 \times 337.5} = 60.59$$

$$\therefore P_{m1}M \text{ 상} = \frac{60.59 \times 445 \times 31.1 \times 30}{1000} = 25,156\,[kW]$$

$$P_{m1}T \text{ 상} = \frac{60.59 \times 445 \times 25 \times 30}{1000} = 20,222\,[kW]$$

변압기 용량은 상별 최대부하인 M상 기준으로 하면

$$P = \frac{P_{m1} \times \text{여유율}}{\eta \times \cos\theta} = \frac{25,156 \times 1.1}{0.99 \times 0.95} = 29,422\,[kW]$$

∴ 변압기용량은 M상, T상 각각 30[MVA]인 변압기를 선정한다.

2-5. 변전소 간격

1. 개 요

1.1 지하철의 특징

열차운행 밀도가 대단히 높고(2~5분), 열차 편성수가 많으며(5~10량), 역간거리가 짧다(평균 1[km]).

1.2 변전소의 위치 선정시 고려사항

1) 전원에 가까운 곳(변전소에만 해당)
2) 기기와 시설자재의 운반이 편리한 곳
3) 공해·염해 등 각종 재해의 영향이 최소화 되는 곳
4) 보호지구(개발제한지구, 문화재보호지구, 군사시설보호지구 등) 또는 보호시설물에 가급적 지장을 주지 않는 곳
5) 변전소나 구분소 앞 절연구간에서 열차의 타행운전(동력을 주지 아니하고 관성으로 운전하는 것을 말한다)이 가능한 곳
6) 민원발생가능성이 적은곳

1.3 변전소 간격을 결정하는 요소

전식(방지측면), 전압확보(전압강하), 급전회로(보호측면), 용지확보

2. 직류 변전소 간격결정

2.1 전식방지 측면에서 변전소 적정 간격

1) 개 념

변전소 간격이 길수록 귀선의 전압강하, 누설전류의 증대로 전식이 증대된다.

2) 방 법

전식방지를 위해 전압강하가 허용치 이내로 되게 변전소를 배치하며, 귀선의 전압

강하치는 1[km]당 평균은 2.5[V] 이하이고, 임의의 2점간은 15[V] 이하이다.

2.2 전압확보 측면에서 변전소 적정 간격

1) 개 념

변전소 간격이 길면 전압강하가 증가로 인하여 전차속도의 저하

2) 운전에 필요한 최저 전압

1,500[V]계는 운전 가능한 전압이 900[V]~1,650[V]정도이며, 운전에 필요한 최저 전압은 600[V]계는 400[V], 750[V]계는 500[V], 1,500[V]계는 900[V]이다.

2.3 급전회로 보호측면에서 변전소 적정 간격

1) 개 념

변전소 간격이 길수록 고장전류가 증가하여 보호성능이 감소하고, 전차선에 지락, 단락사고 발생시 확실히 검출하여 차단해야 한다.

2) 방 법

① 종 래 : 직류고속 차단기로 사고전류를 부하전류와 구별하여 선택차단한다.

② 최 근 : 급전선 고장선택차단장치로 고장전류를 선택하여 연락 차단장치와 조합하여 사용한다.

3) 보호구간율

직류급전회로의 보호범위를 표시하는 용어이다.

$$\text{보호구간율} = \frac{\text{보호가능한급전구간의길이}}{\text{변전소급전구간의길이}}$$

2.4 적정한 변전소 간격(단위 [km])

구 분	전식방지 측 면	전압확보 측 면	급전회로 보호 측면		적 정 한 변전소 간격
			급전선 고장선택장치뿐	연락 차단장치 병용	
카테나리식 (1,500[V])	4 ~ 6	6 ~ 8	5 ~ 6	10 ~ 12	4 ~ 6
강체식 (1,500[V])	4 ~ 6	8 ~ 9	10 ~ 12	20 ~ 24	4 ~ 6

※ 기 타

① 시가철도 : 2~5[km]
② 교외철도 : 1,500[V]용 10~25[km]
③ 전기기관차 구간 : 20~30[km]

3. 교류 변전소 간격 결정(직류와 비슷)

3.1 전압확보 측면

1) 개 념 : 전압강하가 허용치 이내가 되게 간격 결정한다.

2) 방 법 : 열차의 운전실적 계산에 의해 결정되며 열차의 운전계획, 선로의 중요도, 장래 수송 수요를 고려한다.

3) 전압강하 보상 : 직렬 리액턴스 삽입한다.

3.2 급전회로 보호 측면

1) 개 념 : 사고검출이 가능한 급전거리일 것

2) 방 법 : 회로 임피던스, 고장점의 저항, 아크전압 등을 고려하여 결정

3) 사고전류 계산에 사용되는 정수

방 식	급전전압	사고점의 저항	아크전압
BT 방식	25[kV]	10[Ω]	0[V]
AT 방식	50[kV]	10[Ω]	0[V]

3.3 기 타

1) 1차 변전소, 송전선은 신뢰도가 높고 가까운 곳
2) 단상부하로 인한 불평형률이 허용 한도를 유지할 수 있는 용량이다.

【예】 SS : 대략50[km]마다, SSP 대략10[km] 마다 설치 한다.

2-6. 직류 변전설비 일반

1. 개 요

1.1 전력 확보

기본 설계단계부터 전력회사와 공급방안협의, 수전용량, 수전전압, 수전지점, 수전시기, 수전방안 등을 긴밀히 협조해야 한다.

※ 설계단계별 성과물예시

㉠ 기본계획 : 기본노선, 추정공사비, 기타문서
㉡ 기본설계 : 중요 기준도면 작성, 개략공사비, 기타문서
㉢ 실시설계 : 시공도면, 설계보고서, 공사시방서, 공사비, 기타문서,

1.2 수전 루트 선정시 주의할 점

① 지역 여건 감안 : 하천횡단, 철도횡단 등은 피할 것
② 지하 매설물 현황 조사 : 수도관, 가스관, 전선관…, 기타 관로

2. 직류 전원계통

2.1 직류계통의 구성

1) 수전설비

① 수전전압 : 22.9[kV], 154[kV](부산 지하철)
② 수전계통
㉠ 초기 지하철 : 지하철 변전소 하나 건너마다 한전에서 수전
㉡ 최근 지하철 : 부대시설비의 증가로 인하여 지하철 변전소마다 한전에서 수전하는 경우도 있음
㉢ 수전선 로 : 22.9[kV]급 CNCV(토공구간- W:수밀형, 터널구간-HFCO:저독성난연) 케이블을 사용한다.

③ 수전전압의 비교

구 분	154[kV] 수전	22.9[kV] 수전	비 고
수전 가능 용량	14,000[kW] 이상	10,000[kW] 미만(※)	
인입선로 공사	어려움	쉬 움	
수전개소	小	大	
변전소 부지	大	小	
한전사고시 파급효과	大	小	
유도장해	大	小	
신 뢰 도	높 음	보통	2차측 연계시 높음
유지보수	어려움	쉬 움	
건설기간	길음(약 2년)	짧음(약 1년)	
총건설비	大	小	
전력요금	저 렴	고 가	
적 용	부산 지하철 1호선	서울 지하철	

[주] 22.9[kV] 전용수전선로는 피크를 10,000[kW]로 제한할 경우 14,000[kW]까지 수전가능하고, 대용량 공급방법일 경우 한전의 사정에 따라 20,000[kW]×2까지 수전가능함.

2) 변전설비

① 변전전압(정류기1차) : 서울 1기는 1,200[V], 서울 2기는 600[V], 부산지하철(더블컨버터 : 1,750[V],싱글컨버터 : 1,420[V])이다.

② 변성기 : 정류기로 DC1,500[V], 정류기를 1~3조 설치하여 공급한다(대개 3조 설치, 1조 예비).

3) 급전설비 : DC 1,500[V]를 각 방면별, 상하선별로 차단기를 경유하여 전차선에 급전한다.

4) 배전설비 : AC 6.6[kV]×3회선으로 각역사간을 연락배전함

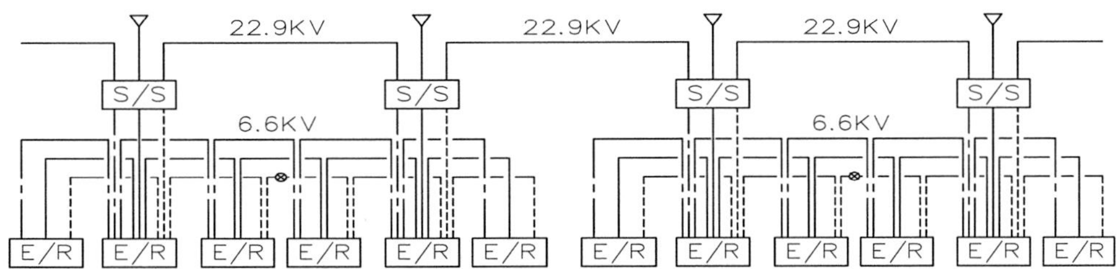

S/S : 지하철 변전소, E/R : 전기실

그림 2.2 지하철 전력계통도의 예

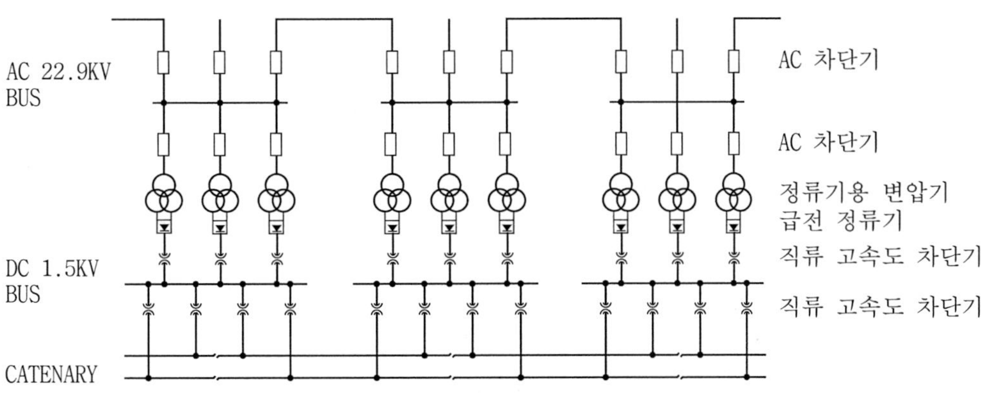

그림 2.3 직류급전계통의 예

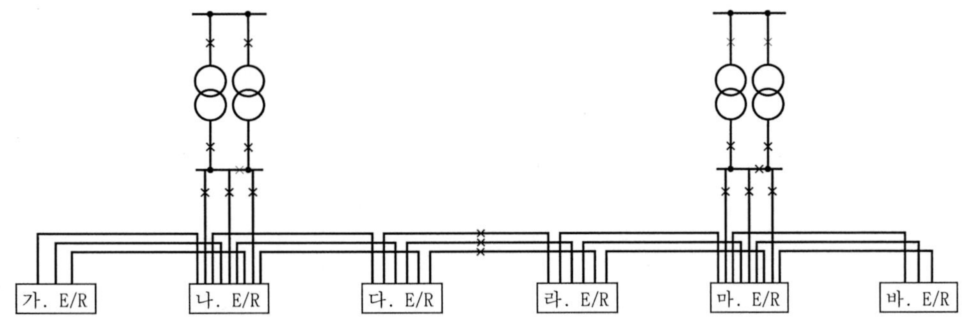

그림 2.4 직류고압배전계통 예

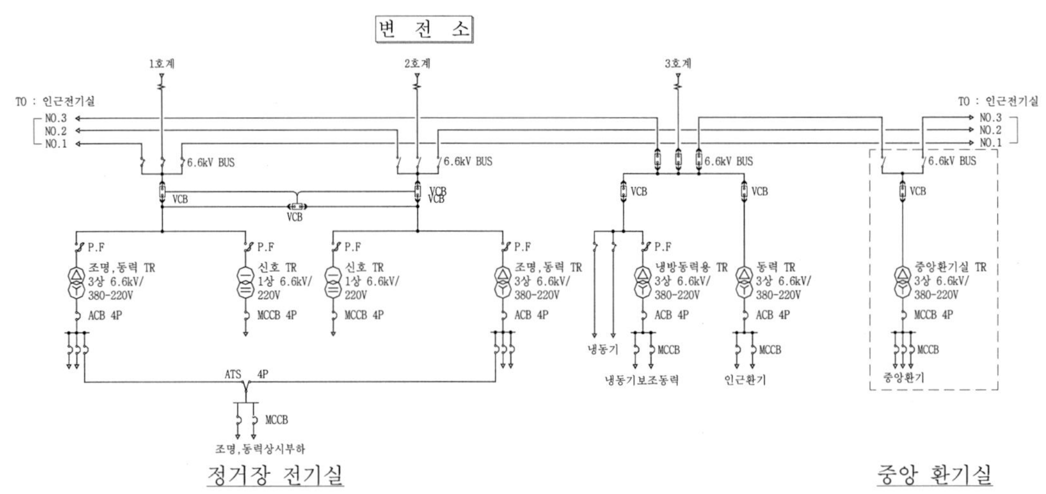

그림 2.5 전기실계통의 예

2.2 정류방식

1) 현 황

① 서울 지하철(다이오드 사용) : 1기는 6펄스방식이고, 2기는 12펄스방식이다.

② 부산 지하철(사이리스터 사용) : 12펄스방식

2) 정류방식별 비교

① 6펄스방식 : 3상 전파정류방식으로 정류기에 AC600[V] 입력

② 12펄스방식 : 3권선 변압기 또는 2대의 변압기에서 정류기에 AC600[V] 입력

2.3 정류 전압

1) 3상 전파 정류기의 직류 전압

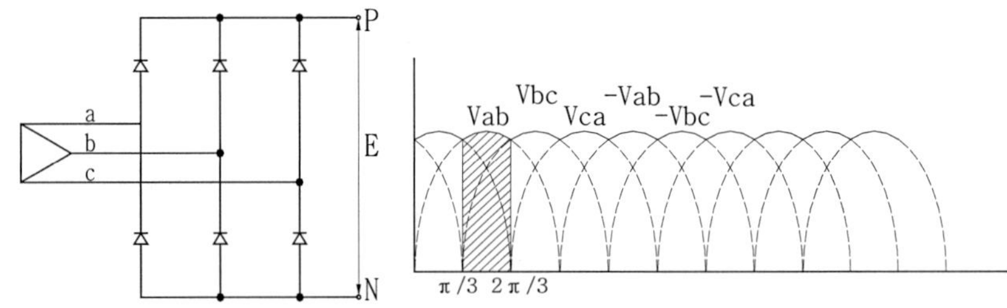

그림 2.6 6펄스 정류방식

① 개 념

㉠ 정류기의 2차측의 직류 전압은 상기 그림과 같이 한순간에 Vab, Vbc, Vca의 3개 전압이 나타나며 정류기 2차측은 직류회로이므로 P와 N사이는 Vab, Vbc, Vca의 최대 전압이 출력 전압이 된다.

㉡ 따라서 π/3~2π/3 구간의 전압은 Vm Sin wt 이다.

② 정류기의 평균 전압을 구하기 위하여 π/3~ 2π/3 구간의 면적을 구하면

$$S = \int_{\frac{\pi}{3}}^{\frac{2\pi}{3}} V_m \sin wt \, s(wt) = V_m \int_{\frac{\pi}{3}}^{\frac{2\pi}{3}} \sin wt \, d(wt)$$

$$= V_m [-\cos wt]_{\frac{\pi}{3}}^{\frac{2\pi}{3}} = -V_m [(-\frac{1}{2}) - (\frac{1}{2})] = V_m$$

③ 직류(맥동) 전압 평균치

$$E_{dc} = \frac{V_m}{\frac{\pi}{3}} = \frac{3}{\pi} \cdot V_m = 0.955 \cdot V_m = 0.955(\sqrt{2} \cdot V) = 1.35 \cdot V$$

즉, 3상 전파 정류회로의 직류측 전압은 교류측 전압의 1.35배이며 Peak치의 0.955배이다.

④ 교류전압

㉠ DC 1,500[V]를 공급하기 위한 교류전압

$$V = \frac{E}{1.35} = \frac{1,500}{1.35} = 1,110[V]$$

㉡ 전압강하를 고려하여 실제로는 1,200[V]로 공급한다.

$$E = 1.35 \times V = 1.35 \times 1,200 = 1,620[V]$$

즉, 무부하시 DC 1,620[V]로 공급하므로 부하측 에서는 DC 1,500[V]가 되게한다.

2) 6상(12펄스) 직렬 연결 정류기

① 개 념

㉠ 3상 전파 정류회로의 정류기용 변압기는 22.9[kV]/1,188[V]이며 6상 직렬연결 정류기용 변압기는 22.9[kV]/590[V]이다.

㉡ 따라서 6상 직렬 연결 정류기의 2차측 무부하 전압은

E= 2×1.35×590 =1,593[V]가 된다.

(예 정류기1차측이 600[V]이면 E= 2×1.35×600 =1,620[V])

② 즉 다음 그림과 같은 정류기 2차측 출력 전압이 발생한다.

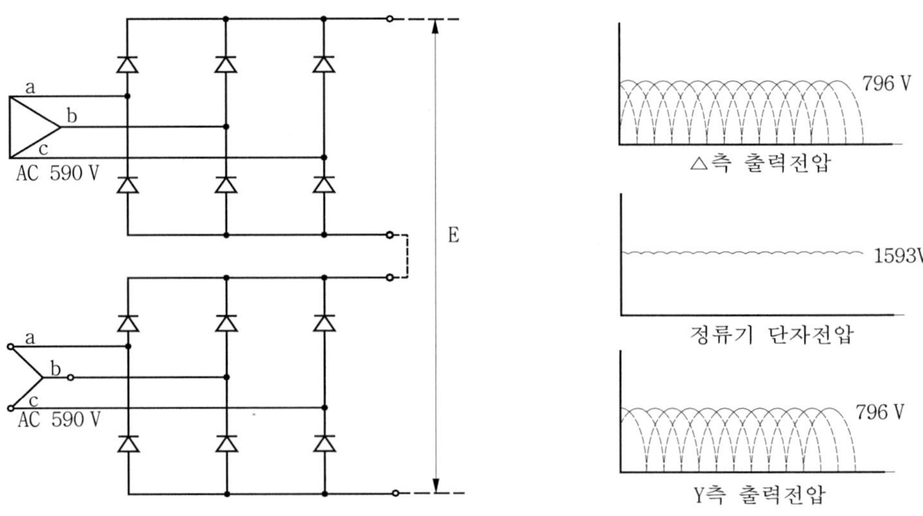

그림 2.7 12펄스 정류방식(직렬 연결)

③ 6상(12펄스) 직렬 연결 정류기의 경우 Diode 수량

㉠ Diode 군은 총 12개이며 직렬 예비방식과 병렬 예비방식이 있다.

㉡ 1개의 Diode 고장시 고장회로는 분리되고 (Fuse 용단) 예비 Diode가 정격 전류를 통전, 따라서 Diode의 최소 수량은 예비 포함 24개이다.

소 요 Diode		예비 Diode	각 Diode군의 Diode 수량	전체 Diode
직렬회로	병렬회로			
1	1	1	2	24
1	2	1	3	36
2	1	2	4	48
2	2	2	6	72
3	1	3	6	72
3	2	3	9	108
3	3	3	12	144
4	1	4	8	96
4	2	4	12	144
4	3	4	16	192
4	4	4	20	240

3) 6상(12펄스) 병렬 연결 정류기

① 개 념

㉠ 6상 병렬연결 정류기의 경우는 각 정류회로의 2차측 전압이 6상 직렬 연결 정류기의 합성 전압과 같다.

㉡ 즉 6상 병렬 회로의 경우는 각 3상회로의 2차측 전압이 직류 1,500[V] 회로에 전력을 공급하게 된다.

㉢ 단, 6상 병렬회로의 경우 각 정류회로의 2차측 전압이 서로 30°의 위상각을 갖고 있으므로 동일하지 않고 다음 그림과 같이 차이가 있다.

㉣ 실제 병렬 연결시는 직류 회로이므로 최대 전압 부분에서만 통전이 이루어지므로 각 회로 각상의 통전기간이 $1/2\times(2\pi/12)$로 되므로 실효치 전류량은 $\sqrt{2}$배로 증가 되어야 정류기의 정격 전류를 흘릴수 있게 된다.

㉤ 따라서 $2\pi/6$ 기간 동안 각 정류기가 통전토록 하기 위해서는 $\triangle V$의 전압 차이를 흡수할 수 있는 Interface Reactance를 추가 하여야 2대의 정류회로가 독립적으로 통전 가능해 진다.

② 즉, 6상 병렬 회로의 경우는 Interface Reactance의 설치가 필수적이며 일반적으로 Diode의 소요 숫자가 많아진다.

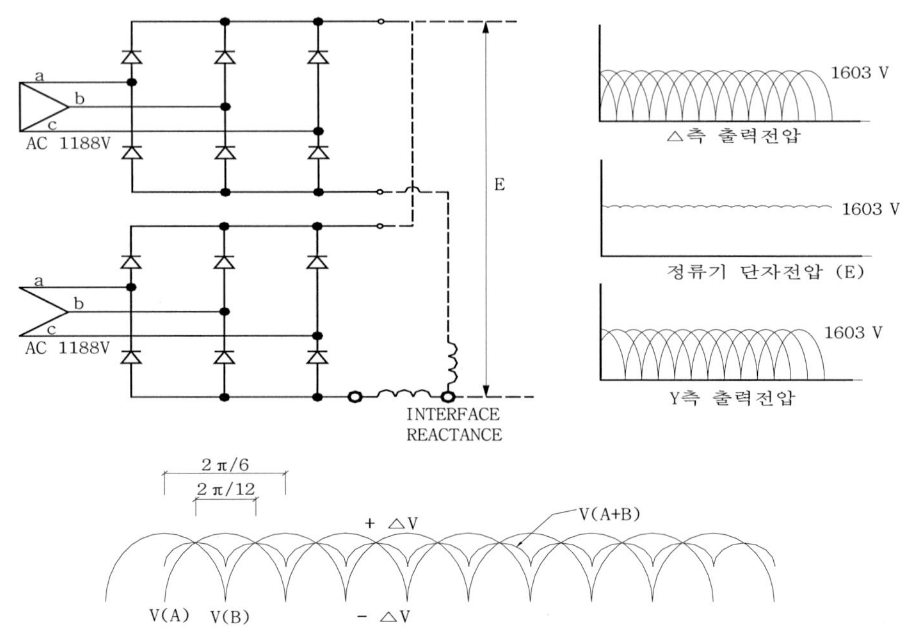

그림 2.8 12펄스 정류방식(병렬 연결)

4) 정류회로의 특성을 비교

구 분	3상 회로	6상 직렬 회로	6상 병렬 회로
전압 파형	전압 파형이 나쁘다	전압 파형이 비교적 좋다	전압 파형이 비교적 좋다.
사용 변압기	2권선 변압기	3권선 또는 4권선 변압기	3권선 또는 4권선 변압기
변압기 2차 전압	약 1,200[V]	약 600[V]	약 1,200[V]
Interface Reactance	불필요	불필요	필요
소요 Diode	적다	적다	많다
고조파	많다	적다	적다
국내적용	3상 정류기는 고조파 발생분이 6상 정류기에 비하여 특히 크므로 지하철 정류기의 정류 방식으로는 6상 정류방식이 우수하며 6상 정류방식 중 직렬연결 방식이 병렬연결 방식에 비하여 소요 Diode 수량이 적고 Interface Reactance가 불필요 하므로 경제성, 기존 지하철과의 연계 및 호환성을 고려하여 6상 직렬연결 방식이 주로 사용된다.		

2.4 고조파 전류

한전에서 수전 전압이 66[kV] 이하인 경우 3[%], 154[kV] 이상인 경우 1.5[%] 이내로 허용한다.

1) 원 인 : 전력전자소자(SCR, 다이오드, GTO, IGBT)를 사용하는 전력변환 기기에서 발생한다.

2) 크 기 : 펄스출력이 클수록 고조파 발생이 적다.

$$I_n = K_n \frac{I_1}{n} \text{ 에서 } n = mp \pm 1 (m = 1,\ 2,\ 3 \cdots\ )$$

단, K_n은 고조파 저감계수, n은 고조파 차수, I_1은 기본파 전류, P는 펄스 출력이다.

3) 영 향 : 통신선에 유도장해를 주고(정전유도, 전자유도), 기기에 악영향을 준다(과열, 오동작).

4) 대 책 : 변환기의 다펄스화, PWM방식의 채용, 교류 리액터 설치, 전원의 단락용량 증대, 계통의 분리, 기기의 고조파 내량의 증대, Filter설치는 Active Filter(능동), 수동필터

2.5 급전설비계통

1) 전차선 급전계통

① 급전계통 선택시 고려사항 : 운전시간, 타노선과의 연계관계

② 급전방법의 비교

구 분	상・하행선 분리공급방식	상・하행선 일괄공급방식
방 법	▪ 상・하선을 분리하여 공급 ▪ 한 선로 고장시 건전선로로 운전	▪ 상・하선을 일괄하여 공급 ▪ 사고시 사고구간 내 상・하선 모두 차단하여 사고구간 직전에서 회차
구간사고시 열차운전	정상선로의 연속운전 가능	사고구간의 열차 운전정지(단, 단로기 조작 후 정상선로의 연속운전 가능)
적 용 예	▪ 서울・부산의 지하철 ▪ 일본의 지하철	▪ 멕시코, 몬트리올의 지하철 ▪ 일본의 한큐노선
비 용	大 : 차단기가 많다	小 : 차단기가 적다

2) 급전설비보호계통

① Arc 검지기

㉠ 직류고속도 차단기(HSCB)는 소호실 내로 Arc를 유도하여 차단한다.

㉡ 배전반 상부에 설치하며 차단시 아크가 계속되면 변전소 내의 모든 직류 차단기와 정류기 1차측 교류 차단기를 개로한다.

② 직류역류계전기

㉠ 직류모선에서 정류기로 과전류가 흐를 경우 동작

㉡ 직류역류계전기가 동작하면 변전소 내의 모든 직류 차단기와 정류기 1차측 교류 차단기를 개로하며, 연락차단장치가 동작하여 인접변전소 해당 HSCB 차단

③ 급전선 고장선택장치(△I형 고장선택장치-50[F])

㉠ 전류증가치가 정정치를 초과하는 경우 고장을 검출하는 계전기

㉡ 직류고속도 차단기의 전류 정정치는 약 7,000~9,000[A]

④ 연락차단장치 : 어느 한쪽 변전소의 차단기가 사고를 검출하여 차단기를 차단한 다음 상대방 변전소의 차단기를 차단하는 방법

⑤ 직류접지계전기(64P) : 직류변전소에서 지락전류를 검출하고, 대지전위가 설정치(200~500[V]) 이상이 되면 HSCB를 차단한다.

⑥ 직류저전압계전기(27) : 사고지점에는 저항값이 감소되어 전차선의 전압이 저하하는 것을 검출하여 사고를 차단하는 계전기

2.6 직류 고속도 차단기

직류고속도 차단기는 사고전류를 한류차단하여 급전회로를 보호하고, 단락전류 및 역류 등의 이상전압을 신속히 차단한다.

1) 직류 고속도 차단기의 종류

① 직류 고속도 기중 차단기(HSCB) : 차단기에 기계적인 기구 사용, 일반적인 직류고속도 차단기는 거의 이 방식이다.

② 직류 고속도 턴오프 사이리스터 차단기(GTO차단기) : 차단부에 반도체 사용

③ 직류 고속도 진공 차단기(HSVCB) : 차단부에 진공밸브를 사용

2) 직류 고속도 차단기의 차단 성능

차단기 자체에 검출 기능이 있고, 직류를 약 20[ms]로 고속도 차단하며, 사고전류가 동작설정치에 도달하기 전에 차단한다.

3) 직류 고속도 차단기의 요구 성능

① 부하전류를 확실하게 개폐할 것 : 전기적・기계적으로 안전하고 오동작 없을 것

② 사고전류를 확실하게 차단해야 하며, 점검하기 쉬울 것

4) 직류 고속도 기중 차단기(HSCB)

① 동작원리

㉠ 조 건

차단시 Arc전압에 의해 직류전류를 한류하고, 전류 영점까지 한류하기 위해 Arc를 늘려 Arc전압을 회로전압 이상으로 올리며, 아크 쉬트의 구조가 point가 된다.

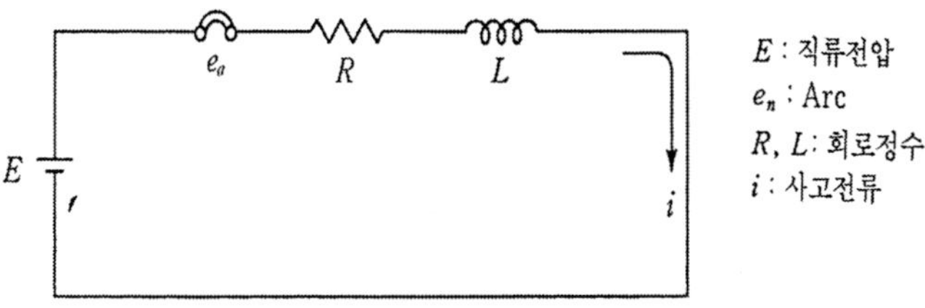

그림 2.9 직류회로의 차단원리도

㉡ 직류회로의 차단

$$E = e_a + R_i + L\left(\frac{di}{dt}\right) e_a - (E - R_i) = -L\left(\frac{di}{dt}\right)$$

(∵ 전류i가 0이 되려면 전류가 감소되어야 함으로 di/dt 는 - 가 되어야 한다)

차단기의 Arc전압 e_a(차단기 동작시의 arc에 의한 역전압)가$(E - R_i)$에 대하여 커지면 전류는 속히 감소하고 차단은 빨리 된다.

② 특 징

㉠ 차단기 자체에 사고전류 검출기능이 있고, 차단시간이 짧다(약 20[ms]).

㉡ 개극시간이 짧아(약 1[ms]) 한류수치를 적게 억제할 수 있다.

㉢ 차단시 소음이 없고, 공기 속에서 아크를 발생하지 않는다.

㉣ 조작전류가 적고, 설치면적이 적다(약 1/4).

㉤ 보수에 시간이 걸리며, 주접촉부의 마모가 심하다.

③ 조작방식

GAS 차단기의 사용으로 압축공기 사용이 없으며, 전자조작형을 많이 사용한다.

㉠ 공기조작형 : 압축공기가 필요하며, 투입전류가 적다.

㉡ 전자조작형 : 전자석의 힘으로 조작하며, 투입전류가 크다(수십 [A]).

④ 전류검출방식

㉠ 전자식 : 이상전류에 의해 인출 코일에 흐르는 전류로 자기유지코일의 자기 유지력을 소멸시켜 차단한다.

㉡ 전자회로식 : 홀소자 등을 이용해서 전류의 크기, 방향을 판단하여 인출장치 구동

⑤ 정 격

㉠ 표준정격전압 : 600[V], 750[V], 1,500[V], 3,000[V]

㉡ 표준정격전류 : 1,000[A], 2,000[A], 3,000[A], 4,000[A], 5,000[A], 6,000[A]

㉢ 정격차단용량 및 정격차단전류 : 차단용량은 추정단락전류와 돌진율로 결정한다.

정격차단용량 [A]	규징회로조건의 표준 수치		정격차단전류 [A]
	추정단락전류의 최대 수치[A]	돌진률[A / S]	
20,000	20,000	1.5 × 106	15,000
50,000	50,000	3.0 × 106	25,000

⑥ 소호장치

㉠ 자기소호기구 : 자계의 작용으로 아크를 잡아당긴 후 절연판 사이에 좁은 캡에 눌려 자계를 작용시켜 아크를 확산, 냉각

㉡ 아크슈트 : 접촉자 사이에 발생한 아크를 차단에 필요한 역급전력으로 이용

㉢ 아크혼 : 접촉자면에 발생한 아크의 다리를 빨리 접촉자면에서 분리

㉣ 그리드식 소호장치 : 아크 통로를 가지모양으로 가늘게 한 구조(그리드)로, 아크에 공기를 뿜어 위쪽 아크혼으로 이동하면 철그리드에서 전극강하 커져서 소호

⑦ 동작책무 : 차단기에 부과되는 책무이다.

㉠ 개 념 : 일정시간 보수점검을 하지 않고 개폐동작을 하여도 실용상 지장없는 성능이다.

㉡ 표준동작책무 : 0(차단기 open)－10초－CO(close하면 다시 open)로 사고전류차단하고 10초 후 재투입하여 사고지속되는 경우 완전 차단된다.

5) 직류 고속도 차단기의 종류별 비교

구 분		기중 차단기방식 (HSCB)	사이리스터방식 (GTO 차단기)	VCB 방식 (HSVCB)
전기적특성	소호방식	기중 소호	반도체소자 이용차단	진공 Valve
	차단기 Arc	기중 확산	없 음	없 음
	투입방식	전자 투입	Gate 점호	스프링 투입
	Trip 방식	스프링	역기전류	전자 반발 코일
	서지발생	大	小	小
	내서지 특성	강	약	강
	절연특성	강	약(단로장치 필요)	강
	내전류특성	강	약	강
	냉각장치	불필요	필 요	불필요
안전성	도전부 노출	CUBICLE 수납	CUBICLE 수납	CUBICLE 수납
	연 소 성	가 연	불연성	불연성
유지보수	중 량	중	大	小
	외 형	중(100[%])	大(300[%])	小(85[%])
	소 음	大	없 음	小
	Arc 감지기	필 요	불필요	불필요
	보수점검	접촉자점검 및 교환요	불필요	불필요
기타	경 제 성	100[%]	300[%]	100[%]
	적 용	1, 2, 3, 4 호선 부산 지하철		
	최근 추세		회생전력, 역류불가능: 지하철에 적용 못함	최근 일본에서 여러 이점으로 사용

2-7. 정 류 기

1. 개 요

1.1 정류기의 발전

초기에는 전동발전기에서 회전변류기로 다시 수은정류기로 바뀌면서 현재는 정지형 실리콘정류기와 사이리스터정류기를 사용한다.

1.2 직류 변전소용 실리콘 정류기

고전압, 대전류로 현재 국내 DC철도의 정류기로 가장 많이 사용, 다수의 정류소자로 구성

2 실리콘 정류기의 원리

2.1 개 념

반도체 정류기의 일종으로 정류작용을 이용한 기기이며, 정류기 소자는 P형 반도체와 N형 반도체를 결합한(단일 결정) 반도체이다(P-N접합형).

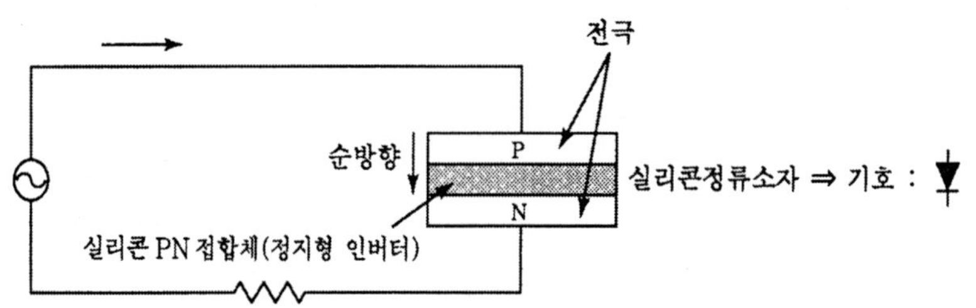

그림 2.10 다이오드 기호 및 회로도

2.2 P-N 접합의 정류작용

1) 원 리 : 인가된 전압은 한쪽으로만 전류가 흐르는 것을 이용한다.

2) 작 용 : 2개의 전극에 순방향의 전압을 인가한 경우는 전류가 흐르고, 역방향 전압을 인가한 경우 전류는 거의 흐르지 않는다.

3. 실리콘 정류기의 냉각

3.1 개 념

실리콘 정류소자는 허용온도가 약 150[℃](주위온도 40[℃] 경우, 허용온도 상승 110[℃])이며, 효율을 높이기 위해 열을 발산해야 한다(풍냉식, 액냉식, 비등냉각식).

3.2 냉각방식에 따른 특성 비교

구 분		건식 풍냉식	건식 자냉식	유입 자냉식	비등 냉각자냉식
전기적특성	DIODE	STUD 형	STUD / FLAT	FLAT	FLAT
	DIODE 용량	小	中	大	특·大
	DIODE 수	大	中	小	小
	전력손실	大	中	小	小
	절연특성	약	약	강	강
	단락강도	小	小	大	大
	과부하강도	小	小	大	大
안전성	연 소 성	불연성	불연성	가연성	불연성
	폭 발 성	비폭발	비폭발	폭 발	비폭발
유지보수	중 량	小(100[%])	소(120[%])	대(250[%])	소(100[%])
	외 형	小(100[%])	대(180[%])	대(160[%])	소(80[%])
	소 음	大	小	小	小
	보수점검	습기, 먼지제거요, FAN 점검요	습기, 먼지제거요	용 이	용 이
기타	경 제 성	100[%]	120[%]	120[%]	120[%]
	적 용	3·4호선	부산 지하철 2기 지하철	1, 2호선 일부 (신천, 강변)	2호선
	최근 추세	사용 안함(유지·보수 어렵다)	많이 사용	사용 안함(화재 위험이 있다)	성능 좋으나 프레온가스 오존파괴로 사용규제, 프레온대신 불화탄소를 냉매로 사용

4. 실리콘 정류기의 보호

4.1 개 념

소자를 허용온도(약 150[℃]) 이하로 유지하기 위해서이고, 과부하, 단락, 이상전압 등으로부터 정류기를 보호한다.

4.2 과전류보호

단락, 지락 등에 대하여 54P의 자동차단 및 과전류계전기, 단락계전기로 차단기를 개방한다.

4.3 직류역류보호

정류기 주회로에 역류계전기를 설치하여 사고 즉시 검출, 차단기를 Trip한다.

4.4 이상전압보호

1) 교류측 보호 : 외뢰 서지에 대해 수전측에 피뢰기 설치, 캐리어 축적에 대해 소용량 콘덴서, 저항설치
2) 직류측 보호 : 외뢰 서지에 대해 피뢰기, 개폐 서지에는 서지옵서버 설치

5. 정류기의 과부하 정격

부하조건 / 종 류	정격출력	정격출력전류	비 고
A0	연 속		
A	연 속	150[%] 1분간	
B0	연 속	125[%] 2시간, 200[%] 10초간	
B	연 속	150[%] 2시간, 200[%] 1분간	
C	연 속	150[%] 2시간, 300[%] 1분간	
D	연 속	150[%] 2시간, 300[%] 1분간	지하철에 많이 적용
E	연 속	120[%] 2시간, 300[%] 1분간	

6. 정류기의 정류방식

아래 내용은 저자가 2005년에 부산지하철 1호선 정류기 교체공사 설계시에 여러 자료를 참고하여 작성한 검토서로서 일부 내용은 개인의 의견에 따라 그 방향이 다를 수 있다.

6.1 전기철도용 정류기의 종류별

1) Diode 정류기

① 다이오드의 양단에 정방향전압 인가시만 통전하는 특성을 이용하여 교류를 직류로 변환하는 정류기이다.

② 2차측 전압은 1차측 교류전압에 따르며 출력전압의 조정이 불가능하다.

③ 정지형 기기로 별도의 부속 설비가 필요 없어 단순, 기술개발이 완벽하게 이루어짐

2) Thyristor 정류기

① 싸이리스터의 Gate 점호시 통전하는 특성을 이용하여 Gate회로의 제어에 의해 통전시간을 조정하여 2차측 직류 출력 전압의 조정이 가능한 정류기이다.

② 제어장치로 인하여 설비가 복잡하므로 운전에 유의하여야 하며, Phase Control에 따라 발생하는 고조파 억제를 위하여 Filter를 설치 하여야 한다.

③ 기본회로에 반대방향의 Thyristor를 병렬로 부착한 Double Converter (Converter+Inverter)를사용하여 회생전력을 교류측으로 회수가 가능하다.

3) 정류기의 특성곡선

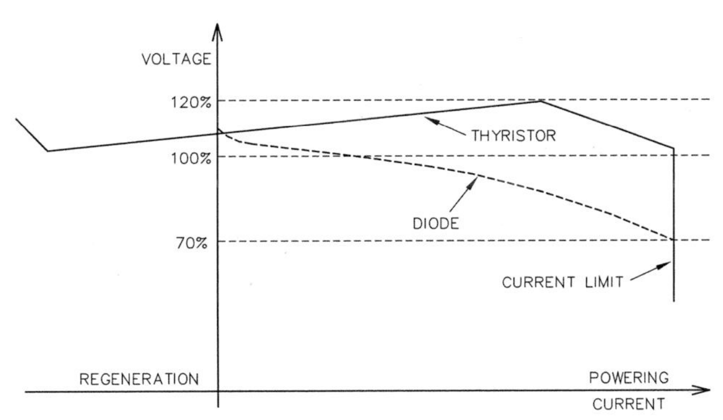

그림 2.11 정류기 특성곡선

6.2 전기철도용 정류기의 종류별 특성

1) 수전전압

① 다이오드정류방식

급전거리가 3~4[km] 정도로 단위변전소 용량이 작으므로 22.9[kV] 수전가능하다.

② 싸이리스터정류방식

㉠ 출력전압 조정능력에 따라 부하증가시 전압을 증가시킬 수 있어 급전거리가 Diode 전류방식의 약 1.5배(4~6[km]) 정도이므로 변전소 용량이 커져서 22.9[kV] 수전은 곤란하다.

㉡ 부산지하철1호선 건설당시 지역특성상 22.9[kV] 배전선로는 정전이 자주 발생하여 전원의 안정성이 다소 떨어 졌고, 또한 수전용량을 고려하여 154[kV]를 수전하였다.

㉢ 그러나 최근에는 한전 배전선로의 정전회수가 줄어들고 또한 22.9[kV]으로 최대 4,000[KVA]까지 수전 가능함으로 적절히 고려해야 할것이다.

2) 모선분리

① 다이오드정류방식

다이오드 방식은 일정전압이 출력되므로 상·하 양방향의 전력을 공급하는 공동모선 방식을 채택한다.

② 싸이리스터정류방식

㉠ Thristor 정류방식은 전차선 부하의 변동에 따라 공급전압을 가감하기 위하여 변전소내의 각각 정류기는 출력전압 조정형 정류기를 사용하여 각 정류기의 출력전압이 변화하게 된다.

㉡ 각각 직류 모신의 전압이 동일하지 않게 되므로 직류 모신의 분리가 필요하다. 단, 공동 모선을 사용할 경우에는 양쪽 정류기를 병렬운전 시켜 그 성능이 검증된후 설치 하는 것이 유리하다.

㉢ 직류모선의 분리에 따라 각 정류기 및 변압기는 상선, 하선 일정방향의 전차선에만 전원을 공급하게 된다.

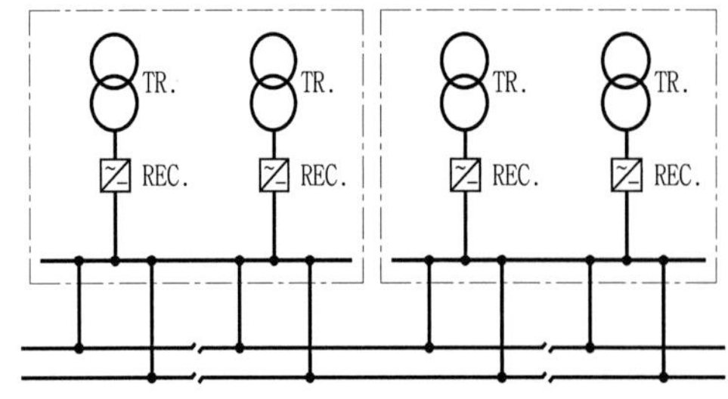

그림 2.12 공통모선 방식

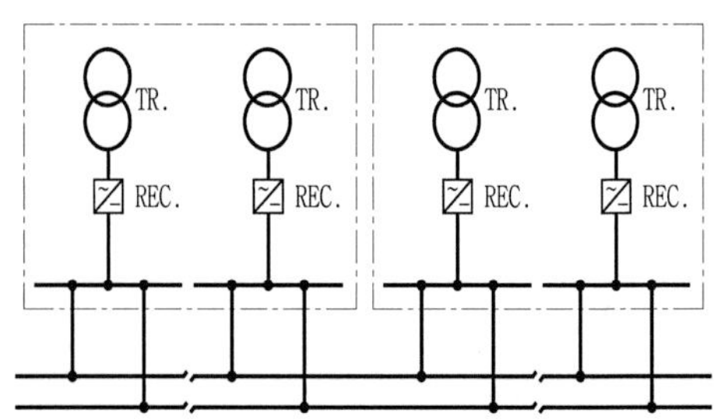

그림 2.13 분리모선 방식

3) 피크전력 억제 및 부하분담

① 다이오드정류방식

제어성이 없으므로 정류기 및 변압기 임피던스에 의한 제한된 비례적인 부하분담이 이루어진다.

② 싸이리스터정류방식

Regulation특성이 있으므로 피크전력을 억제하여 부하분담의 조정이 가능하다, 따라서 정류기 용량의 저감을 도모할 수 있다.

4) 직류배전설비

① 다이오드정류방식

자체제어기능이 없으므로 급전계통은 직류고속도 차단기로 사고 전류차단이나 정상전류를 개폐하는 기계적인 보호차단 방식이다.

② 싸이리스터정류방식

㉠ 정류소자 자체의 제어성을 이용하여 보호기능을 직류고속도 차단기와 협조하여 보호차단을 이중적으로 하는 후비보호차단 방식으로 구성이 가능하다.

㉡ 직류 배전계통은 전동단로기를 사용하여 사고전류차단이나 정상전류를 개폐를 수행하며 Thyristor의 Gate Block에 의하여 과부하 또는 고장전류를 차단 한다.

㉢ 따라서 과부하시 또는 고장시 상. 하선이 일괄 차단되는 단점이 있다.

5) 변전소 앞 섹션

① 다이오드정류방식

주로 병렬급전을 하게 되므로 변전소 앞의 Air Section은 동일 전압구간에 설치되므로 전압보상을 위한 별도의 장치가 필요 없다.

② 싸이리스터정류방식

㉠ 모선분리 및 전압 조정형 Thristor 정류방식의 변전소 앞의 Air Section의 양쪽 전차선에는 전위차가 발생한다.

㉡ 전위차에 의해 Arc가 발생되고 Arc로 인하여 전차선 및 팬터그래프의 손상, 인버터의 기능저하의 요인이 될 수 있다.

㉢ 이런 단점을 보완하고 Arc를 방지하기 위하여 Air Section에 Diode를 설치하여 구분한다.

6) 전차선 전력손실(WL)

① 단순히 공급가능 거리에 따른 전류로 비교시

㉠ 급전전압을 조정하여 변전소 간격을 크게 하면, 전차선 통전전류가 커지므로 전차선의 송전용량을 크게 하여야 한다.

㉡ 일반적으로 Thyristor 정류방식의 경우는 Diode 정류방식에 비하여 급전 거리가 약 1.5배로 되며 변전소의 급전전류도 1.5배가 된다.

㉢ 동일 전차선을 사용할 경우 전체노선의 Thyristor 정류방식의 전차선 전력손실은 전차선전력손실(WL)= $(1.5\times I)^2 \times R = 2.25 \times I^2 \times R$ 로 Diode 정류방식에 비하여 2.25배가 된다.

② 출력전압측면에서의 손실

㉠ Thyristor 정류방식의 출력전압은 부하의 증가에 따라 증가하고 Diode 정류방식의 출력전압은 부하의 증가에 따라 감소한다.

㉡ 같은 전력계통에서 Thyristor 정류방식은 Diode 정류방식 에 비하여 고전압으로 DC계통의 전류가 줄어든다.

㉢ DC계통의 손실은 전류의 제곱(I^2R)에 비례하므로 Thyristor 정류방식을 사용했을 때가 손실이 줄어든다.

7) 정류기용량

① 신설구간(최대공급가능 구간을 고려시)

㉠ 일반적으로 Thyristor 정류방식의 경우는 Diode 정류방식에 비하여 급전 거리가 약 1.5배로 되며 변전소의 급전전류도 1.5배가 된다.

㉡ 그러므로 정류기용량도 Thyristor 정류방식의 경우는 Diode 정류방식에 비하여 약 1.5배가량 커진다.

② 동일 구간(일정거리)일 경우

㉠ 다이오드정류방식

제어성이 없으므로 정류기 및 변압기의 임피던스에 의한 제한된 비례적인 부하를 분담한다.

㉡ 싸이리스터정류방식

전압 조정 특성이 있으므로 Peak전력을 억제하여 부하 분담의 조정이 가능하므로 정류기의 용량이 동일 급전구간 내에서 Diode 방식보다 적어진다.

8) 정류기용 변압기용량

① 신설구간(최대공급가능구간을 고려시)

Thyristor 정류방식이 Diode 정류방식에 비해 급전거리가 약1.5배를 담당할 수 있으므로 변압기용량도 Diode 정류방식에 비하여 커진다.

② 동일 구간(일정거리)일 경우

Thyristor 정류방식의 변압기용량이 Diode 정류방식에 비하여 작아 질 수 있다.

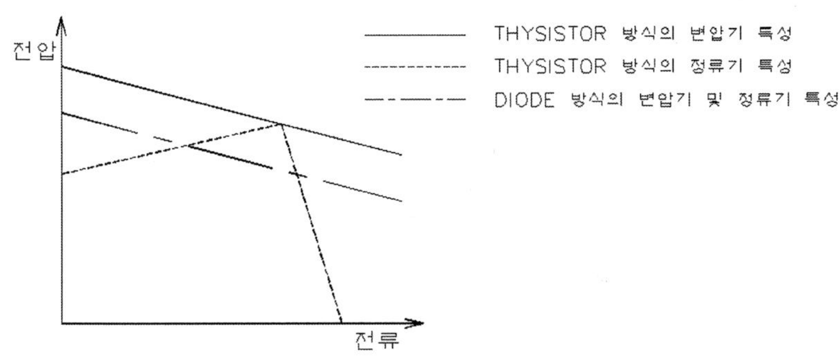

2.14 정류기 및 변압기 특성곡선

9) 회생전력 흡수

대부분의 고속운행 설비에 있어서 DC 계통으로 되돌아가는 제동 에너지는 다른 전동차의 구동에 의해 흡수된다. 그러나 주변에 구동하는 전동차가 없을 경우 또는 제동전류가 주변의 전동차에서 끌어 사용 하는 구동전류 이상으로 상회하는 경우가 있다. 이때는 변전소에 인버터를 설치하여 회생에너지를 전원측으로 보낼 수 있다

① 다이오드정류방식

㉠ 일반 다이오드 정류기 방식은 별도의 장치 없이는 직류계통에서 회생전력을 교류 계통으로 회생시킬 수 없다.

㉡ 제동차에서 발생된 에너지는 다른 전동차에서만 소모시킬 수 밖에 없다.

㉢ 만약 가까운 거리에 가속되는 전동차가 없다면 이 제동에너지는 제동저항기나 기계적 제동으로 소모 된다.

② 싸이리스터정류방식

㉠ 회생된 여분의 에너지의 주된 부분을 직류 계통으로부터 교류 계통으로 회생

시킬 수 있다.

㉡ 싸이리스터 방식의 경우 전체 회생전력의 약 4~5[%]정도 회수 가능하다.

㉢ 공급전압을 낮출 경우 약 3~4[%], Invertor사용시 약 2~4[%]정도의 전력 절감 가능함.(ABB자료 및 철도와 전기기술에 의함.)

㉣ 즉, 싸이리스터 방식(Double Convertor)이 회생효율을 높이는 가장 좋은 방법이다.

10) 고조파 발생

Thyristor 정류기는 위상각 조절에 의하여 출력전압을 조정하므로, Diode 정류기에 비하여 고조파 파고치가 크며 발생하는 고조파가 많다. 발생고조파를 억제하기 위해 교류측과 직류측 각각에 Filter를 설치해야 한다.

11) 보수 및 운영

① 기존설비 고려하지 않을 경우(신설일 경우)

㉠ Thyristor 정류기의 경우 AC Filter, DC Filter 설비 및 정류기의 제어설비 등 변전설비가 복잡하며 정류기 제어설비도 전자회로로 구성되어 있어 보수가 힘들다.

㉡ 변전소가 초고압(154[kV])변전소로 소요 부지가 커져서 Diode 정류방식에 비하여 유지보수를 위한 고도의 기술을 습득한 전문 보수요원이 필요하다.

② 기존설비와 호환성 고려 시

㉠ 부산지하철의 경우 운영요원이 약 20년간 Thyristor 정류기방식에 익숙하여져서 Thyristor 정류기방식이 Diode 정류방식 보다 유지관리에 유리하다.

㉡ 기존설비와 동일 방식을 사용하는 것이 혼란성, 호환성, 예비품 확보성, 안전성, 신속성 등을 고려한다면 기존의 Thyristor 정류기방식이 유리하다.

6.3 정류방식의 종합 비교

구 분		Diode정류기	Thyristor정류기	비 고
정류소자		Diode	Thyristor	
출력전압 특성		부하증가시 감소	부하증가시 증가 (정전압 유지)	
전압강하		크다	적다	
급전거리		약 2 ~ 4[Km]	약 4 ~ 6[Km]	
피크전력억제		불가능	가능	
수전전압		22.9[KV]	154[KV](부산)	
154KV변전소		불필요	필요	
22.9KV변전소		많다	적다	
직류모선		공통	분리	
직류배전반		직류고속도차단기사용	전동단로기사용	
고장전류차단		HSCB, 사이리스터	HSCB	
변전소앞 섹션		간단(에어섹션)	복잡(다이오드섹션)	
전력 손실	단순비교	I^2R	$(1.5I)^2$ x R = 2.25 I^2R	
	동일거리	많다	적다(공급전압높임)	
정류기 용량		Thyristor방식에 비해 적다	Diode방식에 비해 크다	(동일거리일 경우는 다름)
변압기 용량		Thyristor방식에 비해 적다	Diode방식에 비해 크다	(동일거리일 경우는 다름)
회생전력 회수		- 전차선을 통하여 인근 차량에 공급 - Invertor설치시 교류계통으로 회생	- 전차선을 통하여 인근 차량에 공급 - Double Converter 사용시 교류계통으로 회생	
고조파 함유		적다	많다	
보수운영		용이(인버터사용시복잡)	복잡(전문 기술 요구)	
전 식		적다	많다	급전거리, 전류에비례
터널온도상승		보통	낮다	
차량 Brake Shoe 마모율		많다	적다	제동시 회생전력이 소비되어지지 않으면 공기 Brake로 자동 절환된다
변전소 면적	154KV	필요없음	약 900m^2	단위 변전소 개소당
	22.9KV	약 630m^2	약 1,100m^2	단위 변전소 개소당
제작업체		국내외 다수 업체	스웨덴의 ABB사	
총공사비		소(회생하지않을경우)	대	상황에따라 다를 수 있음
국내 지하철 적용 여부		- 서울1,2기 - 대구1호선 - 인천1호선 - 광주1호선	- 부산1호선	부산1호선외에는 다이오드 정류기적용

2-8. 회생전력 회수 장치

1. 개 요

1.1 회생전력발생

최근 전기에너지를 전원으로 하는 전기철도에서는 회생제동열차 운행으로 열차제동시 열차의 관성에 의한 운동에너지가 전기에너지로 변환 회생되며, 이러한 회생전력은 동일급전구간에서 운행되고 있는 인접열차의 역행에너지로 사용되고 있다. 이 때에 역행운전에 사용되고 남는 잉여회생전력이 있는 경우 전차선로의 전압이 상승하게 된다.

이러한 경우 열차의 회생 제동력이 실효하게 되며 기계적 제동으로 전환하게 되어 마찰소음과 진동이 발생 하여 정숙운행을 할 수 없게 되고 승객들에게 불쾌감을 주게 된다.

따라서 회생차량의 안정적인 운행을 위하여 회생 잉여전력을 전원측으로 역송전하기위한 적정의 전력 회생장치로 회생 인버터의 설치가 필요하게 되며, 회생인버터는 잉여회생전력을 급전변전소의 교류 모선전력 또는 고압배전전력으로 역송전 하여 에너지의 효율적 이용과 부차적으로 기계적 제동에 따른 제동장치의 마모와 소음, 유지관리비 증대 예방과 정숙운행을 할 수 있어 대민서비스 향상을 도모할 수 있게 된다.

1.2 시간대별 회생전력

Rush시 회생전력은 대개 다른 역행차에 흡수되고, 한산시 회생전력은 전차선의 전압을 상승시켜 전기제동에 실패를 할 수 있다.

1.3 회생전력장치에 의한 효과

1) 에너지 절약 : 제동시 발생되는 회생전력을 유효하게 이용하고(일반적으로 30 [%] 정도), 변전소 규모의 축소로 소비전력은 감소한다.
2) 제동력을 주전동기에 분담한다 : 에어 브레이크 사용경감으로 제륜자의 마모의 경감, 구배구간에서 연속 제동시 제륜자가열적으로 안전성 향상
3) 차량의 소형화 가능 : 발전제동용 저항기가 필요없다.

4) 지하철 터널 안의 온도상승 방지 : 화재예방, 냉방력 향상

1.4 회생전력흡수방식의 종류 및 특징

구 분	회생인버터장치	회생저항기(AARU)	에너지저장장치
구 성 도	3상4선 22.9kV 교류전력으로 활용 정류기 인버터 회생잉여전력 DC 1500V(+) 회생차량 역행차량 DC 1500V(-)	3상4선 22.9kV 저항기로 소모 정류기 저항기R 회생잉여전력 DC 1500V(+) 회생차량 역행차량 DC 1500V(-)	3상4선 22.9kV 정류기 에너지저장장치 회생잉여전력 잉여전력방전 DC 1500V(+) 회생차량 역행차량 DC 1500V(-)
회생원리	▪회생에너지를 인버터에서 교류로 변환하여 교류계통에 연결된 부하에서 이용가능	▪IGBT 초퍼에서 전류흐름을 제어, 회생에너지를 저항에서 열에너지로 소비	▪케패시터로 회생전력을 흡수하고, 저장된 전력을 역행전력으로 재사용
공급 Route	▪회생에너지→인버터장치→AC계통 역송전→배전부하 공급	▪회생에너지→초퍼장치→저항기 소모	▪회생에너지→인버터장치→케페시터 저장→차량공급
부대설비	▪변압기, 고주파 필터 진상 캐패시터	▪불필요	▪불필요
설치면적	•중	▪대	▪중
유지보수	•보통	▪좋음	▪좋음(국내생산)
온도상승	•중	▪대	▪소
에너지 효율	•좋음 (소멸성, 기기 손실)	▪낮음	▪가장좋음 (저장가능)
전압강하대책	•없음	▪없음	▪있음
순간정전대책	•없음	▪없음	▪있음
피크컷 효과	•없음	▪없음	▪있음
정밀정차효과	•대	▪소	▪대
설치비용 추정	•약 100[%] (회생량 많은 경우 유리)	▪약 50[%] (회생량 적은 경우 유리)	▪약 100[%]
국내 설치예	•서울 9호선 903변전소 •부산지하철 2,3호선	▪용인경전철	▪경산 경전철 시험선 ▪대전 지하철 대동변전소

2. 회생인버터기술검토

2.1 회생인버터의 원리

회생열차의 회생제동에서 발생하는 회생 잉여에너지는 IGBT 등의 반도체소자를 이용한 인버터에서 교류로 변환, 변전소의 교류 전력공급계통(22.9[KV] 또는 6.6[kV])으로 역송전 하여 회생에너지를 소비토록 한다.

직류 전기철도에서 채용되고 있는 전력회생방식의 개략도는 다음 그림 2.15와 같다.

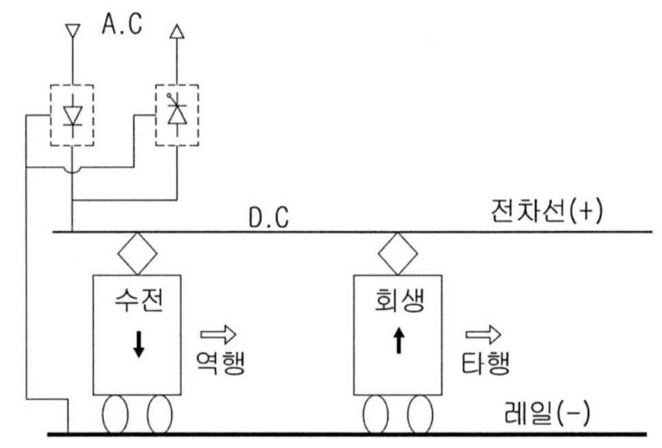

그림 2.15 회생인버터 원리도

2.2 회생인버터의 특징

장 점	단 점
▪ 잉여 회생전력을 재활용하여 에너지절감. ▪ 열차 회생제동시의 회생실효를 방지하여 기계식 브레이크 사용 빈도 감소. ▪ 레진제 브레이크슈 마모 저감으로 터널 환경악화 예방 및 소음발생 억제 ▪ 기계식 제동장치의 유지보수 비용절감 ▪ 지속적 회생 제동으로 안정적 승차감 유지 및 정위치 정차로 양질의 서비스. ▪ 기계식 제동장치 사용 빈도 감소로 구조물 진동파급 억제. ▪ 기계식 제동 시 회생 전력소비용 저항기사용 빈도 감소로 터널 온도상승 억제.	▪ 회생인버터의 설치로 초기투자비 및 유지관리비 증가. ▪ 회생인버터 운전 시 고조파 발생. ▪ 고조파 대책으로 AC/DC 필터설비 필요. ▪ 인버터 고장 시 회생실효 가능성 증대. ▪ 고급전자전력 유지관리 기술자 필요.

2.3 회생 인버터 시스템의 주요 구성기기

1) 인버터(inverter)

교류 파형의 원활한 파형 유지 및 고조파 발생을 억제하기위해 PWM 제어방식의 Y-DELTA역정류 6상12펄스(2중 3상 브리지회로) 방식으로 구성한다.

인버터의 DC 입력전압은 정류기 무부하 출력전압(DC 1,620volt)이상에서 인버팅(trigger)하고 교류 출력전압은 정류기용 변압기의 출력전압(AC 590volt)과 같게 한다.

2) 변압기

정류용 변압기와 같은 3권선 변압기를 채용하여 교류 전원측의 파형의 원활화를 도모한다.변압기의 교류 모선측 출력 전압은 AC 22.9[KV] 와 AC 6.6[KV] 2개의 방식이 국. 내외으로 채용되고 있다.

3) 개폐기

인버터의 직류 모선측의 정(+)극에는 직류고속도차단기(HSCB)를 부(-)극에는 단로기(DS)를설치하고 변압기 교류 모선측에는 24[KV](또는 72[KV]) 교류차단기를 설치한다.

4) 여과기(Filter)

인버터 DC 입력단과 변압기 AC 출력단에 각각 고조파 대책으로 직류용 과 교류용의 여과기(FILTER)를 설치하여 안정된 양질의 파형을 출력토록 한다. 고조파 억제에 적합한 필터의 선정은 정류기 및 인버터 제작자에 의해 수동형 (또는 능동형) 필터가 채용된다.

5) 동기회로

인버터 교류 출력측과 교류모선 전원측의 주파수와 위상의 동기화 정류제어회로이다.

6) 제어회로

인버터 내부회로에GD(Gate Drive)및 SMPS(Switching Modulation Power Supply)등의 회로를 설치하여 인버터 기능에 최적화된 제어를 할 수 있게 하는 회로이다.

2.4 회생인버터의 전원계통 접속방법의 비교

계통전압	장 점	단 점
6.6kV 계통	▪ 인버터용 TR. 등 구성기기 사용전압이 고압으로 투자비 낮다. ▪ 수전선로와 직접연결이 되지 않음으로 수전단과의 간섭을 피할수 있다. ▪ 인버터 전용변압기가 고조파 필터역할을 하여 고조파감소 효과를 얻을 수 있다. ▪ 정류기 급전용 TR. 전원에 회생전력을 회송하는 방식보다 순환전류가 거의 진다.	▪ 6.6[KV]의 역사부하가 24시간 부하됨으로 22.9[KV] 수전계통으로 역송전 기회가 발생할 우려가 없을 것이나 만일을 대비하기 위한 회생전압 조정이 필요함. ▪ 회생전력의 소비효율이 낮게될 우려가 있다. ▪ 6.6[KV] 계통에 큰 고조파가 포함 우려가 있다.
22.9kV 계통	▪ 회생전력 소비가 역사부하와 열차전력 공급원인 정류설비에서 소비됨으로 6.6[kV] 계통 접속에 비하여 효율적임. ▪ 필터 설치로 전압 왜형율을 2[%] 미만으로 낮출 수 있다.	▪ 인버터용 C.B 등 구성기기 사용전압이 6.6[kV] 계통 전압 보다 높아 투자비 크다. ▪ 22.9[KV] 수전계통으로 전력 역송전을 방지하기위한 부대 장치 필요. ▪ 순환전류 대책이 필요하다. ▪ 정류기용 TR.에 회송방식의 경우 TR. 고장시 회생불가 함
검 토 의 견	회생전력 소비효율이 6.6[KV] 접속방식이 22.9[kV] 접속방식 보다 다소 낮지만, 수전 전원측에 고조파 영향 및 순환전류 등 간섭을 경감 시킬 수 있고 투자비가 적어 투자비 회수 기간을 단축할 수 있다.	

2-9. 교류 변전설비 일반

1. 개 요

1.1 전철변전설비의 건설위치 선정조건 및 기준

구 분	조 건	기 준	비 고
공 통 사 항	▪ 주거 밀집, 민원우려 지역은 피할 것 ▪ 교량 및 터널개소는 피할 것 ▪ 환경오염 등 공해지역은 피할 것 ▪ 수해 등 재해발생 우려개소는 피할 것 ▪ 도시 및 국토이용계획 등에 저촉되지 않을 것 ▪ 장래 확장 및 기기 운반이 용이할 것 ▪ 인·허가 및 용지매수가 용이할 것	▪ AT설치간격은 AT급전방식의 특성효과인 전압강하보상 및 통신유도경감효과와 경제성을 극대화할 수 있는 8~10[㎞] ▪ 기기운반용 도로 폭 3m 이상 확보	
변 전 소	▪ 변전소 상별 부하 불평형이 되지 않도록 부하중심에 위치할 것 ▪ 인접변전소 고장으로 연장급전시 전압강하로 인한 열차운행에 지장이 없는 위치일 것 ▪ 인접 선구의 장래 계획시 연계급전이 용이할 것 ▪ 한전전원의 인출이 용이하고, 한전변전소와 가까이 위치일 것 ▪ 전차선로 절연구분장치 설치가 용이한 위치일 것	▪ 부하불평형 허용범위 3[%]이내 ▪ 전차선로 최저 집전전압 19[kV] 이상 ▪ 전차선로 절연구분장치 설치조건 - 본선의 상구배 5[‰] 이하 확보 - 선로곡선반경 800[m] 이상 확보 - 교량 및 터널내는 가급적 제외 - 장내신호기 외방 300[m] 이상, 출발신호기 외방 1,000[m] 이상 확보	전기차가 노치오프(Notch Off)운전이 가능 할것

1.2 교류 급전방식의 종류

흡상변압기(BT) 방식과 단권변압기(AT)이 있으며 변전소간에는 급전구분소를 설치하여 방면별로 급전한다.

2. BT전철 변전소(SS)

2.1 수전설비

수전전압은 3φ 66[kV](전기철도 초기건설당시 한전 송전전압-현재한전은 기존 사용된 것외에는 66[KV]송전을 하지 않음), 수전방식은 상용 및 예비(2회선 수전)

2.2 급전용 변압기

1)변전전압 : 급전용은 66[kV]/ 1φ 25[kV]를 전차선에 공급, 배전용은 66[kV]/ 3φ 6.6[kV]를 신호, 조명, 동력용으로 공급한다.

2)변전소 간격 : 약 30~40[km]

3)변전소 용량 : 10,000[kVA] 1대 또는 2대 설치(스코트 결선)

2.3 콘덴서 설비

1) 직렬 콘덴서(SC:Series Condenser) : 전압강하 보상, 전기차의 고조파 발생 억제하기 위해 부급전선에 직렬로 설치한다.

2) 병렬 콘덴서 : 역률개선(90[%] 이상), 급전선의 고조파 발생을 억제하기 위하여 수전소에 병렬로 설치한다.

2.4 급전설비

1) 급전전압:66[kV]/ 1φ 25[kV], M상, T상 2조로 방면별 급전한다.

2) 차단기:PF극은 1P 차단기 사용, NF극은 차단기가 없다.

3) 보호설비:차단기, 단로기, CT, PT, 과전류계전기, 재폐로계전기, 부족전압계전기

2.5 고압배전설비

1) 배전전압 : 66[kV]/ 3φ 6.6[kV]를 방면별 배전하여 신호, 조명, 동력에 공급

2) 고압배전용 변압기 용량 : 500~1,500[kVA]

3) 보호설비 : 과전류계전기, 접지계전기, 부족전압계전기

2.6 소내전원설비

변전소 내부에 사용되는 전원설비

1) 설치장소 : 급전측 모선에 제어용 변압기(OT:Operation Transformer)를 설치하여 충전장치, 각 기기의 전열, 조명, 동력용 공급

2) 전 원 : 고압 배전용 변압기(HT)에서 공급받는다.

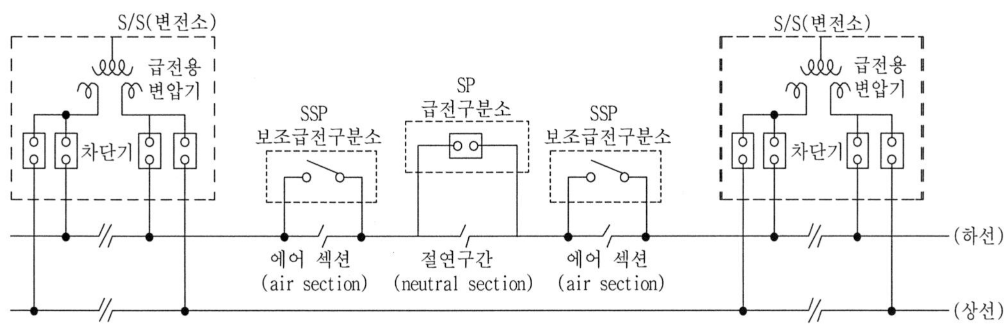

그림 2.16 교류급전계통도 예

3. AT전철 변전소(SS)

3.1 수전설비

1) 수전전압 : 3Φ 154[kV]
2) 수전방식 : 일반적으로 동일한 변전소에서 상용 및 예비(2회선) 수전하나, 다른 변전소에서 각각 1회선씩 2회선 수전을 고려하기도 한다.

3.2 급전용 변압기

1) 변전전압
   ① 급전용 : 스코트 변압기 1차측 3Φ 154[kV]/2차측 55[kV]로 전차선에 급전
   ② 배전용 : 1차 3Φ 154[kV]에서 2차 22.9[kV]로 배전한다.
2) 변전소 간격 : 약 40～100[km] (연장급전을 고려하면 실제 약50[km] 전후)
3) 표준 변전소 용량[MVA] : 10, 20, 30, 45, 60, 90

3.3 콘덴서 설비

1) 직렬 콘덴서(SC : Series Condensor) : 전압강하 보상, 전기차의 고조파 발생을 억제한다(급전선에 직렬로 설치).
2) 병렬 콘덴서 : 역률 개선(90[%] 이상), 급전선의 고조파 발생을 억제한다.

3.4 급전설비

1) 급전전압 : 154[kV]/50[kV] 변성하여 단상 50[kV] M상, T상 2조로 방면별 급전

한다.

2) 차단기 : AF극과 TF극에 2P 차단기를 사용한다.

3) 보호설비 : 차단기, 단로기, CT, PT, 과전류계전기, 재폐로계전기, 부족전압계전기

3.5 고압배전설비

1) 배전전압 : 한전에서 22.9[kV]수전하여 방면별로 배전(신호, 조명, 동력용에 공급)

2) 배전용 변압기 : 급전용(스코트 결선) 변압기와 배전용 변압기를 1개 외함에 수용하여 1차측 부싱을 공유했으나 최근에는 전차선용과 배전용을 분리하여 설치한다.

3) 보호설비 : 과전류계전기, 접지계전기, 부족전압계전기

3.6 소내전원설비

BT와 동일하다.

4. 급전구분소(SP:Sectioning Post)

4.1 개 념

급전구간의 구분과 연장을 위하여 개폐장치를 시설한 곳으로 사고나 작업시에 계통분리, 연장급전을 하며, 상시 OFF되어 있다.

4.2 동 작

1) 차단기는 정상시에 OFF되고, 전차선에는 Dead Section을 둔다.

2) A구간과 B구간을 분리 운영하다가 사고발생시 연장 급전

4.3 구 성

교류 차단기(52F), 단로기(89F), 단권 변압기(AT), CT, PT, 소내용 변압기(OT), 보호계전기, 방전기(GP), 피뢰기(LA) 등

4.4 양쪽 변전소의 병렬운전 조건

1) 전원의 위상차가 3°이내로 같을 것

2) 변압기 1, 2차 정격 및 극성이 같고, 두 변압기의 권수비가 같을 것, 두 변압기의 %Z가 같고, %R 및 리액턴스 전압강하 비가 같을 것

5. 보조급전구분소(SSP:Sub Sectioning Post)

보조급전구분소는 교류급전방식에만 설치하는 설비로 사고나 작업시에 정전구간을 한정하거나 연장할 목적으로 개폐장치를 설치하는 곳으로, 차단기는 항상 ON, 전차선에는 Air Section을 설치하며, 급전구분소와 비슷한 구성이다.

6. 변압기 포스트(ATP:Auto Transformer Post)

변압기 포스트는 전차선로의 전압강하 보상, 통신유도경감을 위해 말단에 단권변압기(AT)만 설치된 곳으로 차단기 등 보호장치가 없이 동작한다.

7. 가스절연 개폐장치(GIS:Gas Insulated Switchger)

7.1 개 념

철제용기에 모선, 개폐장치 등을 넣어 SF_6 가스로 충진, 밀폐하여 면적축소, 고신뢰성 확보가 가능한 방식의 변전소이다.

7.2 SF_6 가스의 성질

1) 물리적, 화학적 성질
   ① 불활성, 불연성, 무색, 무독, 무취 : 매우 안정된 가스다.
   ② 열적 안전성이 좋다 : 용매없이 약 500[℃]까지 분해가 안된다.
   ③ 열전달성이 좋다 : 공기의 1.6배, 비중은 공기의 5배

2) 전기적 성질
   ① 절연내력이 공기의 약 3배로 높고, 절연회복이 빠르다.
   ② 소호능력이 공기의 약 100배로 높고, 아크가 안정되어 있다.

7.3 적 용

1) 도심지의 변전소 : 환경, 용지 등의 문제로 지하로 하며 면적 축소 위해 적용
2) 고전압화, 안정성향상 : 전압이 높아지고 안정성, 신뢰도 높이기 위해 적용

7.4 내장기기

차단기, 모선, 단로기, 접지개폐기, 피뢰기, 계기용 변압기, 계기용 변류기, Cable Sealing End(지중선로), Air Bushing(가공선로)

7.5 특 징

1) 장 점

① 설치면적 축소 : 기존 변전설비의 1/4 면적으로 감소되어 건물부지면적 및 비용 절감

② 안정성 높다 : 충전부가 SF_6 가스탱크에 내장되어 안정성 확보로 도심지에 적합

③ 고신뢰성 확보 : 충전부가 완전 밀폐되어 오손, 환경영향 받지 않으며 내부사고시 가스 구획되어 사고확대 예방으로 신뢰성 확보

④ 유지 · 보수의 간소화 : 절연물 접촉자 등이 SF_6 가스 중에 설치되어 열화, 마모가 적어 유지 · 보수 용이

⑤ 설치기간 단축 : 유닛트별로 완전조립하여 공급하므로 설치 간편가 기간 단축

⑥ 저소음 : 개폐장치 탱크 내 밀봉하여 조작 소음 적고, 라디오 방해 전파감소

⑦ 종합적인 경제성 확보 : 용지비용이 감소, 환경대책이 감소 등을 종합적 판단시 더욱 유리하다.

2) 단 점

① 사고대응이 부적절할 경우는 대형 사고 가능성이 있다 : 초기 고장시 조기 복구, 임시복구가 불가능하여 장기간 운행정지가 가능

② 건설비가 높다. 환경문제, 용지문제를 세외한 곳에 적용시 비용이 상승

2-10. 교류 변압기

1. 개 요

AT변전소에 급전용의 스코트 변압기와 단권변압기가 사용되고 있다

1.1 교류전철부하의 특징

변동이 심한 큰 단상부하이며, 3상 전력불평형, 전압불평형이 발생한다.

1.2 3상 불평형률

1) 전류 불평형률

$$U = \frac{I_2}{I_1} \times 100[\%]$$

단, I_0 은 영상전류, I_1 은 정상전류, I_2 는 역상전류이다.

2) 전압 불평형률

$$K = \frac{V_2}{V_1} \times 100[\%]$$

단, V_0 은 영상전압, V_1 은 정상전압, V_2 는 역상전압이다.

① 전압 불평의 한도 : 해당 변전소의 수전점에서 3[%](2시간 부하) 이하

② 전압 불평형의 경감대책

㉠ 가능한 3상 단락용량이 큰 전원에서 수전하며, %Z 작으면 단락용량 증가

㉡ 변압기 결선 : 스코트결선을 대개에 적용, 변형 우드브릿지 결선

1.3 급전용 변압기 결선방법(3상에서 2상을 얻는 방법)

단상결선, 스코트결선, 변형우드브릿지결선, 메이어결선

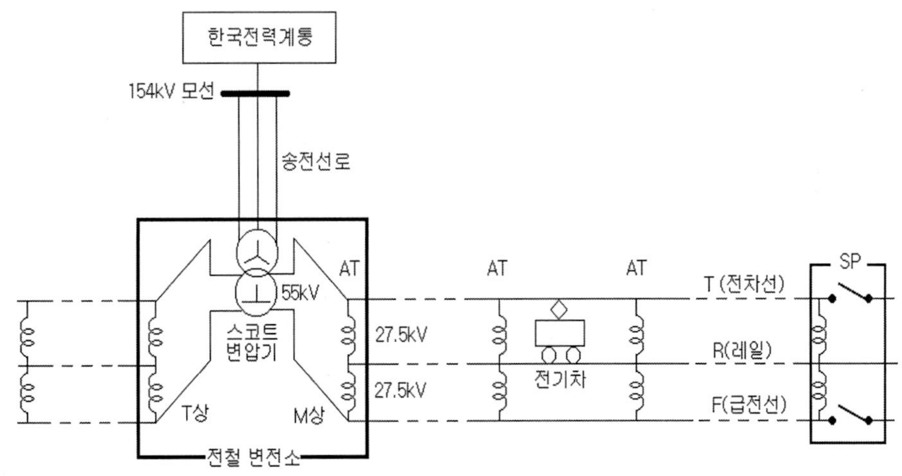

그림 2.17 교류급전계통구성예

1.4 단상결선

1) 개 념

가장 간단한 방법이며, 교류전화구간의 종단부근에서 한쪽만 급전되는 경우에 적용한다.

2) 전압불평형률

$$K = ZP \times 10^{-4}$$

단, K는 백분율로 표시한 전압 불평형률, Z는 변전소의 수전점에서의 3상 전원계통의 10,000[kVA]를 기준으로 하는 퍼센트 임피던스 또는 퍼센트리액턴스, P는 전기철도용 급전 전구역에서의 연속 2시간의 평균부하[kVA]를 단위로 한다)

2. 스코트(Scott) 결선방식(T결선방식, 전철용 결선으로 가장 많이 사용)

2.1 개 념

1) 주좌 변압기(M상 변압기) 1차측 2개 단자 : R상, T상에 연결한다.
2) T좌 변압기(T상 변압기) 1차측 2개 단자 : 주좌변압기 중성점에 0단자, T좌 변압기(M상) 권선의 $\sqrt{3}/2$ 지점에 S상 연결한다.
3) T상 1차 권선수는 M상 1차 권선수의 $(\sqrt{3}/2) = 0.866$ 이다.
4) 2차측 M상과 T상과의 위상차 : 90°

2.2 전압 불평형률

$$T = Z(P_A - P_B) \times 10^{-4}$$

단, P_A 및 P_B 는 각각의 전기철도용 급전구역에서의 연속 2시간 평균부하[kVA]를 단위로 한다)

2.3 권수비 및 전류

$$N = \frac{\omega_1}{\omega_2} = \frac{V_1}{V_2} = \frac{I_2}{I_1}$$

단, ω_1 은 1차 권선수, ω_2 는 2차 권선수이다.

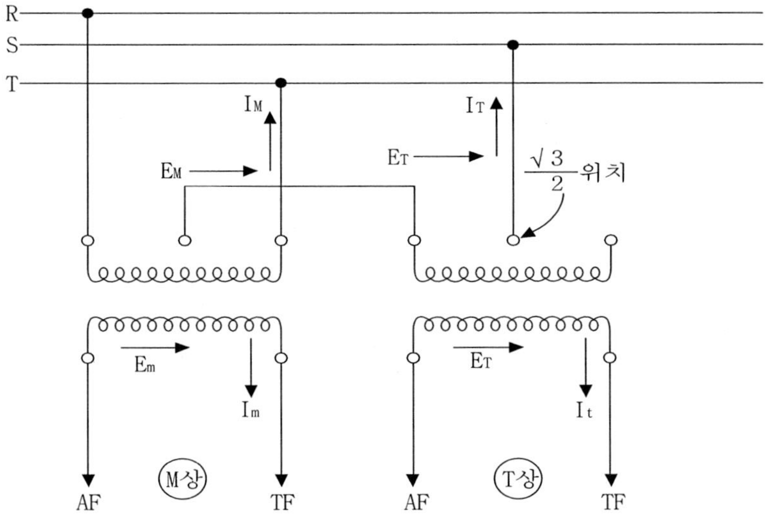

그림 2.18 스코트 결선예

1) 권수비

① M상의 권수비

$$N_M = \frac{V_1}{V_2} = \frac{R-T\text{간의 전압}}{m-NF\text{간의 전압}}$$

② T상의 권수비

$$N_T = \frac{V_1}{V_2} = \frac{S-O\text{간의 전압}}{t-NF\text{간의 전압}}$$

2) 전 류

① M상의 전류

$$N = \frac{I_2}{I_1} = \frac{I_m}{I_M} \rightarrow I_m = NI_M \quad \therefore I_M = \frac{1}{N} I_m$$

② T상의 전류

$$N = \frac{I_2}{I_1} = \frac{I_t}{I_T} \rightarrow I_t = NI_T \quad \therefore I_T = \frac{1}{N} I_t$$

2.4 벡터 해석

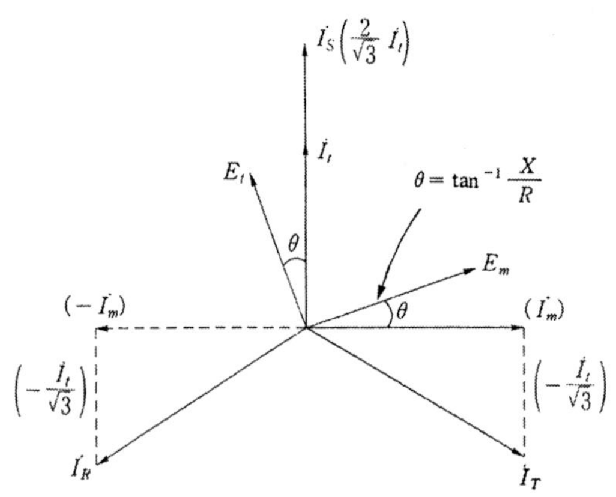

그림 2.19 벡터도

1) M상의 1차, 2차 기자력 관계

조건 : $\omega_1 = \omega_2 = N$ 이라 하면 1차 기자력 = 2차 기자력

$$NI_m = \frac{N}{2}I_T - \frac{N}{2}I_R \rightarrow I_m = \left(\frac{1}{2}I_T - \frac{1}{2}I_R\right) \quad \cdots\cdots (2.1)$$

2) T상의 1차, 2차 기자력 관계

조 건 : T상 1차 권수는 M상 1차 권수의 $\frac{\sqrt{3}}{2}$

$$NI_t = \frac{\sqrt{3}}{2}NI_s \rightarrow I_t = \frac{\sqrt{3}}{2}I_s \quad \cdots\cdots (2.2)$$

3) 1차 전류가 3상 평형이면 3상 벡터합은 0이다.

$$I_R + I_S + I_T = 0 \quad \cdots\cdots (2.3)$$

4) (2.1), (2.2), (2.3) 식에서 1차, 2차 전류 관계를 구하면

① (2.2)식에서

$$I_s = \frac{2}{\sqrt{3}}I_t \quad \cdots\cdots (2.4)$$

② (2.1)식에서

$$I_m = \frac{1}{2}I_T - \frac{1}{2}I_R \rightarrow \frac{1}{2}I_T = I_m + \frac{1}{2}I_R \rightarrow I_T = 2I_m + I_R \cdots\cdots (2.1')$$

③ (2.4), (2.1′)→(2.3)하면

$$I_R + I_S + I_T = 0 \rightarrow I_R + \frac{2}{\sqrt{3}}I_t + 2I_m + I_R = 0$$

$$\rightarrow 2I_R = -\frac{2}{\sqrt{3}}I_t - 2I_m \quad \therefore I_R = -\frac{I_t}{\sqrt{3}} - I_m \cdots\cdots (2.5)$$

④ (2.4), (2.5)→(2.3)하면

$$I_R + I_S + I_T = 0 \rightarrow -\frac{I_t}{\sqrt{3}} - I_m + \frac{2}{\sqrt{3}}I_t + I_T = 0$$

$$\rightarrow I_T = \frac{I_t}{\sqrt{3}} - \frac{2}{\sqrt{3}}I_t + I_m \quad \therefore I_T = -\frac{I_t}{\sqrt{3}} + I_m \cdots\cdots (2.6)$$

⑤ (2.4), (2.5), (2.6)을 다시 쓰면

$$I_R = -\frac{I_t}{\sqrt{3}} - I_m,\ I_S = \frac{2}{\sqrt{3}}I_t,\ I_T = -\frac{I_t}{\sqrt{3}} + I_m$$

2.5 특 징

1) 전원측 불평형 없다. :부하측(단상, 2상)에 용량 및 역률이 같은 부하가 접속되면 3상측은 3상 평형전류 유입으로 불평형률이 0이 된다.
2) 변압기 정격출력 : $P = \sqrt{3}V_2 I_2$
3) 변압기 이용률 : $\frac{\sqrt{3}}{2} = 0.866$

3. 단권 변압기

단권변압기는 1, 2차 회로가 절연되어 있지 않고 권선의 일부를 공통으로 사용하는 변압기(변압기가 소형, 경제적, 성능 우수)이며, AT급전방식에서 급전선로에 약 10[km]마다 설치된다.

3.1 원 리

1) 1, 2차 회로가 절연되어 있지 않고 권선의 일부를 공통으로 사용한다.
2) ab부분의 권선을 직렬권선, bc부분의 권선을 분로권선이라 한다.
3) ac권선을 ω_1, bc권선을 ω_2, ab유기전력E_1, bc유기전력 E_2라 하면
4) 1차에 전압V_1 공급, 2차 단자전압을V_2라 할 때 권선의 저항과 누설리액턴스 및

여자전류 무시한다.

$$N = \frac{\omega_1}{\omega_2} = \frac{V_1}{V_2} = \frac{E_1 + E_2}{E_2} = \frac{I_2}{I_1}$$

3.2 용 량

1) 정격용량(부하용량) : $P_L = V_1 I_1 = V_2 I_2$

2) 자기용량 : $P_S = (V_1 - V_2) I_1 = V_2 (I_2 - I_1 = I_3)$

3) 자기용량 PS와 부하용량 PL과의 비 : K

권선분비

$$K = \frac{P_S}{P_L} = \frac{(V_1 - V_2) I_1}{V_1 I_1} \frac{(V_1 - V_2) I_1}{V_2 I_2}$$

$$= \frac{V_1 - V_2}{V_1} = 1 - \frac{V_2(\text{저압})}{V_1(\text{고압})}$$

$$\rightarrow \frac{P_S}{P_L} = \frac{V_2 (I_2 - I_1)}{V_2 I_2} = \frac{I_2 - I_1}{I_2} = 1 - \frac{I_1}{I_2}$$

4) 장 점

① 동량을 줄일 수 있어 중량감소, 비용감소, 조립수송이 간단하다.

② 효율이 높으며, 전압 변동률 적고, 계통의 안정도 증가한다.

③ 분로권선에 $I_2 - I_1$의 차전류가 흘러 동손이 작다.

④ 분로권선에는 누설자속이 없으므로 리액턴스가 작다.

⑤ 소용량 변압기로 큰 부하를 걸 수 있다.

$$\text{변압기 고유용량} = \text{부하용량} \times \frac{V_1 - V_2}{V_1}$$

$$P_S = P_L \times \frac{V_1 - V_2}{V_1}$$

⑥ 소형이 된다. 안전운전을 하기 위해 %Z를 2권선 변압기와 같이 10[%] 정도로 하면 동기기가 되고 철심치수가 작아진다.

⑦ 중성점 접지방식일 때 저압측 절연이 문제되지 않는다.

5) 단 점

① 임피던스가 적어 단락전류가 크다.
② 기계적 열적 강하도를 크게 해야 된다.
③ 적절한 절연설계가 필요해 충격전압이 거의 직렬 권선에 가해진다.
④ 1차, 2차 직접 접지계통이 아니면 안된다.

4. 급전회로의 전류분포

4.1 AT가 1대인 경우

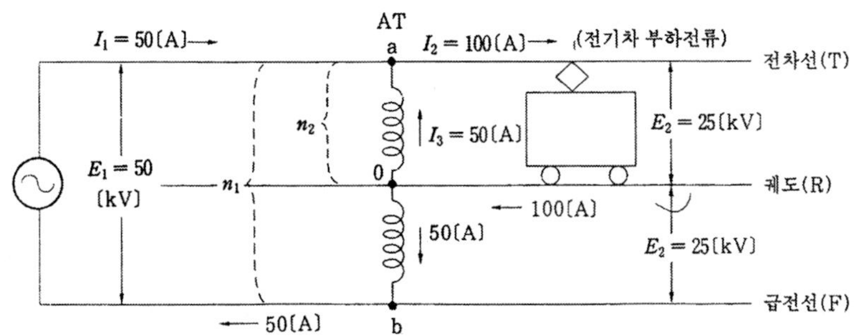

그림 2.20 AT 1대의 전류분포

4.2 AT가 2대이고 전차가 2대의 AT 중앙에 있는 경우

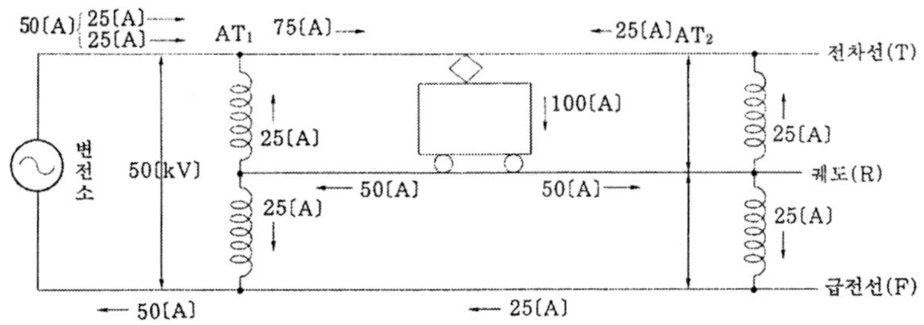

그림 2.21 AT가 2대인 경우

4.3 AT가 2대이고 전차가 $AT_1 : AT_2 = 1 : 3$ 지점에 있는 경우는 거리에 반비례한다.

2-11. 보호계전기

1. 개 요

1.1 보호계전기의 설치목적

보호대상물을 완전보호, 손상을 최소화, 파급을 최소화, 안정도, 신뢰도 향상

1.2 보호계전기의 기능

신뢰성, 신속성, 선택성, 보수성, 환경성, 계통변경에 신속 대처

1.3 보호계전기의 기본 구성

검출부(CT, PT, GPT), 판정부(보호계전기), 동작부(차단기)

1.4 직류보호계전기 방식 및 종류

1) 직류보호계전기 방식 구성 및 적용예

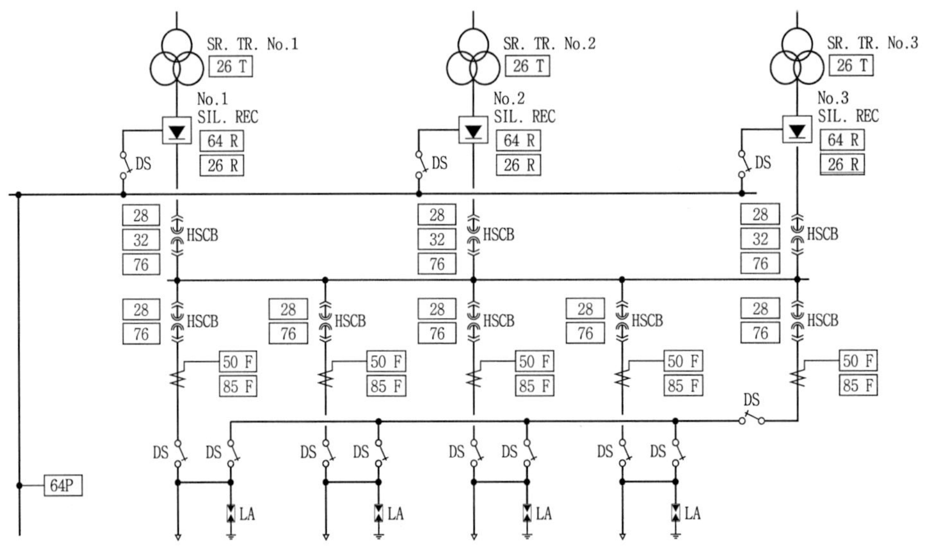

구 분			서울시 2기	대구1호선	인천1호선	광주1호선
직류 1.5[KV] 계통	정류기용변압기	온도계전기	26T	26T	26T	26T
	정류기	온도계전기	26R	26R	26R	26R
		지락과전압계전기	64R	-	-	64R
		고장 감시장치	-	58R	-	-
	정류기 2차측 고속도 차단기반	아크 검지기	28	-	28	-
		직류 역류계전기	32	32	32	32
		직류과전류계전기	76	76	76	76
		아크 검지기	28	-	28	-
	직류 급전 고속도 차단기반	직류 과전류계전기	76	76	76	76
		△I형 고장선택 계전기	50F	50F	50F	50F
		연락 차단장치	85F	85F	85F	85F
		지락 과전압 계전기	64P	64P	64P	64P

1.5 교류보호계전기

계 통 별	계 전 기 명	번 호	용 도	정 정 치
수전 측	과전류계전기	51R	과전류	"비고" 참고
	단락계전기	50R	회선단락	최소 단락전류의 순시치
	지락계전기	64R	지락	최소 지락전류 전압치
	부족전압계전기	27R	저전압	
변압기측	과전류계전기	51T	변압기 1차의 과전류	정격전류의 250[%] 1초
	단락계전기	50T	단락	정격전류의 500[%] 순시
	압력계전기	63T	변압기 내부고장	
	온도계전기	26T	변압기 과열	85[℃]
	비율차동계전기	87T	변압기 내부고장	
급전측	거리계전기	21F	전차선로 고장	보호구간의 110[%] 지점의 고장전류 보호
	고장선택계전기(△I형)	50F	44F 후비보호	
	고속도단락계전기	50F	과전류(구내 차량기지 등)	
	재폐로계전기	79F	차단기 재폐로	0.4~0.5[초]
	로케타계전기	99F	고장지점 검출	

[비고] 1. 상용 및 예비전원의 수전계통 보호장치의 정정치는 전력공급자와 협의하여 결정함
(예 : 탭 전류치의 500[%]의 0.2초 상위 계전기와의 시한차는 0.3~0.4초로 함).
2. 수전측의 50R는 51R에 순시요소부를 사용할 경우 생략할 수 있음.

2. 직류보호계전기의 종류

2.1 직류과전류계전기(76)

1) 원 리 : 직류회로에 과전류가 흐를 때 동작한다.

2) 적 용 : 정류기 및 급전회로를 보호한다.

3) 정극용(76T)

① 션트에 76계전기의 가동코일단자를 접속한다.
② 션트의 정격은 4,000[A]/50[mV]이다.
③ 동작은 가동코일 구동전압이 커지면 76가동코일이 동작되어 76T여자(76T-a 접점의 여자로 52T트립차단)로 76T-a접점이 온되어서 76TX여자시켜 54TC 코일을 차단한다.

4) Feeder용 한시(176F)

① 76T와 비슷하나 타이머계전기 176FT를 사용한 것이 다르다.
② 타임계전기의 지연 범위 : 20~120[sec]이며 보통 80초로 설정한다.
③ 동작은 76F 가동코일이 동작되며 R을 통하여 C가 충전되고 충전전압에 의한 Tr이 베이스전압인가로 베이스와 이미터간 도통으로 176FT로 동작한다.

5) Feeder용 순시(76F)

① 차단기에 내장되어 단락전류 흐를 때 동작한다.
② 하부주도체는 과부하에 자화되어 차단용 트립 로드 당겨 차단한다.

2.2 직류역류계전기

1) 원 리 : 직류모선은 정류기로 과전류가 흐를 때 동작하고, 정류기에서 직류모선으로 과전류가 흐를 때는 동작을 안한다.
2) 적 용 : 방향성을 갖는 직류고속도 차단기에 적용한다.
3) 차단순서 : 54F차단하고 54직류차단기를 차단 후 52 차단기로 차단한다.
4) 정류기의 1련의 소자가 단락 상태일 때 등에 동작

2.3 직류부족전압계전기(80F, 80A)

1) 원 리

① 80F : 양단 급전차단기 선로측에 설치하여변전소 부근의 사고시 동작

② 80A : 양변전소의 중간 지점 선로측에 설치하여 변전소 차단기와 과전류 계전기 보호범위 벗어난 사고시 동작하고 각 섹션 양단 피더 차단기를 연락 차단시킨다.

③ 사고지점에는 저항값이 감소하며 전차선의 전압이 저하하는 것을 검출

2) 적 용

직류회로의 전압이 정정치(1,500[V]급 전차선은 900[V]) 이하가 되면 동작하며, 연락차단장치와 연계하여 사용된다.

2.4 연락차단장치

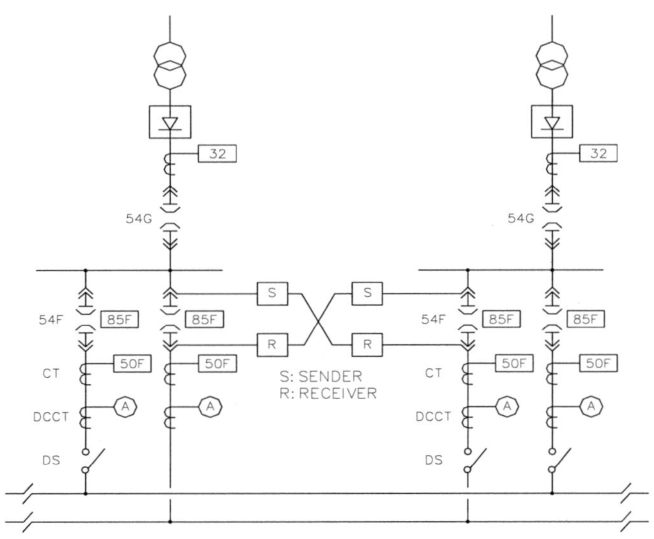

그림 2.22 연락차단계통 예

1) 원 리

어느 한쪽 변전소(A)의 차단기가 사고를 검출하여 차단기를 차단한 다음 상대방 변전소(B)의 차단기를 차단하는 방법

2) 연락차단에 요구되는 기능

① 장치의 신뢰도가 높고, 연락이 빠를 것

② 연락선의 소요수가 적을 것

③ 장치의 시험이 간단히 취급될 것

④ 장치와 연락선의 성능감시가 가능할 것
⑤ 출력의 차단 지령신호는 계속하지 않을 것
⑥ 기능과 동작상태의 표시가 알기 쉽고 취급이 쉬울 것
⑦ 기존 회로의 구성형태에 따른 사용이 가능할 것

3) 적 용

① 직류급전계통은 병렬급전이므로 사고변전소만 차단하면 안된다.
② 한쪽 변전소 사고시에도 양쪽 변전소를 차단하는 데 적용

2.5 직류접지계전기

1) 원 리 : 직류급전회로의 지락시 접지전위가 레일전위에 대하여 상승하는 현상을 이용하며, 정정치는 급전전압의 1/3, 즉 200~500[V] 이상되면 동작한다.

2) 적 용 : 직류급전회로의 지락을 보호한다.

지락사고 유형	동작 보호계전기	특 기 사 항
전차선 지락	64P	지락시 대지전위 상승 검출
구내 정급전선 지락	64HR(전류형, 전압형)	정급전선의 외함 접촉 감시
HSCB 배전반 절연 불량	64M	외함과 대지의 절연 감시

3) 특 징 : 급전선과 지지금구 사이에 이물질이 접촉되어 동작되는 경우가 있고, 구외지락사고는 고장선택장치(50F)로 보호하는 것이 좋다.

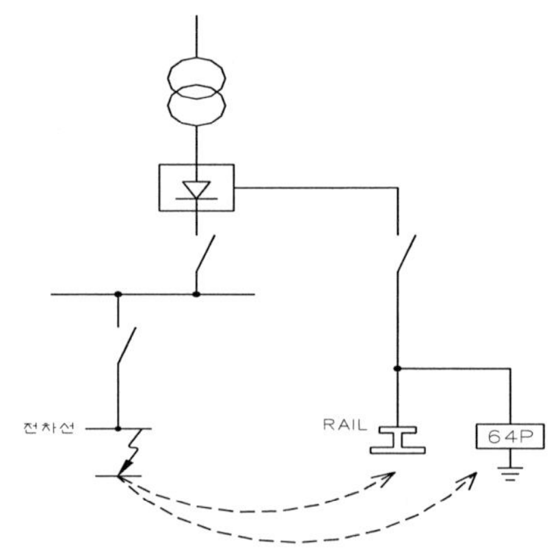

그림 2.23 직류접지계전기 개념도

4) 64HRP의 방법 검토

구 분	방법 1	방법 2	방법 3	방법 4
구성	전압형 2개	전압형 1개	전류형 1개	전압형 1, 전류형 1
회로도	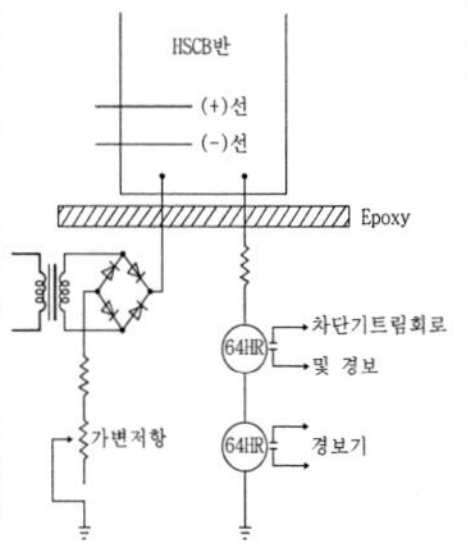 HSCB반 (+)선 (-)선 Epoxy 차단기트립회로 및 경보 64HR 가변저항 64HR 경보기	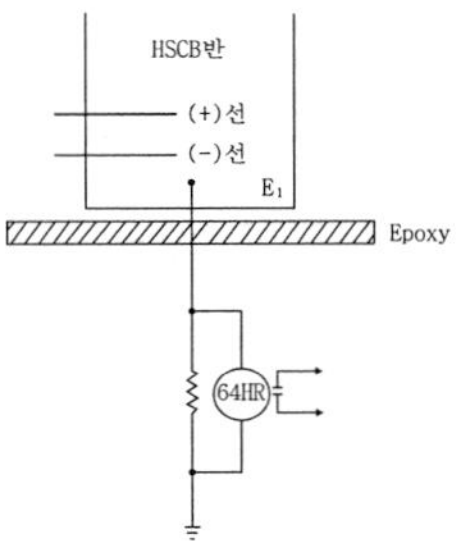 HSCB반 (+)선 (-)선 E_1 Epoxy 64HR	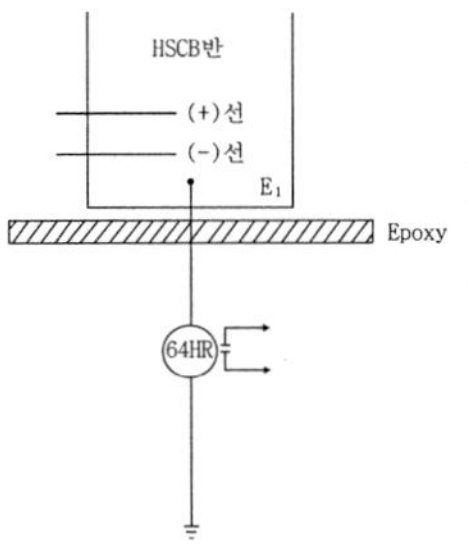 HSCB반 (+)선 (-)선 E_1 Epoxy 64HR	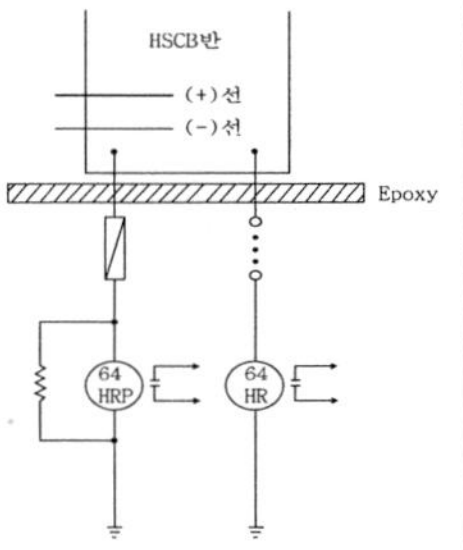 HSCB반 (+)선 (-)선 Epoxy 64 HRP 64 HR
장·단점	▪정급전선의 지락 감시뿐만 아니라 외함과 대지의 절연감시도 가능. ▪정급전선 지락 사고시 브리지 회로의 고장으로 고장 검출 실패사례 있음.	▪낙뢰 및 대지전위상승에 따른 오동작은 있으나, 대형파급 사고는 없음.	▪오동작은 없으나 계전기 검출 실패시 지락전류의 차단이 안되면 대형접지 사고로 파급됨.	▪ fuse를 추가하여 전류형과 전압형을 운영자가 선택 하도록 함.
검토의견	지락고장의 검출은 지락전류와 지락전압을 활용하는 방안이 있다. 그런데 설비에 장애는 주로 고장전류 쪽이다. 그래서 64HRP의 형식도 전압형이 낫다고 판단되어지나, 배전반에 전압형 및 전류형을 모두 설치해 놓고, 변전소별 특성에 맞게 운영자가 결정하도록 하는 방법4가 유리할 것으로 생각된다.			

2.6 급전선 고장선택장치(△I형 고장선택장치 : 50[F])

1) 원 리 : 사고시 급격한 전류상승과 전류증가분 △I를 검출하여 사고전류로 판별하며, 직류고속 차단기의 전류정정치는 약 7,000~9,000[A]이다.

2) 적 용 : 운전전류가 사고전류를 상회할 때, 직류고속도 차단기로 사고전류를 차단 못할 때

2.7 Arc 검지기

1) 원 리 : 직류고속 차단기(HSCB)는 소호실내로 Arc를 유도하여 차단한다.

2) 적 용 : 배전반 상부에 설치하고 차단기 아크가 계속되면 변전소 내의 모든 직류 차단기와 정류기 1차 교류 차단기를 개로한다.

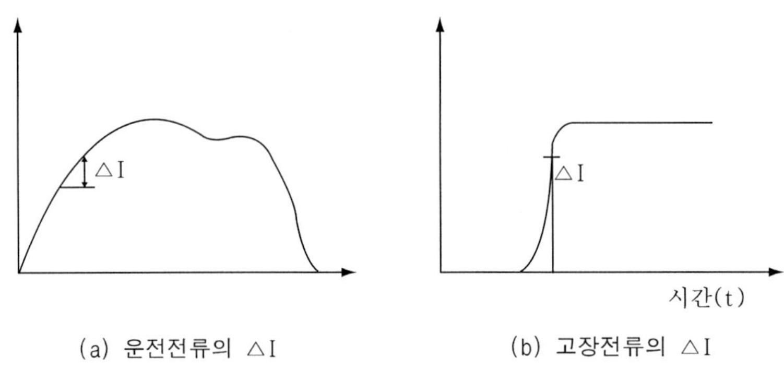

(a) 운전전류의 △I (b) 고장전류의 △I

그림 2.24 운전 및 고장전류

3. 교류보호계전기의 종류

3.1 고장의 종류

1) 급전측 단락사고

$$I_S = \frac{V}{2Z_0 + Z_{TR} + Z_L + r_g}$$

단, I_S 는 고장전류[kA], V 는 급전선전압[kV], Z_0 은 전원 임피던스[Ω], Z_{TR} 은 변압기 임피던스[Ω], Z_L 은 선로 임피던스[Ω], r_g 는 고장점 저항[Ω]이다.

2) M·T상의 혼촉사고

$$I_{MT} = \frac{V_{MT}}{4Z_0 + Z_M + Z_T + 2Z_{AT}}$$

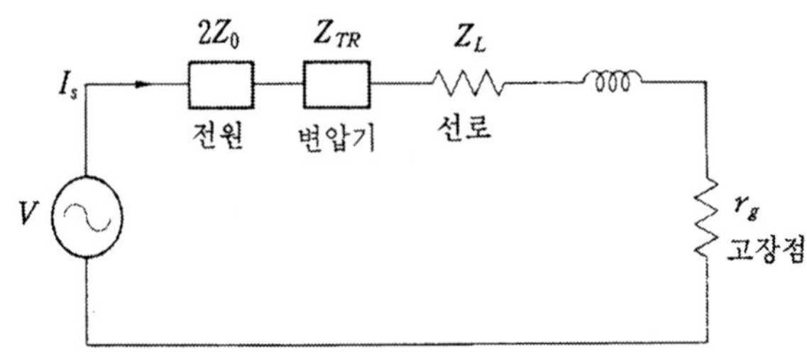

그림 2.25 등가회로

3.2 과전류계전기(51F)

1) 원 리 : 전류가 정정치를 초과할 때 동작

2) 적 용 : 수·송전선, 배전선의 과부하보호, 단락보호

3.3 거리계전기(44F)

1) 원 리

교류급전회로에서 선로의 임피던스는 선로길이에 비례함을 이용하여 변전소에서 계측되는 임피던스가 부하영역을 벗어나면 동작한다.

2) 적 용

① 애자의 플래쉬 오버의 경우 고속도로 차단하여 아크소멸위해 재폐로 방식채용, 재폐로 시간 0.4~0.5[sec]

② 사고를 판단하면 고장점 표정장치를 통해 사고지점을 표시한다.

3.4 고장선택계전기(50F)

1) 원 리 : 부하전류는 시간의 변화에 완만하게 변하고, 사고전류는 급격하게 변하는 특성을 이용한다.

2) 적 용 : 거리계전기의 후비보호용으로 고저항의 접지사고, 연장급전시 거리계전기로 보호가 되지 않는 사고 검출

3.5 재폐로 계전기(79F)

1) 원 리

① 급전선의 순간적인 지락, 단락사고시 일정시간 후 자동회복되는 것을 고려하여 트립된 차단기를 일정시간 후 재투입시킨다.

② 만약 사고가 복구되지 않을 경우 차단기는 자동으로 차단된다.

③ 재폐로 시간은 약 0.4~0.5초로 설정한다.

2) 적 용 : 급전선 사고시 자동으로 신속히 제거한다.

3.6 고장점 표정장치(99F, Locator)

1) 원 리

① 고장시의 전압과 전류로 고장점까지의 선로 리액턴스를 구한다. 거리에 따른 리액턴스값과 비교하여 고장점까지 거리를 산출한다.

② 급전회로 보호계전기인 거리계전기(44F)나 고장선택계전기(50F)와 조합하여 사용한다.

③ 검출방식은 BT회로용(리액턴스검출방식), AT회로용(흡상전류비방식)

2) 목 적

급전계통의 사고시 조속한 사고복구를 위하여 사고지점을 검출하고자 사용한다.

3) 리액턴스검출방식(BT 급전회로에 유리)

① 원 리

㉠ 급전회로의 임피던스를 선로길이에 비례하는 것으로 간주하고 사고점의 임피던스를 계산하여 거리로 표정하는 방식이다.

㉡ 임피던스검출방식은 고장점에 저항분이 있을 경우 오차가 생기므로, 저항분의 영향이 없는 리액턴스 검출방식이 사용된다.

② 등가회로 : $X = \frac{E}{I} \times \sin\theta$

단, X는 고장점(P)까지의 선로 리액턴스[Ω],E는 사고시 전압치[V], I는 사고전류값[A], Θ 는 위상각[°]이다.

4) AT 흡상전류비방식(AT 급전회로에 유리)

① 원 리

㉠ 고장점을 중심으로 양측에 설치된 AT중성점 흡상전류는 각각의 AT로부디 고장점까지의 거리에 대략 반비례함을 이용한다.

㉡ 사고발생시 해당 급전회로 전체의 AT중성점 흡상전류를 자동계측하여 변전소로 전송, 고장점까지 거리를 산출한다.

② 등가회로

㉠ 흡상전류비 $H_i = \frac{I_{n+1}}{(I_n + I_{n+1})}$

㉡ H_i는 직선적인 성격이 있으므로$X = L_n + \frac{H_i - 0.08}{0.84} D\,[km]$

단, X는 기점으로부터 고장점까지 거리[km], L_n은 기점부터 AT_n까지의거리[km], D는 AT_n과 AT_{n+1}간의거리[km], x는 AT_n에서 고장점까지 거리[km]이다.

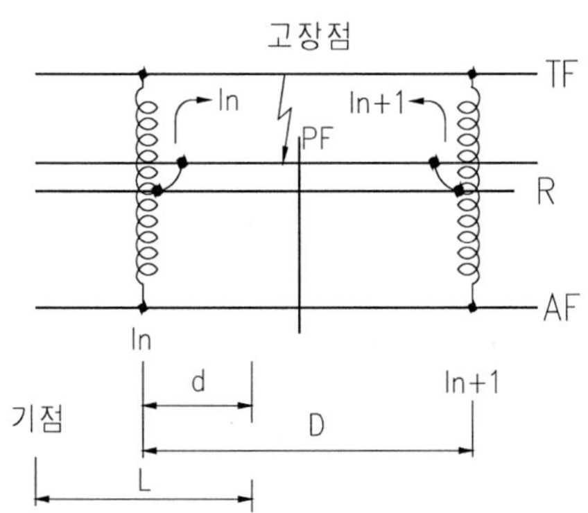

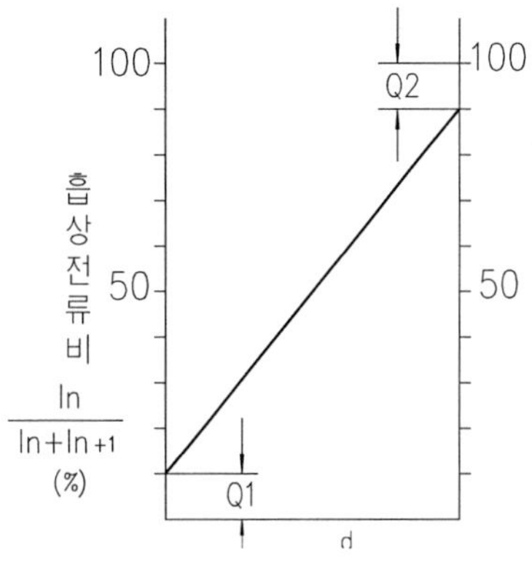

그림 2.26 흡상전류비 방식의 고장점표정원리

5) 고장점 표정장치 SYSTEM 비교

구 분	중성점 흡상전류비교 방식	임피던스 방식
표정요소	▪중성점 흡상전류 비교	▪임피던스(전류전압, 위상)
표정원리	▪전철변전소,급전구분소 및 보조급전구분소등에 설치된 AT간의 중성점에 흐르는 사고전류를 측정하여 고장위치표정	▪전철변전소,급전구분소, 측선 및 선로분기개소등에 설치된 거리계전기로 고장개소 선로의 전압 및 전류를 측정하여 임피던스 계산값에 의한 고장위치표정
설치개소	S/S, SP, SSP등 AT 설치개소	S/S, SP, 측선 및 선로분기점등 필요개소
장·단점	▪고장점 위치 정확히 파악됨 ▪선로임피던스와 무관 ▪시설비가 임피던스방식에 비하여 고가임 ▪AT가 없는개소는 측정불가 ▪국산화 완료되어 제작 시험중임.	▪고장위치 표정값의 오차발생을 줄이기 위하여 측선 및 분기선등 필요한 개소마다 거리계전기를 설치. ▪시설비가 중성점 흡상전류 방식에 비해 저가 ▪AT급전방식의 특성상 임피던스가 거리에 비례하지 않기 때문에 표정값이 부정확 할수 없음.
고 장 점 위치표정 정 확 도	▪고장점 표정장치 별도설치	▪릴레이에 내장 가능(BT방식)
사용실적	▪일본 등 ▪국내	▪프랑스(시험완료), 독일(개발중) ▪국내기존선(BT방식) ▪일본(BT방식)
가 격	고	중

2-12. 원격감시, 제어설비

1. 개 요

1.1 SCADA(Supervisory Control And Data Acquisition) 시스템이란

원방감시제어 시스템으로 원방에 있는 설비를 감시, 제어하는 것을 말한다.

1.2 전기철도의 SCADA시스템 적용

1) 2개의 중앙제어소(급전사령실)가 있다.
2) 차량운전용 전력은 급전사령실에서(각 변전소, 급전구분소, 보조급전구분소) 차량운전용 이외의 부대용 전력은 배전계통 사령실에서 원격으로 감시, 제어 운용한다.

1.3 SCADA시스템의 장점

1) 사고의 예방, 정전시간단축, 적정전압 유지 등으로 전력공급의 신뢰도 향상
2) 운전인력의 절감, 운전원의 안전도모

1.4 SCADA시스템의 도입배경

1) 전력계통의 확대 및 복잡 : 전력수요증대로 전력공급설비가 방대하여져 운전원 운용방식의 한계로 인한 계통 전체의 종합판단이 필요하게 됨에 따라 집중화, 자동화가 필요하다.
2) 이용자 의식수준 증대 : 전기의존도가 높아지면서 양질의 전기요구
3) 급속한 기술의 발달 : 최신 전자·통신기술의 발달로 SCADA시스템의 신뢰성, 경제성 향상

2. 기본 동작기능

2.1 집중원방감시기능(Centralized Supervision)

전력계통반에 표시되는 다수 변전소의 전력공급 운용상태를 디지털 숫자로 표시하

면, 사고시 경보를 발생하여 즉시 대응하게 한다.

2.2 원방제어(Remote Control)

각 변전소, 급전구분소, 보조급전구분소 등의 주개폐기, 절체 스위치 등을 원방 조작한다.

2.3 자동기록

계측, 운전, 사고, 경보 등을 자동기록한다.

2.4 실현 가능한 기능의 예

1) 감시표시기능 : 상태표시, 고장감시, 전압·전류·전력량 표시
2) 개별제어기능 : 변전소기기를 개별로 선택제어
3) 고장시 처리기능 : 복구 처리, 재폐로 처리, 정류기 교체 운전처리, 수동요구처리
4) 정시운용기능 : 예정시간에 정류기 인버터, 급전용 차단기의 투입 개방
5) 계획 휴송전기능 : 미리 작성된 순서에 의해 제어 개시 지시, 기기조작을 자동으로 한다.
6) Demand 제어기능 : 미리 설정한 계약전력 초과시 가능한 부하 차단
7) 사고사실 재생기능 : 사고발생시 당시의 상태를 CRT화면에 재생
8) 보수구 data 관리장치 관리기능 : data관리에 필요한 data를 송신
9) 기록기능 : 조작상황, 고장상태, 계측 data, 계산, 일보, 월보, 연보, 일지
10) Simulation 기능 : Off Line으로 모의적으로 발생시켜 사고처리 확인

3. 구성요소

3.1 중앙제어소장치(CCD:Control Center Device)

1) 개 념

각 변전소, 급전구분소, 보조급전구분소, 전기실 등의 전력설비를 종합관리하여 사고발생시 신속대처, 각종 기록업무, 통계업무처리

2) 구 성

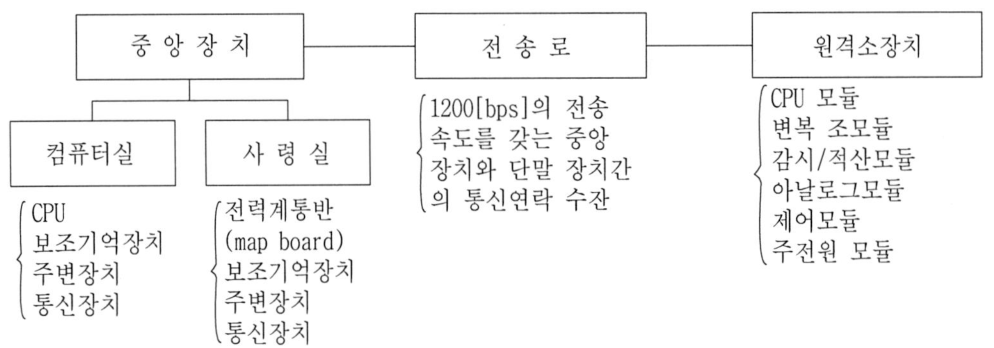

그림 2.27 원격감시 제어설비의 구성요소

① 주컴퓨터장치(CPU) : 중앙연산처리장치는 SCADA시스템의 심장부로 주변장치와 메모리간 정보교환과 계산능력이 있다.

② 인간 - 기계연락장치 : 운전지령원과 시스템 데이터베이스간 연결시키는 장치이다.

③ 통신제어장치 : 컴퓨터장치와 원격소장치간의 통신 및 계통반을 제어

④ 시스템 이중화장치 : 이상 발생시 주변기기를 예비기로 전환, 상호백업기능

⑤ 근거리 통신 네트워크 : LAN 접속기, LAN 케이블

⑥ 계통반 : 현시반, 맵보드컨트롤러, 포인트드라이버, 팬레코드

⑦ 소프트웨어 : 표준 시스템 프로그램, 전력감시제어 프로그램, 전력감시 유틸리티 프로그램

3.2 통신장치 및 전송로

1) 개 념

제어소(중앙장치)와 피제어소(원격소장치)간을 연결하여 정보교환의 매개체이다.

2) 전송방식

금속케이블방식, 마이크로웨이브방식, 전력선 반송방식, 광케이블방식이 있다.

3.3 원격소장치(RTU : Remote Terminal Unit)

1) 개 념

피제어소(변전소 등)에 설치된 자료취득장치이며, 차단기상태 · 변압기상태 등 정보를 제어소(지역구분소), 중앙장치에 송 · 수신하는 장치이다.

2) 구 성

① CPU 모듈 : 수신명령을 해석하여 해당 I/O모듈제어하여 중앙제어소에 송신

② 변·복조 모듈 : 디지털신호는 아날로그신호로 변환, 아날로그신호는 디지털 신호로 변환한다.

③ 감시/적산 모듈 : 상태 감시, 계수 및 적산를 제어모듈로 전송한다.

④ 아날로그 모듈 : 수집한 아날로그신호를 디지털신호로 변환

⑤ 제어 모듈 : 현장기기를 제어

⑥ 주전원부 : 제어장치 각 부에 DC 전원공급, 정전시는 무정전공급

4. SCADA시스템의 향후 전망

4.1 개 념

전원의 고품질 대용량화로 순간 정전도가 허용되지 않으므로 현재에는 고장을 감시, 고장발생시 사후보전하는 수준이고, 향후에는 사고를 예측하여 계획적인 대응으로 예측 보전적 전력감시제어하는 시스템으로 발전할 것이다.

4.2 시스템의 개발

1) 검출기능 : 광센서, 열센서, 가스센서, 진동센서 등 사용

2) 진단기술

① GIS(가스절연개폐장치) : 고전압기기를 SF_6 가스봉입, 절연열화를 진단하기 위한 기술의 개발

② 변압기 : 절연지의 기계적 강도저하에 의해 절연파괴 방지 개발

3) 판정기술

상태판정을 컴퓨터에 의해 가능하도록 하기 위해서는 GIS, 변압기, 수변전설비의 노하우 및 축적된 데이터가 필요

제3장
전력설비

3-1. 수전방식

1. 수전선로관련

1.1 수전신청 관련

1) 사전협의

전기철도의 경우 수전시기에 전기를 수전 할 수 없을 경우 야기될 문제가 큼으로 전기를 정식 수전 하기전 이라도 설계단계에서 한국 전력공사에 공문서로 사전 협의를 하는 것이 유리하다.

2) 전기사용신청

공급약관에서는 삭제되었지만 다음 사항을 고려하여 공급요청 하는 것이 유리함

① 계약전력 5,000[kw]이상 ~ 10,000[kw]이하 : 사용예정 1년전

② 계약전력 10,000[kw]초과 ~ 100,000[kw]이하 : 사용예정 2년전

③ 계약전력 100,000[kw]초과 ~ 300,000[kw]이하 : 사용예정 3년전

④ 계약전력 300,000[kw]초과 : 사용예정 4년전

1.2 수전전압 관련

계 약 전 력	공급방식 및 공급전압
100[kW] 이상 10,000[kW] 이하	교류삼상 22,900[V]
10,000[kW] 초과 400,000[kW] 이하	교류삼상 154,000[V]
400,000[kW] 초과	교류삼상 345,000[V]

[주] 22.9[kV] 수전의 경우 조건이 맞으면 최대 40,000[kW]까지 수전가능함.

1.3 수전방식에 따른 기본요금 : 약관 제63조(예비전력)

1) 예비전력 (갑)

① 적 용 : 상시 공급변전소에서 상시 전압과 같은 전압으로 공급받는 예비전력

② 기본요금 : 상시 공급분에 대한 해당 계약종별 기본요금의 5[%]
(고객소유선로는 2[%])

2) 예비전력 (을)

① 적　용 : 상시 공급변전소 이외의 변전소에서 공급받기 위한 예비전력 또는 상시 공급전압과 다른 전압으로 공급받기 위한 예비전력

② 기본요금 : 상시 공급분에 대한 해당 계약종별 기본요금의 10[%] (고객소유선로는 6[%])

1.4 수전방식 비교검토(일반, 전용)

구 분	일 반 선 로	전 용 선 로
방 법	▪ 한전의 일반 배전선로에서 수용가가 인출한다	▪ 한전의 변전소에서 수용가까지 전용으로 설치하여 전용의 수용가만 단독으로 사용
장 점	▪ 선로 사고시 한전 측 응급복구 가능. ▪ 공사비가 전용선로에 비해 적음	▪ 전력공급 신뢰도가 우수하다.
단 점	▪ 일반수용가 사고시 파급효과가 예상. ▪ 전력공급 신뢰도가 낮음.	▪ 도로점유 허가 및 사용료 부담 ▪ 별도의 전문 유지보수팀 필요 ▪ 공사비가 많이 소요된다.
인허가 사항	▪ 전용선로의 인허가 사항 없음.	▪ 도로굴착, 점유허가 등 인허가 사항 복잡.
경제성	▪ 약 100[%]	▪ 약 150[%]

2. 주 변압기(1:1변압기) 설치 검토

2.1 검토배경 및 설치 목적

22.9KV 다중접지 계통은 1선지락 고장시 지락전류가 커서 주변 통신설비의 유도장해 및 지락점의 대지전위 상승으로 약전계통에 장해를 발생 시킬 수 있다.

최근에 전기철도 수전 변전소에 22.9[KV]/22.9[KV] 1:1 권선의 변압기를 사용하여 유리하게 하고 고장전류 크기를 경감시키고 고조파 전류의 확산을 방지 하기위해 1:1 변압기를 설치 하는 경우도 있으나 그효과에 대하여 뜨거운 논의가 계속 되고 있다.

2.2 비교검토

구 분		1안(변압기 설치후 배전하는 방안)	2안(수전전압으로 배전하는 방안)
개 요		▪ 수전용변압기(1:1변압기)를 설치하고 변압기 2차측에 22.9[kV] 연락배전선로를 구성하여 인근 역사에 전원공급 ▪ 소내용은 수전변압기 2차측 모선에 3Φ4[W] 22.9[kV]/380-220[V] 변압기를 설치하여 전원을 공급하는 계통 구성방식	▪ 수전용변압기(1:1변압기)는 설치하지 않고 22.9[kV] 모선에서 22.9[kV] 연락배전선로를 구성하여 인근 역사에 전원공급 ▪ 소내용은 22.9[kV] 모선에서 3Φ4[W] 22.9[kV]/ 380-220[V] 변압기를 설치하여 전원을 공급하는 계통 구성방식
구 성 도		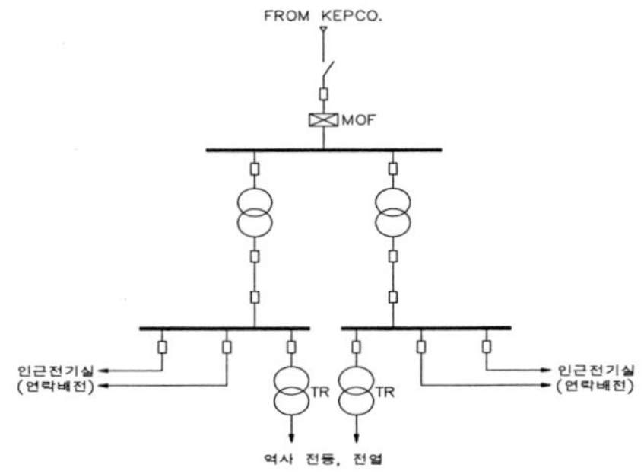 FROM KEPCO. MOF 인근전기실 (연락배전) TR TR 인근전기실 (연락배전) 역사 전등, 전열	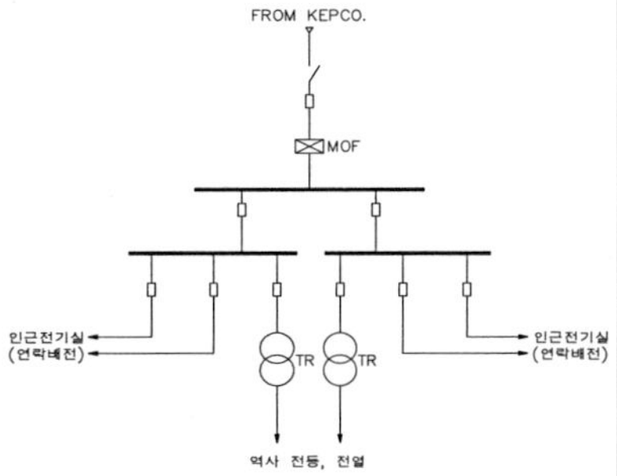 FROM KEPCO. MOF 인근전기실 (연락배전) TR TR 인근전기실 (연락배전) 역사 전등, 전열
수전용량		▪ 약100[%]	▪ 약150[%]
경제성	한전수탁비	▪ 약100[%]	▪ 약110[%]
	추가설치비	▪ 261,356,000원 (변압기 2면, 차단기 4면)	-
	전기 요금	▪ 비교대상 안됨	▪ 비교대상 안됨
	건축공사비	256.5[m²]×1,800,000/[m²]=461,700,000원 (수전실 면적 : 27[m] × 9.5[m] 적용)	190[m²]×1,800,000/[m²]=342,000,000원 (수전실 면적 : 20[m] × 9.5[m] 적용)
	계	▪ 약100[%]	▪ 약60[%]
단락/차단용량		▪ 520[MVA] 선정	▪ 520[MVA] 선정
장 점		▪ 한전 계약전력 감소 ▪ 단락 및 지락고장전류, 유도장해 감소	▪ 계통보호시스템이 간단 ▪ 초기투자비 감소
단 점		▪ 수전 전기실 면적 커짐(건축비 상승) ▪ 1:1 변압기 설치로 인한 계통보호시스템이 복잡 및 시공금액 상승	▪ 한전 계약전력 증가(개별 변압기 용량 합계로 전력공급 계약) ▪ 유도장해 증가(기준은 만족함) ▪ 개개 변압기용량 변경시마다 한전에 계약용량 변경신청을 해야 함
안전관리자선임		▪ 유리	▪ 1안보다 불리(용량증가로 보조원필요)

3-2. 철도 배전선로

1. 배전선로 일반사항

1.1 설계기준

1) 전압의 유지범위와 전압강하율

구분	표준 공칭 전압[V]	배전방식별 전압[V]			회로 최고 전압[V]
		단상 2선식	3상 3선식	3상 4선식	
저압	220	220	220	220/380/440	
	380	-	-		
	440	-	440		
고압	3,300	6,600	6,600		7,200
	6,600				
특별고압	22,900	13,200	22,000	22,900	25,800

(단, 고압과 특고압배전선로의 전압강하율은 공칭전압을 기준으로 공급점에서 말단까지 10[%]이내이어야 한다)

2) 배전선로 최대 긍장

전압별[kV]	회선당 기준용량[kVA]	상시 최대부하[kVA]	기준 최대긍장[km]
3.3	1,500	1,050	20
6.6 및 5.7	3,000	2,100	20
11.4	5,000	3,500	50
22.9	10,000	7,000	50

3) 수전설비의 배전반 등의 최소유지거리

① 케이블의 충전부와 비충전부와의 이격거리(전기철도 시설규정)

공칭전압[kV]	실 외[mm]		실 내[mm]	
	표 준	최 소	표 준	최 소
6.6	250	150	120	70
22.9(22)	400	300	250	200

② 내선규정상 이격거리(단위 : m)

기기별 \ 부위별	구 분	앞면 또는 조작·계측면	뒷면 또는 점검면	열상호간 (점검하는 면)	천 정 (가장 낮은 부분)
특별고압배전반	내선규정	1.7	0.8	1.7	-
	NFC	0.8	0.8	1.5	0.5
고·저압배전반	내선규정	1.5	0.6	1.5	-
	NFC	0.8	0.8	1.5	0.5
변압기 등	내선규정	0.6	0.6	1.5	-
	NFC	0.8	0.8	1.5	0.5

1.2 연장급전 방안

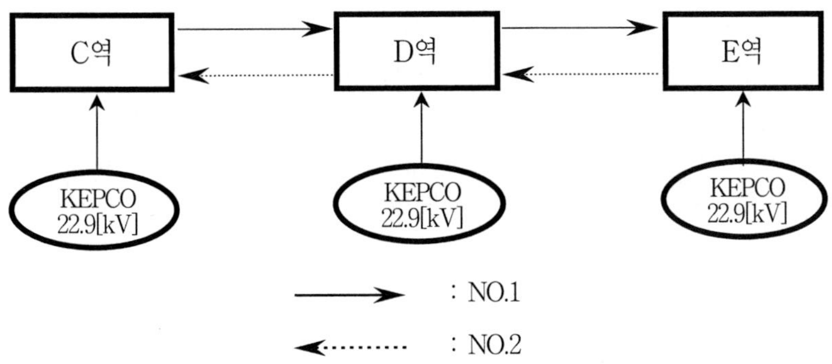

표 3.1 전력계통 운전방안

구 분	C역	D역	E역	비고
정 상 시	C역구내 및 D역공급	D역구내 및 E역공급	E역구내 공급	
C역사고시	-	C역공급	-	
D역사고시	-	-	D역공급	
E역사고시	-	E역공급	-	

2. 배전선로 전압상승 및 접지

2.1 배전선로 전압상승 계산 (예)

1) 수전설비간 거리 및 Cable Size

C역 28[km]000	11[km]000 22.9[kV] CN/CV-W 60[㎟]	D역 39[km]000

2) 계통구성

특고배전선로는 지중2회선으로 구성되어 있으며 정상시 C역 → D역방향으로 전원을 공급하며, 정전시 방향은 D역 → C역방향으로 전원을 공급한다.

3) C역수전설비 → D역수전설비

① 계통구성

특고압 배전선로는 지중2회선으로 구성하며, 정상시 C역-D역방향으로 전원을 공급하며, 지중선로이므로 각 구간에 대한 전압상승을 검토하고자 함.

② 정상 운전시의 페란티 효과(전압상승 여부)

㉠ 선로 Data(22.9[kV] CN/CV-W 60[㎟]/1C×3)

Z=R+j× [Ω]	R[Ω/㎞]	C[μF/㎞]	WL=2πfL[Ω/㎞]	WC[℧/㎞]
0.3936+j0.1944	0.3936	0.21	0.1944	7.917× 10-5

㉡ 전압상승 계산

수전설비간의 계산순서는 집중정수회로에 의하여 계산한다.

- 전파정수 r (Propagation constant)

$$r = \sqrt{ZY} \times \ell[\text{km}](\ell = 11.0[\text{km}])$$

$$\sqrt{(0.3936 + j0.1944) \times (7.917 \times 10^{-5})} \times 11.0$$

$$= 0.0614 + j0.0432$$

$$\cosh r = \cosh(0.0614 + j0.0432)$$

$$= (\cosh 0.0614 \times \cos 0.0432) + j(\sinh 0.0614 \times \sin 0.0432)$$

$$= 1.001 + j0.0027$$

- 페란티 효과에 의한 전압상승 Vr

$$V_r = \frac{22.9}{\cosh r} = \frac{22.9}{1.001 + j0.0027} = 22.88[\text{kV}]$$

계산결과 : 전압상승 (22.88 - 22.9 = -20[V])

수전단전압은 22,880[V]로서 송전단전압 대비 -0.1[%]이므로 페란티 효과에 의한 전압상승은 고려할 필요가 없음.

2.2 분로리액터 설치 검토

1) 개 요

지중 특고압 배전선로의 증대로 인하여 경부하시에 수전단전압의 상승이 문제가 될수 있어 배전선로에 분로리액터를 설치함으로써 지중배전선로에서 발생되는 용량성 무효전력을 보상하여 계통전압을 정해진 전압변동 이내로 유지시킬 수 있다.

2) 분로리액터 용량

① 계산식

분로리액터 용량산정의 기초가 되는 수전실-수전실 간 특고(고압)케이블 배전선로의 콘덴서 작용용량은 IEC 규정에 의하여 다음과 같이 산출한다.

$$C = \frac{\varepsilon}{18\ln\left(\frac{D_1}{dc}\right)} 10^{-9}[F/m]$$

C : 케이블의 콘덴서 작용 용량

ε : 절연체의 비유전율(XLPE:2.5)

D_1 : 절연체의 외경[mm](반도전층 제외)

dc : 도체의 외경+반도전층의 두께[mm]

② 계산 결과예

품 명	규 격	도체.절연층 두께[mm]				산출값 [μF/km]
		도체 외경	내부반도 전층두께	절연층 두께	절연층 외경	
22.9[kV-y] XLPE 케이블	60[㎟]	9.3	0.6	6.6	24.5	0.1639
22[kV] XLPE 절연 전력케이블	60[㎟]	9.3	0.7	7.3	25.3	0.1614

③ 용량산정

㉠ 평상시 배전 담당 수전실의 최대수요전력 규모, 전력 역률 및 상시 배전구간 케이블 배전선로의 합산 콘덴서 용량 등을 종합적으로 고려하여 산정하되

㉡ 상시 배전구간 케이블 배전선로의 합산콘덴서 작용 용량 값의 85~95% 범위 내에서 결정한다.(여기서 5~15%는 역률개선용 콘덴서 역할로 활용한다)

3) 분로리액터 설치

① 수전실 간 특고(고압)케이블배전선로는 케이블 콘덴서작용 용량 550[kVAR] 이상의 투입/개방 변화가 생기지 않도록 분로리액터를 분산 설치하여야 하며

② 전선로 상에 분로리액터 1대를 개방하더라도 상용전압(220[V]) 기준 전압 변동폭이 4.36[%]를 초과하지 않도록 하여야 하고, 분로리액터 1대의 최대용량은 550[kVA]를 초과할 수 없다.

③ 설치용량 계산예

<table>
<tr><th colspan="2" rowspan="2">구 분</th><th rowspan="2">분로리액터 1대를 전선로에서 분리 시 케이블배전선로의 콘덴서작용 용량 변화 제한 값[kVAR]</th><th colspan="2">분로리액터 1대로 담당할 수 있는 케이블 배전선로의 최대</th><th rowspan="2">분로리액터 1대의 제작 최대용량 [kVAR]</th></tr>
<tr><th>콘덴서작용용량[kVAR]</th><th>환 산 거리[km]</th></tr>
<tr><td rowspan="3">22.9[kV] XLPE 60SQ 3조 1회선의 콘덴서 작용 용량 중</td><td>5[%]를 역률개선용으로 활용 시</td><td>550</td><td>579</td><td>17.877</td><td>550</td></tr>
<tr><td>10[%]를 역률개선용으로 활용 시</td><td>550</td><td>611</td><td>18.865</td><td>550</td></tr>
<tr><td>15[%]를 역률개선용으로 활용 시</td><td>550</td><td>647</td><td>19.977</td><td>550</td></tr>
</table>

4) 분로리액터 선정시 고려사항

① 전철전원설비 장소구내 반입/반출이 용이한 장소에 옥외 큐비클형 으로 설치하되 자연 통풍이 용이하고 쥐 등 소 동물이 침입하지 못하는 구조로 제작한다.

② 분로리액터는 용량 변환 탭을 취부하지 않는다.

③ 분로리액터는 고장률이 적고, 전력손실이 작으며 소음이 적은 타입을 선정한다.

④ 분로리액터의 실 작용 용량은 표준전압에서 ± 3[%]이내 이어야 한다.

2.3 케이블 시스 유기전압 계산

일반적으로 케이블 시스의 전위는 50[V] 이하로 유지하는 것이 바람직하다. 시스전위 저감방법은 케이블을 연가하는 것이 좋지만 곤란한 경우 시스를 접지하여야 한다. 또한 시스전위 저감방법으로 케이블을 정삼각형으로 하여야 한다.

1) 계산조건

구 분 / 케이블규격	케 이 블 허용전류[A]	케 이 블 완성품외경[㎜]	비 고
22.9[kV] CNCV-W 60[㎟]	265	36	C역-D역간

2) 케이블 시스 유기전압

① 단심 케이블은 3심 일괄 케이블과는 달리 케이블 각 상의 시스(Sheath)가 서로 절연되어 있어 심선에 전류가 흐르는 경우 이 전류에 비례하는 전압이 시스(Sheath)에 유기된다.

② 시스(Sheath) 전류는 케이블의 시스간을 순환하는 전류와 유기전압의 불평형으로 인한 대지(접지선)를 회로의 일부로 하는 순환전류가 있다.

③ 접지는 시스의 유기전압을 적정선으로 억제하고 순환전류가 흐르지 않도록 폐회로가 구성되어서는 안된다.

3) 허용 시스(Sheath) 유기전압

국 가 별	케이블금속시스유기전압(허용기준)	비 고
미 국	규정 없으나 대체로 65[V]~90[V] 허용	
캐 나 다	최대 부하전류에서 100[V]	
영 국	65[V]	
일 본	50[V]	
한 국	전력구내 50[V], 전력구 이외 100[V]	지중송전설계기준 ES-1650

4) 긴 긍장의 단심 케이블 접지

단심 케이블의 시스(Sheath)를 시스(Sheath) 유기전압이 허용범위를 넘지 않는 몇 개의 짧은 길이의 구간으로 분할하여 각 구간을 1점 접지하는 방법이 추천되고 있다.

5) 시스(Sheath) 유기전압의 계산 식(삼각배열로 케이블간의 간격이 없을 경우)

$$E_a = j\omega I_a(2\times 10^{-7})\left(-\frac{1}{2}+j\frac{\sqrt{3}}{2}\right)\ln\frac{2S}{d}[V/m]$$

$$E_b = j\omega I_b(2\times 10^{-7})\ln\frac{2S}{d}[V/m]$$

$$E_c = j\omega I_c(2\times 10^{-7})\left(-\frac{1}{2}-j\frac{\sqrt{3}}{2}\right)\ln\frac{2S}{d}[V/m]$$

6) 케이블의 접지방식

① 양단 완전 접지방식의 경우

금속 차폐층을 2개소 이상에서 접지하여 유기전압을 저감시키는 방식이다.

㉠ 차폐전압은 거의 0으로 되지만 차폐층과 대지간에 폐회로가 형성되어 순환전류가 흐른다.

㉡ 실제로 부하전류의 30[%] 정도로 유도 순환전류가 흐르는 사례도 있다.

㉢ 따라서 차폐손실의 문제가 없고 허용전류 면에서 충분한 여유가 있고, 시스 회로손이 문제가 되지 않는 경우에 적용하는 것이 좋을 듯하다.

㉣ 주로 장거리 해저 케이블 등과 같이 시스 전위저감방식을 적용하기 곤란할 때에만 사용된다. 국내의 경우는 한전 배전선로22.9[kV-y] 다중접지 지중배전선로에서 사용되고 있다.

② 편단접 접지방식의 경우

㉠ 실제 계산해보면 시스간의 유기전압이 대지전압에 비하여 훨씬 크게 되고, 전류도 시스간 순환전류가 크게 되어 1점 접지를 하여야 한다.

㉡ CN/CV-W 60[㎟]의 경우 시스전압을 100[V]라 하면 삼각배치의 경우 ANSI 757의 계산결과를 통해서 보면 2.5[km] 지점에서 100[V]를 초과하게 된다.

㉢ 따라서 배전선로는 CN/CV-W 60[㎟]를 적용하므로 시공시 삼가배치로 2.4[km] 구간마다 케이블 접속함내에서 편단접지를 시행하여 시스전위를 저감하는 것이 유리하리라 생각된다.

3-3. 기기선정 및 조도기준

1. MOF 용량 선정

1.1 수전단 MOF 정격과전류강도

1) MOF의 과전류강도는 한국전력(주) 표준구매시방서(ES 140 ~ 900)의 기준에는 정격1차전류 60[A]이하에서 75배로 선정하여야 한다.
2) 과전류강도는 열적 과전류강도와 기계적 과전류 강도로 나누어 검토한다.

1.2 지하철의 경우계산 예)

1) 부하 허용전류 계산

$$I = \frac{P}{\sqrt{3} \times V} = \frac{3,000(\text{가정치})}{\sqrt{3} \times 22.9} \times 1.25 = 95[A]$$

2) 단락전류에 의한 수전단 변류기 1차전류 계산

$$I = \frac{F_1\text{점 단락전류(가정치)}}{\text{과전류정수}} = \frac{3,080}{20} = 154[A]$$

3) 수전단 변류기 선정

부하허용전류[A]에 의한 CT 1차 정격전류	단락전류에 의한 CT 1차 정격전류	주변류기(Main CT) 선정
95[A](100/5[A])	154[A](150/5[A])	150/5[A]

4) 과전류강도 선정

① 전력수급계기용 변압변류기의 정격과전류강도

정격1차전압[kV] / 정격1차전류[A]	6.6/3.3	22.9/13.2Y	22	66
60[A] 이하	75배	75배	75배	75배
60[A] 초과 500[A] 미만	40배	40배	40배	75배
500[A] 초과	40배	40배	40배	40배

② PF 동작시간에 의한 계산(내선규정 부록.7-2 참조)

퓨즈[A] \ 과전류[A]	1,000	2,000	3,000	4,000	5,000
125	0.7	0.05	0.01	0.004	-
200	2.5	0.2	0.04	0.02	0.01

$$I_{PF} = I_S \times \alpha \times \sqrt{\text{PF동작시간}} = 3.08[kA] \times 1.170 \times \sqrt{0.01} = 360.36[A]$$

$$\text{MOF 과전류강도} = \frac{I_{PF}}{\text{정격1차전류}} = \frac{360.36}{150} = 2.4 ≒ 40\text{배}$$

③ 선 정

과전류강도는 ①, ② 모두 만족하는 40배로 선정하는 적정할 것임.

2. 고장전류계산

2.1 단락전류 계산 및 차단전류 선정

22.9kV 수전설비와 한전 154kV 변전소와의 위치 및 선로 규격이 다음과 같을 경우

구 분	한전 A변전소	한전 B변전소	비 고
공급개소	C역 공급	D역 공급	
주변압기용량	45/60[MVA]×4Bank	45/60[MVA]	
공급거리	약 6[km]	약 2[km]	
간선규격	ACSR/AW-OC 160[㎟]	ACSR/AW-OC 160[㎟]	

1) 각 구간의 %임피던스

일반적으로 송배전 계통의 고장계산은 100[MVA]를 기준으로 하고 있어 기준전력 Pn = 100[MVA]로 한다.

① 한전변전소 주변압기

한전 A변전소 M.Tr 45/60[MVA]	한전 B전소 M.Tr 45/60[MVA]
$\%Z_a = \frac{14.5 \times 100}{45} = 32.22[\%]$	$\%Z_a = \frac{14.5 \times 100}{45} = 32.22[\%]$

② 22.9kV D/L

㉠ 한전 A 가공선로 간선 규격은 ACSR/AW-OC 160[㎟]으로 정상 임피던스는 Z = 3.47 + j7.47[%/km](100[MVA] 기준)이고, 배전선로의 길이가 약 6[km]이므로

$$\%Z_b = \sqrt{(3.47)^2 + (7.47)^2} \times 6 = 8.237 \times 6 = 49.42[\%]$$

㉡ 한전 B 가공선로 간선 규격은 ACSR/AW-OC 160[㎟]으로 정상 임피던스는 Z = 3.47 + j7.47[%/km](100MVA 기준)이고, 배전선로의 길이가 약 2[km] 이므로

$$\%Z_b = \sqrt{(3.47)^2 + (7.47)^2} \times 2 = 8.237 \times 2 = 16.47[\%]$$

③ 22.9[kV] 수전변압기

C역수전실 (Tr 3,000[kVA], %Z = 7[%])	D역수전실 (Tr 6,000[kVA], %Z = 8[%])
$\%Z_c = \dfrac{7.0 \times 100}{3.0} = 233.33[\%]$	$\%Z_c = \dfrac{8.0 \times 100}{6.0} = 133.33[\%]$

④ 임피던스 종합

%임피던스	%Za	%Zb	%Zc
C역수전실	32.22	49.42	233.33
D역수전실	32.22	16.47	133.33

2) 계통도

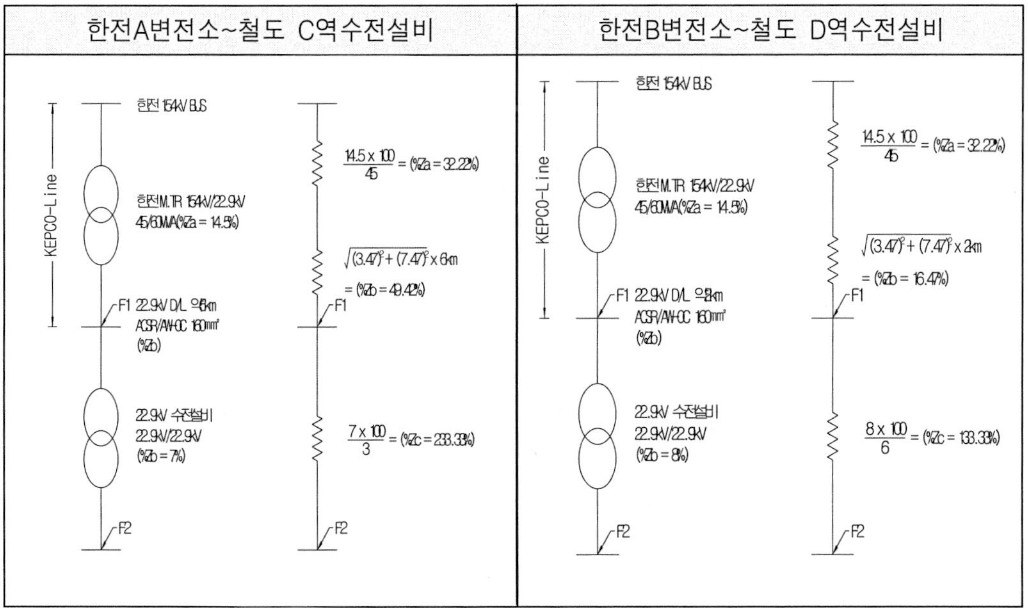

3) 단락용량 계산

① F1 지점의 단락용량 (Pn = 100[MVA])

㉠ C역 수전실

$$P_{s1} = \frac{100}{\%Z_a + \%Z_b} \times P_n = \frac{100}{32.22 + 49.42} \times 100 = 122.49[MVA]$$

$$I_{s1} = \frac{122.49}{\sqrt{3} \times 22.9} = 3.08\ [kA]$$

㉡ D역수전실

$$P_{s1} = \frac{100}{\%Z_a + \%Z_b} \times P_n = \frac{100}{32.22 + 16.47} \times 100 = 205.38[MVA]$$

$$I_{s1} = \frac{205.38}{\sqrt{3} \times 22.9} = 5.18\ [kA]$$

② F2 지점의 단락용량

㉠ C역 수전실

$$P_{s2} = \frac{100}{\%Z_a + \%Z_b + \%Z_c} \times P_n = \frac{100}{32.22 + 49.42 + 233.33} \times 100 = 31.75[MVA]$$

$$I_{s2} = \frac{31.75}{\sqrt{3} \times 22.9} = 0.8\ [kA]$$

㉡ D역 수전실

$$P_{s2} = \frac{100}{\%Z_a + \%Z_b + \%Z_c} \times P_n = \frac{100}{32.22 + 16.47 + 133.33} \times 100 = 54.94[MVA]$$

$$I_{s2} = \frac{54.94}{\sqrt{3} \times 22.9} = 1.39\ [kA]$$

4) 계산결과 및 선정

구 분	사고지점	P_s[MVA]	I_s[kA]	차단전류선정	정격전압
C역 수전설비 공 급 시	F_1	122.49	3.08	12.5[kA]	25.8[kV]
	F_2	31.75	0.8	12.5[kA]	25.8[kV]
D역 수전설비 공 급 시	F_1	205.38	5.18	12.5[kA]	25.8[kV]
	F_2	54.94	1.39	12.5[kA]	25.8[kV]

2.2 C역-D역 수전설비간의 임피던스 계산 및 지락전류계산

1) 정상, 역상 및 영상 임피던스 계산

지중배전계통의 지락사고시 등가회로 및 대지충전전류를 고려한 1선 지락사고는 아래와 같다.

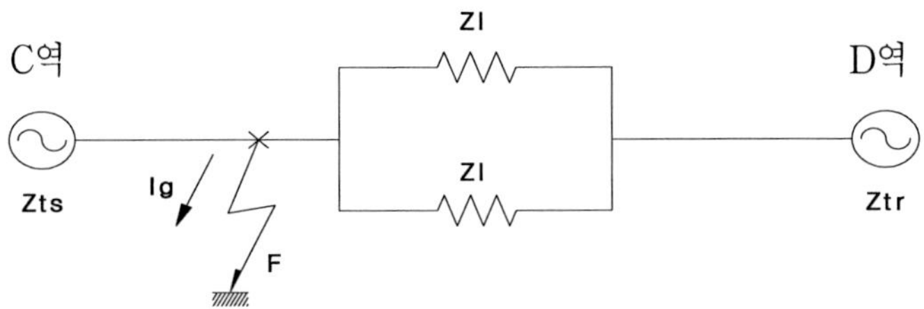

Zts : C역의 22.9kV 변압기의 임피던스 [Ω]
Ztr : D역의 22.9kV 변압기의 임피던스 [Ω]
Zℓ : C역-D역간 선로 임피던스 [Ω]
Ig : 지락전류 [A]

그림 3.1 지중배전계통의 지락 사고시 등가회로

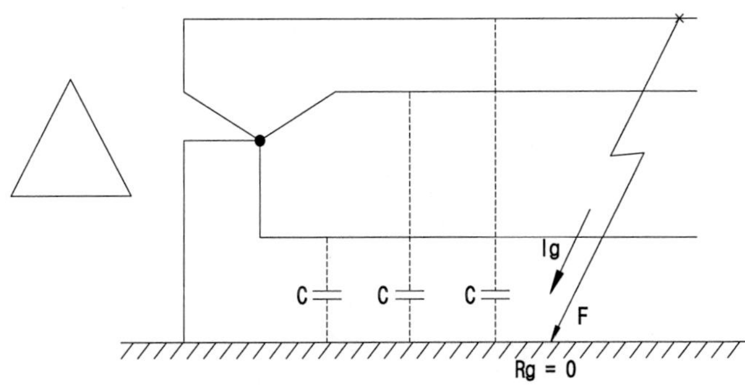

C : 대지간 충전용량[㎌]
Rg : 지락점 저항[Ω] (완전지락시 Rg = 0)

그림 3.2 대지충전전류를 감안한 1선 지락사고

① 임피던스 산정

C역-D역간 구간중 C역 수전설비를 기준으로 임피던스를 계산하면

㉠ $\%Z_{ts}$: 달월 22.9[kV] 3,000[kVA] 변압기 임피던스 : j7.0[%]

$$Z_{ts} = \frac{10 \times V^2 \times \%Z_{ts}}{P_{ts}} = \frac{10 \times 22.9^2}{3,000} \times j7.0 = j12.2362[\Omega]$$

㉡ 22.9[kV] CN/CV-W 60[㎟]의 선로 정수를 고려한 임피던스(내선규정참고)

r : 0.3936 [Ω/㎞], C : 0.21 [μF/㎞], ωL = 0.1944 [Ω/㎞]

- jωC = 2π × 60[Hz] × 0.21 × 10-6 = 7.917× 10-5 [℧/㎞]

- Z = R + jX = (0.3936 + j0.1944)

② 정상 및 역상 임피던스

Z_1 = Z_2 = R + jXℓ = (R + jωL)ℓ =(0.3936 + j0.1944) × 11.0㎞

= 4.3296 + j2.1384[Ω]

③ 영상분 임피던스

㉠ 직접접지

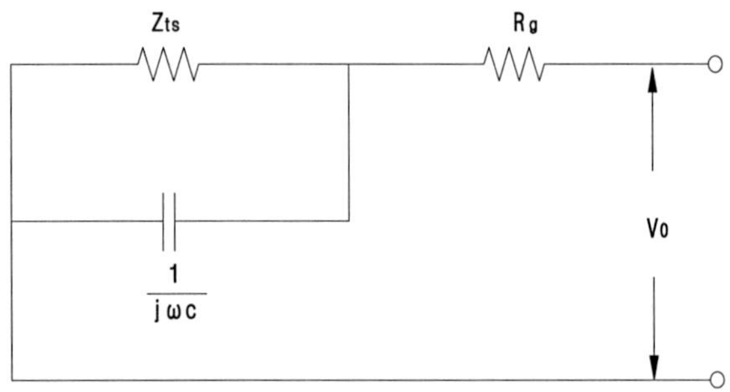

Z_{ts} = j12.2362[Ω], jωC = 7.917× 10-5 [℧/㎞]

R_g = 0 (완전지락으로 가성)

$$Z_0 = \frac{1}{\frac{1}{Z_{ts}} + j\omega c} = \frac{1}{\frac{1}{j12.2362} + j7.917 \times 10^{-5} \times 2회선 \times 11.0[\text{km}]}$$

$$= \frac{1}{-j0.08172 + j0.00174} = \frac{1}{-j0.08} = j12.503[\Omega]$$

㉡ 저항접지

- 3RN = 3 × 44[Ω] = 132[Ω]

- R_g = 0 (완전지락으로 가정)

$$Z_0 = \frac{1}{\frac{1}{Z_{ts} + 3R_N} + j\omega c} = \frac{1}{\frac{1}{j12.2362 + 132} + j7.917 \times 10^{-5} \times 2회선 \times 11.0[\text{km}]}$$

$$= \frac{1}{0.00751 + j0.0007 + j0.00174} = 125.167 - j17.4r[\Omega]$$

2) 1선지락전류 계산

① 직접접지방식

$$I_g = \frac{3Ea}{Z_0 + Z_1 + Z_2} = \frac{3Ea}{Z_0 + 2Z_1} = \frac{3 \times \frac{22,900}{\sqrt{3}}}{j12.5031 + 2 \times (4.3296 + j2.1384)}$$

= 963.44 - j1866.67 ≒ 2100.6∠62.7005°[A] (단, Z_1=Z_2 이므로 $2Z_1$)

② 저항접지방식

$$I_g = \frac{3Ea}{Z_0 + Z_1 + Z_2 + 3R_N} = \frac{3 \times \frac{22,900}{\sqrt{3}}}{(125.167 - j17.4) + 2 \times (4.3296 + j2.1384 + 3 \times 44}$$

= 148.74 +j7.54 = 148.9∠2.902°[A]

③ 계산결과

1선 지락시 직접접지방식인 경우 약 2,101[A], 저항접지인 경우는 149[A]가 흐르게 됨을 알 수 있다.

3) 지락전류의 계산결과

직접접지방식에서는 배전선로가 길어질수록 지락전류값이 적어지며, 배전선로가 짧을수록 지락전류값이 크게 된다. 즉 수전 모선에서 근거리 고장시에 고장전류가 많이 흐르게 된다. 따라서 직접접지시 지락전류를 충분히 흘릴 수 있는 케이블을 선정해야 한다.

3. 철도 관련 조도기준

설비별·장소별 소요조도는 다음 각호와 같다.

3.1 여객설비 소요조도

장 소	조도의 범위[lx]	조명방법
사무실	300~750	전반조명
매표창구	300~1,500	국부조명
중앙홀	200~500	전반조명
대합실	200~500	전반조명
승강장 옥내	30~300	전반조명
승강장 옥외	10~30	전반조명
통로·계단	30~300	전반조명
세면장	30~200	국부 및 전반
화장실	30~200	전반조명
역광장	3~30	전반조명
차고	9~150	전반조명

3.2 화물설비 소요조도

장 소	조도의 범위[lx]	조 명 방 법
사무실	300~750	전반조명
화물헛간	30~150	전반조명
화물적하장	9~30	전반조명
화물 보관창고	15~100	전반조명
통로	9~15	전반조명

3.3 사무소설비 소요조도

장 소	조도의 범위[lx]	조 명 방 법
제도·타자·계산 사무실	750~1,500	전반 및 국부조명
사무실	300~750	전반조명
계단	150~300	전반조명
화장실	150~200	전반조명
회의실·응접실	200~500	전반조명
현관홀	200~500	전반조명
차고	75~150	전반조명

3.4 차량기지설비 소요조도

장 소	조도의 범위[lx]	조명방법
수선·검사차고(옥내)	150~300	전반 및 국부
수선·검사차고(옥외)	70~150	전반 및 국부
유치선	1~5	전반

3.5 기기실설비 소요조도

장 소 / 구 분	기기실①	기기실②	기기실③
조도의 범위[lx]	300 ~ 750	150 ~ 300	9 ~ 30
조명방법	전반 및 국부	전반 및 국부	전 반

3.6 조차장 및 역 구내 소요조도

장 소		조도의 범위[lx]	조 명 방 법
분기부	조차장	10~15	전반조명
	역구내	5~10	전반조명
유치선	조차장	5~10	전반조명
	역구내	3~5	전반조명
인상선	조차장	5~10	전반조명
	역구내	3~5	전반조명

3-4. 터널전기설비

1. 터널 전기설비

터널내 전력설비설치 기준은 전철 · 전력 시설지침을 중심으로 요약 작성하였다.

구 분		시 설 내 용
전기공급	저압간선	▪ 배전구간은 500[m]를 표준
	가설위치	▪ 궤도면상 1.8~2.0[m](고압이상은 2.15[m]), 공동관로는 예외
	지지 간격	▪ 지지점 표준간격은 1.5[m]
	저압전원	▪ 3Φ4[W], 380/220[V](터널시 · 종점에서 전원공급), 이중화 전원공급
	기 타	▪ 변압기설치 간격 3[km], 최대4[km]
터널조명	사용광원	▪ 형광등, 나트륨등, 메탈할라이드램트, 무전극램프, 최근에 LED 적용고려 (평균조도 10[lX])
	등기구	▪ 형광등용방습방진등기구(폴리카보네이트 재질)
	시설간격	▪ 10[m] ▪ 완화조명을 위하여 속도등급 250킬로급 이상 선로의 500[m]이상의 터널은 150[m]까지 10[m]로 하고, 속도등급 200킬로급 이하 선로의 250[m]이상의 터널 70[m]까지는 7[m]로 한다.
	시설높이	▪ 1.8~2.0[m], 조작함은 1.2[m]
	점멸방식	▪ 터널 입 · 출구에서 일괄 점소등 제어
	기 타	▪ 단선터널은 편측, 복선 터널은 양측에 시설 ▪ 조명제어 : 500[m]이상(속도등급 200킬로급 이하 선로의 경우 1[km]), 속도등급 250킬로급 이상의 입출구부 150[m] 구간은 별도제어
출구 유도등	설치기준	▪ 1[Km]이상 터널에 편측100[m](지그재그 50[m])로 설치
	점등방식	▪ 축전지 내장형 60분이상 점등
	시설높이	▪ 0.5[m]
	기 타	▪ 비상탈출구에는 편측 100[m] 간격으로 출구까지 25[m] 단위의 거리를 표시한 유도등 설치
콘센트	시설종류	▪ 1Φ 15[A] 방수형 1구 접지형
	시설간격	▪ 200[m] 간격 설치(단선의 경우 100[m] 간격으로 설치)
	시설높이	▪ 0.5[m]
	기 타	▪ 단선터널은 편측, 복선 터널은 양측에 시설

2. 터널조명

2.1 터널조명 시설기준

종 별	직 선	R = 600 이상	R = 600 미만	비 고
단 선	120[m]이상	100[m]이상	80[m]이상	
복 선	150[m]이상	130[m]이상	110[m]이상	
고속철도	200[m]이상	200[m]이상	-	

2.2 터널내 조명, 콘센트 설치 조사

구 분		철 도 공 사	고 속 철 도	서울지하철	비 고
터널조명	사 용 램 프	FL 32W/1	저압나트륨 36[W]	FL 40W/1	
	설 치 간 격	양측 10[m] (균등간격, 복선 지그재그)	지그재그 20[m]	지그재그 20[m]	
	설 치 높 이	1.8[m]	3.4[m]	3.0[m]	
	요 구 조 도	10[lx]	10[lx]	10[lx]	
	점 멸 방 식	Push Button	Push Button	MCCB	
	점 멸 구 간	300[m](500[m]로 변경 적용)	500[m]	역 간	변경사항
콘센트	설 치 간 격	편측 40[m]	편측 60[m]	지그재그 60[m]	
	설 치 높 이	1.0[m] 이상	0.5[m]	1.0[m]	
	공 급 전 압	1Φ2[W] 220[V] 3Φ4[W] 380V/220[V] (단상만 변경 적용)	1Φ 220[V]	3Φ 4[W] 380[V]/220[V]	변경사항

2.3 조명율의 선정

조명율은 도로 시설물 유지관리 지침 및 규정 (서울시)에 의하면 터널내 재료와 배열 방식에 따라 다음과 같이 분류되어 있다.

구 분	마 감 재 료			조 명 율		비 고
	노 면	천 정	벽 면	양측배열	중앙배열	
1	ASP 10[%]	적벽돌류 10[%]	적별돌류 10[%]	0.30	0.35	
2	ASP 10[%]	적벽돌류 10[%]	Con c 25[%]	0.32	0.37	
3	ASP 10[%]	Con c 25[%]	Con c 25[%]	0.34	0.39	
4	ASP 10[%]	Con c 25[%]	타일류 50[%]	0.36	0.41	
5	Con c 25[%]	적벽돌류 10[%]	적벽돌류 10[%]	0.31	0.36	
6	Con c 25[%]	적벽돌류 10[%]	Con c 25[%]	0.33	0.38	
7	Con c 25[%]	Con c 25[%]	Con c 25[%]	0.35	0.40	
8	Con c 25[%]	Con c 25[%]	타일류 50[%]	0.37	0.42	
9	Con c 25[%]	Con c 25[%]	스탠판류 70[%]	0.4	0.45	

2.4 보수율의 선정

조명등을 초기 설치시 광속은 시간이 경과함에 따라 먼지 또는 매연에 의해 저하됨으로 가중치인 보수율을 적용하여 계산한다.

터널현황 / 교 통 량	I	II	III
(A) 15,000대 / 일 이상	0.40	0.45	0.50
(B) 7,000대 / 일 ~ 15,000대 / 일	0.45	0.50	0.60
(C) 7,000대 / 일 미만	0.50	0.60	0.70

터 널 현 황	길 이	구 배
I	200[m] 이상	2[%] 이상
II	200[m] 이상 200[m] 이하	2[%] 이하 2[%] 이상
III	200[m] 이하	2[%] 이하

2.5 터널조명 배열방식 검토

구 분	양 측 배 열		편 측 배 열
	지그재그 배열	마주보기 배열	
방 법	▪ 터널 양측 벽에 지그재그로 시설	▪ 터널 양측 벽에 대칭으로 시설	▪ 터널 한 측벽에 시설
간 격	▪ S=10[m]	▪ S=10[m]	▪ S=10[m]
높 이	▪ H=1.8[m]	▪ H=1.8[m]	▪ H=1.8[m]
조 도	▪ 12.5[lx]	▪ 12.5[lx]	▪ 10.2[lx]
장단점	▪ 조도분포가 좋다 ▪ 유지관리가 나쁨 ▪ 시설비 증가	▪ 조도분포가 보통 ▪ 유지관리가 나쁨 ▪ 시설비 증가	▪ 유지관리가 편함 ▪ 시설비가 저렴함 ▪ 조도분포가 나쁨
경제성	▪ 135[%]	▪ 130[%]	▪ 100[%]
선 정	▪ 복선일 경우적용	-	▪ 단선일 경우적용

2.6 조도계산 예

1) 터널의 조건

- 천정 : CON′C　　▪ 벽면 : CON′C　　▪ 바닥 : 자 갈
- 폭 : 단선(4.9m)　　▪ 높이 : 6.05m　　▪ 조명율 : 0.35(u)
- 보수율(M) : 0.5(감광보상율 D의 역수, M=1/D)
- 사용광원 : 형광등(FL) 32W(3,040[lm]) 방진방습등

2) 계산식

- FUN = EAD에서 $E = \frac{FUN}{AD} = \frac{1 \times 3,040 \times 0.35 \times 0.5}{10 \times 4.9} = 10.86[lx]$

3. 기타 터널내 전기설비

3.1 터널내 케이블 포설

1) 일반적인 설치 현황

상선측에 전력분야 특고압배전선로가 포설, 하선측에 신호·통신분야의 저압 또는 제어케이블을 포설하며, 일반적으로 22.9[kV] 배전선로는 공동구 또는 구조물의 Hunch 상부에 콘크리트 트로프를 설치해 포설하고, 저압용간선 및 제어선용 케이블은 등기구 상부에 케이블 트레이를 설치하여 포설한다.

2) 공동구 크기 검토

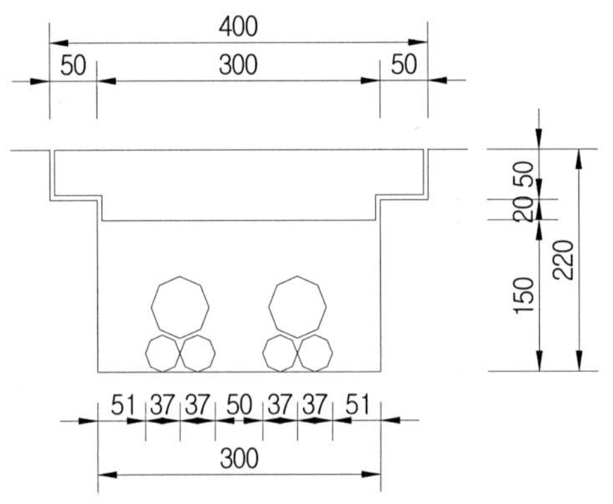

그림 3.3 터널내 공동구 구성도

22.9[kV] FR-CNCO-W 60[㎟]/1C × 3 × 2Line으로 적용시

① 케이블 직경 : 37[mm](제조사 Cable Data)

② 케이블 직선접속재 직경 : 61.2[mm](제조사 케이블 직선접속재 Data)

㉠ 60[㎟] 1본 단면적 : 1,075[㎟] × 6본 = 6,450[㎟]

㉡ 공동구 사이즈 300×150 = 45,000[㎟]

㉢ 공동구 내부단면적의 14.34[%]

3) 공동구내 격벽 설치

전압이 서로 다른 전선(케이블) 상호간에 인접·교차하는 경우에 격벽을 설치하여 전압에 따른 상호유도 및 통신장해 등을 제거한다.

3.2 터널 입·출구용 배전반(터널전원공급용 변압기반) Door의 시건장치

배전반 Door는 관계자 이외에는 조작을 하지 못하도록 특수 시건장치 즉, 비밀번호를 이용한 출입 통제형 번호키 기능이 있는 제품을 시설한다.

3.3 터널내 변압기굴 계획

장터널의 터널내 전기설비의 효율적인 전원공급을 고려하여 다음과 같이 변압기굴을 배치 계획하기로 한다.

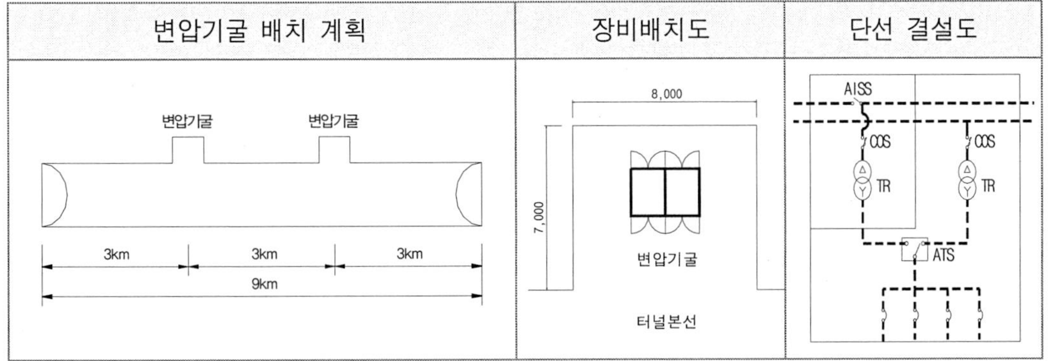

제 4 장
전차선로

4-1. 전철설비의 용어

1. 전철설비의 용어

1) 전철설비 : 전철에서 송전선로, 변전설비, 전차선로와 이에 부속되는 설비
2) 송전선로 : 발전소 상호간, 변전소 상호간, 발전소와 변전소간에 시설된 전설로 66[kV] 이상의 것
3) 변전소 : 구외로부터 전송된 전기를 구내에서 변성하여 다시 구외로 전송하는 곳
4) 급전구분소 : 급전구간의 구분과 연장을 위하여 개폐장치를 시설한 곳. 상시 OFF
5) 보조급전구분소 : 사고나 작업시에 정전구간을 한정하거나 연장할 목적으로 개폐장치를 설치한 곳. 상시 ON
6) 단말보조급전구분소(AT post) : 차단기 등 보호장치 없으며, 전차선로의 전압강하보상, 유도장해 경감을 위해 단권변압기를 설치한 곳
7) 변전소 등 : 변전소, 급전구분소, 보조급전구분소, 단말보조급전구분소
8) 급전사령실 : 집중원방감시제어(원제장치)에 의해 변전소 등의 감시제어, 전철설비 전체를 지시통제하는 곳
9) 급전회로 : 전차선에 급전을 하기위한 전기회로로서 급전선, 합성전차선, 레일(부급전선, 보호선) 등으로 구성
10) 급전구간 : 차단장치에 의하여 구분할 수 있는 급전회로의 1구간
11) 급전점 : 변전소의 전력을 급전회로에 공급하는 점
12) 병렬급전 : 하나의 급전 구간에 두 개 이상의 급전점을 가진 급전방식
13) 연장급전 : 2이상의 급전점에서 급전할 수 있는 급전구간을 1급전에서 급전하는 방식
14) 전 선 : 강전류전기의 전송에 사용하는 전기도체를 말한다. 또한 부급전선, 보호선, 비절연보호선, 가공공동지선, 섬락보호지선
15) 전차선 : 전기차량의 집전장치에 습동 접촉하여 전기를 공급하는 가공전선
16) 합성전차선 : 조가선(강체 포함), 전차선, 행거, 드롭바 등으로 구성된 가공전선
17) 가공전차선 : 합성전차선과 이에 부속된 균압장치, 곡선당김장치, 건널선장치, 장력조정장치, 인류장치, 흐름방지장치, 구분장치, 급전분기장치

18) 가공전차선로 : 가공전차선 및 이를 지지하는 설비 → 전주, 비임, 하수강, 애자, 브래키트
19) 급전선 : 합성전차선에 전기를 공급하는 전선 → 변전소 인출급전선(TF)과 단권변압기와 단권변압기간을 연결하는 전선(AF)을 포함
20) 급전선로 : 급전선 및 이를 지지 또는 보장하는 설비 → 전주, 완철, 문형완철, 애자, 관로
21) 부급전선 : 귀선레일에 병렬로 시설하여 운전용 전기를 변전소로 통하게 하는 전선 → 통신유도장해 경감을 위한 설비 → BT 방식
22) 귀선 : 운전용 전기를 통하게 하는 귀선레일, 보조귀선, 부급전선, 흡상선, 중성선, 보호선용 접속선, 변전소 인입귀선
23) 귀선로 : 귀선 및 이를 지지, 보강하는 설비
24) 전차선로 : 가공전차선로, 급전선로, 귀선로 및 이에 부속하는 설비
25) 흡상변압기(BT) : 급전회로에 직렬로 연결하여 레일에 통하는 운전전류를 부급전선으로 흐르게 하는 변압기로 통신유도장해 경감을 위해 설치
26) 단권변압기(AT) : 교류전차선로에서 전압강하, 유도장해 등을 경감시키기 위해 전차선에 설치하는 변압기
27) 흡상선 : 부급전선과 귀선레일을 접속하는 전선(BT방식)
28) 중성선 : 단권변압기의 중성점과 귀선레일을 접속하는 전선(AT방식)
29) 보호선(PW) : 단권변압기방식에서 애자의 부측, 비임 등에 연접하여 귀선레일에 접속하는 가공전선으로 대지에 대하여 절연한 전선
30) 비절연보호선(FPW) : 단권변압기방식의 지하전철구간에서 섬락보호를 위해 철재, 지지물을 연접하여 귀선레일에 접속하는 가공전선으로 대지에 대하여 절연하지 않는 전선
31) 섬락보호지선 : 섬락보호를 위하여 철지지물(빔, 철주 등)을 연접하여 접지시키는 가공전선
32) 가공공동지선 : 가공전선로의 뇌격방지를 위하여 전선로 상부에 설치하는 접지전선
33) 지락도선
   ① 애자의 부측을 섬락보호지선 부급전선 또는 보호선에 접속하는 전선(애자 보호선)과 콘크리트 등에 취부한 가동 브래킷
   ② 부급전선 또는 보호선에 접속하는 전선(지락유도선)

③ 섬락보호지선에 연결되지 아니한 인접철지지물 상호간을 연결하는 연접가공 접지선(연접지선)

34) 전차선용 보안기 : 비절연전선, 지지물을 부급전선 또는 보호선에 접속할 경우 전격전압을 제한하기 위하여 삽입하는 방전간극장치

35) 인류구간 : 가공전차선의 한 인류지점에서 맞은 편 인류지점까지의 구간

36) 장력조정장치 : 합성전차선, 전차선, 조가선의 인류장치(자동식 및 수동식)

37) 이행구간 : 카테나리 가선구간과 강체 가선구간의 접속구간

38) 가고 : 합성전차선의 지지점에서 조가선과 전차선과의 수직 중심간격

39) 보호선용 접속선 : 단권변압기 방식에서 보호선과 귀선레일을 접속하는 전선

40) 직렬 콘덴서 : 전압강하경감을 위해 급전선, 부급전선, 전차선에 직렬로 접속하는 콘덴서

41) 영구신장조성(pre-stretch) : 합성전차선을 정상적으로 인류하기 전에 합성전차선에 영구신장이 생기도록 미리 과장력을 가하여 주는 것

42) 건식 게이지(gauge) : 전주중심과 궤도중심과의 직선이격거리

43) 보조조가선

① 합성 전차선의 지지점에서 조가선을 보호하기 위해 보조로 설치한 조가선

② 콤파운드 가선방식에서 본 조가선 밑에 설치한 조가선

44) 보조곡선 당김장치 : 곡선로의 경간 내 또는 건널선 개소에서 중간 편위를 조정하기 위하여 보조로 설치하는 곡선당김장치

2. 전차선로의 구성

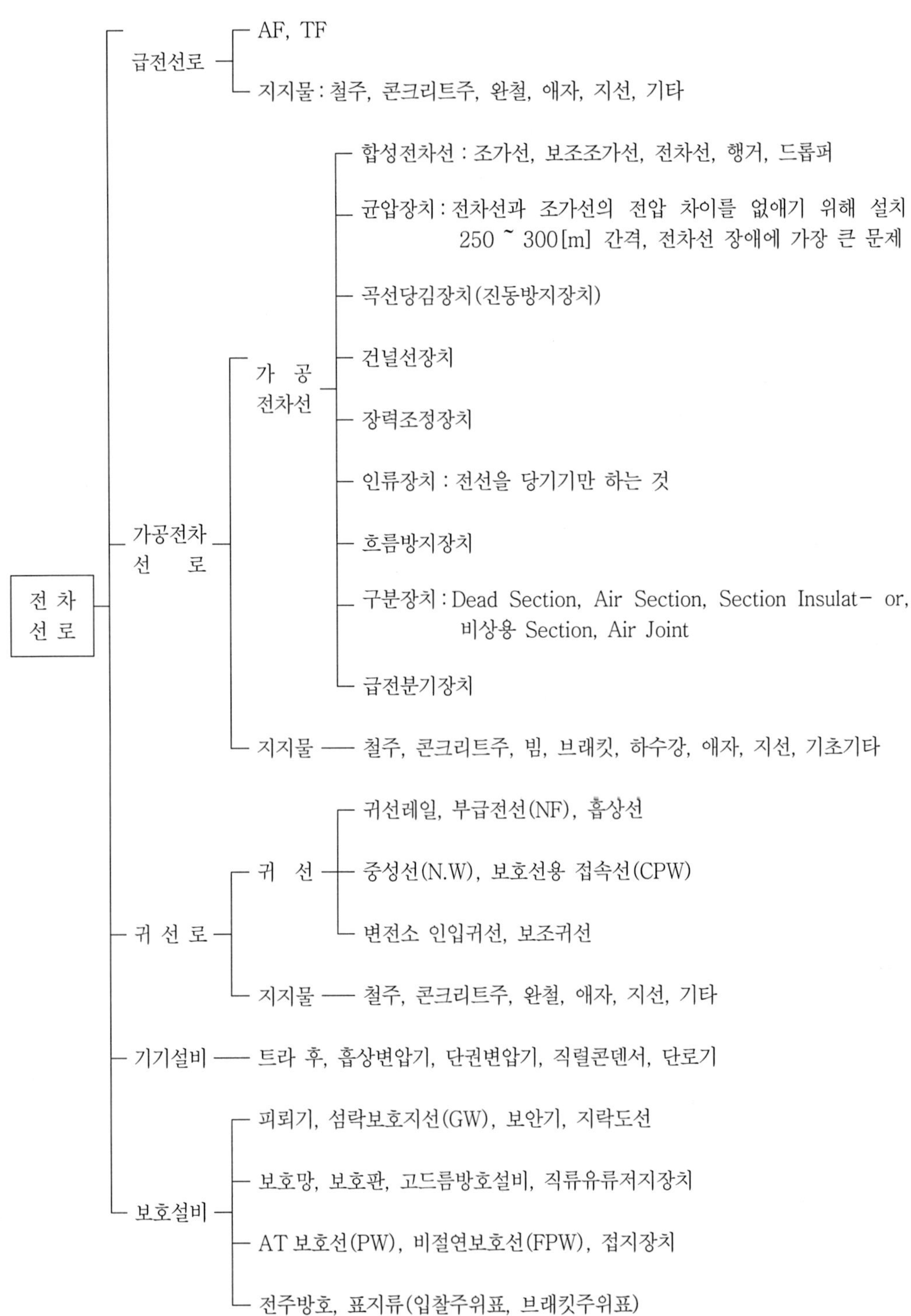
전 차 선 로
급전선로
AF, TF
지지물 : 철주, 콘크리트주, 완철, 애자, 지선, 기타
가공전차선로
가 공 전차선
합성전차선 : 조가선, 보조조가선, 전차선, 행거, 드롭퍼
균압장치 : 전차선과 조가선의 전압 차이를 없애기 위해 설치 250 ~ 300[m] 간격, 전차선 장애에 가장 큰 문제
곡선당김장치(진동방지장치)
건널선장치
장력조정장치
인류장치 : 전선을 당기기만 하는 것
흐름방지장치
구분장치 : Dead Section, Air Section, Section Insulat- or, 비상용 Section, Air Joint
급전분기장치
지지물 — 철주, 콘크리트주, 빔, 브래킷, 하수강, 애자, 지선, 기초기타
귀 선 로
귀 선
귀선레일, 부급전선(NF), 흡상선
중성선(N.W), 보호선용 접속선(CPW)
변전소 인입귀선, 보조귀선
지지물 — 철주, 콘크리트주, 완철, 애자, 지선, 기타
기기설비 — 트라 후, 흡상변압기, 단권변압기, 직렬콘덴서, 단로기
보호설비
피뢰기, 섬락보호지선(GW), 보안기, 지락도선
보호망, 보호판, 고드름방호설비, 직류유류저지장치
AT 보호선(PW), 비절연보호선(FPW), 접지장치
전주방호, 표지류(입찰주위표, 브래킷주위표)

4-2. 전차선로의 조가방식

1. 개 요

1.1 전차선의 가선방식

1) 가공식(over head system)

① 가공단선식 : ⊕측은 궤도 상부 전차선에 연결하여 팬터그라프로 집전하고, ⊖측은 레일에 연결하여 귀선으로 사용한다. 구조가 간단하고(건설비, 보수비 적다), 고속 운전에 적당하며, 직류에서는 전식 피해가 있는 특징이 있다.

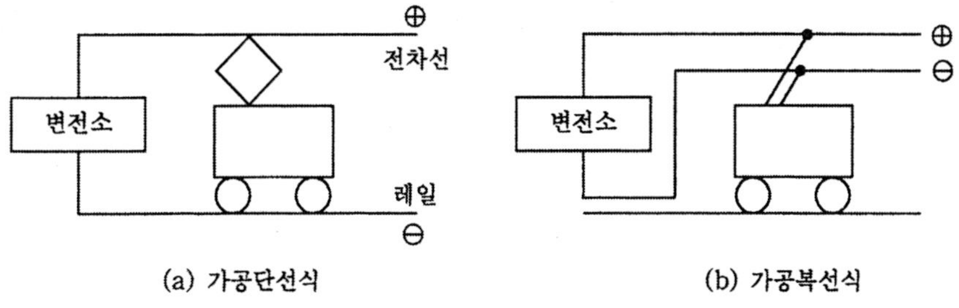

그림 4.1 가공단선식, 가공복선식

② 가공복선식 : 변전소에서 ⊕, ⊖ 급전선을 인출하여 절연하고 2본의 전차선에 연결하는 방식이다. 트롤리버스에 적용하는 특징이 있다.

2) 강체식(Rigid System)

① 강체단선식 : 지하구간에 적합 하며R-Bar방식(대개교류) 과 T-Bar방식(대개직류)이 있으며 도시 지하철 구간의 대표적 방식이다.

② 강체복선식 : 모노레일 등에 사용

3) 제3궤조식(Third rail system, Side Rail 식)

① 방 법 : 주행레일 옆에 Side Rail이라는 급전용 레일을 설치하며(집전장치로 급전), 집전장치는 팬터그라프에 상응하는 '집전화(collector shoe)'에 사용한다.

② 특 징 : BOX형 터널의 높이를 낮게 할 수 있고, 구조가 간단하며, 감전의 우려가 있고, 전류용량을 크게 할 수 있으며, 집전부의 마모가 없다.

4) 강체 조가식 과 제 3궤조식의 특성 비교

구분	항 목	가 공 선	제 3 궤조	비 고
전기	사용 전압	1,500[V] DC	750[V] DC	
	급전 거리	약 3-4[km]	약 1.5-2[km]	
	변전소수	적다	많다	
	전압 강하	작다	크다	
	전 식	작다	크다	
	집전 난이도	용이함	눈, 서리가 많은 지역에서는 어려움	제3궤조는 고무바퀴인경우
	집전 방식	가공선 : 집전 주행 Rail:귀로선	제3궤조 Rail :집전 주행Rail : 귀로선	
운영	연계 운전	기존 전철과 가능	불가능	
	차량기지 입 환	용 이	견인이나 Trolley 필요	
	승객 안전	비상시 탈출 용이	전원 차단후 가능	특히 화재시 Tunnel 내부에서 전원차단장치 필요
	사용 수명	약12-15년	약50년	집전장치에 대한 수명
	호 환 성	-	부품 및 차량 호환성 없음	
	미 관	-	Open 구간의 경관 우수.	
차량	차 량 제작기간	-	약 20% 정도 더 소요됨	국내에서 제작하는 경우 기준임. 크기, 재질 등에 따라 다소 차이가 생김
	집전 장치	Pantograph(간단)	Shoe Gear(복잡)	
	차량 가격	-	전류용량 증가로 상승	
토목	굴착 단면	-	감 소	노선에 따라 달라짐

1.2 전차선로 속도등급

순 서	전차선로 속도 등급	설계속도 V[Km/h]
1	350킬로급	$300 < V \le 350$
2	300킬로급	$250 < V \le 300$
3	250킬로급	$200 < V \le 250$
4	200킬로급	$150 < V \le 200$
5	150킬로급	$120 < V \le 150$
6	120킬로급	$70 < V \le 120$
7	70킬로급	$V \le 70$

1.3 가공단선식 전차선의 조가방식

- 직접조가식 – 직접고정식, 3각형식(역 Y 선식)
- 카테나리조가식
  - 심플 카테나리식 – 심플, 변 Y 형, 트윈, 헤비
  - 콤파운드 카테나리식 – 콤파운드, 합성, 헤비
  - 경사 카테나리식 – 반사조식, 연사조식, 경사조식
- 강체 조가식 – R-bar, T-bar

2. 직접조가식(Direct Suspension System)

현수선을 설치하지 않고 전차선을 직접 이어로 지지하는 구조로, 이도가 크고 이선으로 인한 전기적 마모에 의해 고속운전에 부적합한 특징이 있고 종류는 다음과 같다.

2.1 직접 고정식

지지점에 직접 고정하는 구조로, 구조가 간단하고 설치비가 저렴하며, 등고·등장력이 나쁘다.

2.2 3각형 구조(역 Y 선 구조) :

수송밀도가 낮은 곳에 적합하고, 속도는 85[km] 이하이다.

그림 4.2 직접조가식

3. 카테나리 조가식(Catenary Suspension System)

현수선을 설치하고 일정한 간격으로 행거를 설치하여 전차선에 연결하는 구조이고, 성능이 우수하고, 구조가 복잡하며, 고속운전시 안정된 집전 가능으로 등고성이 좋다. 종류로는 심플, 변 Y 형 심플, 트윈심플, 헤비심플, 콤파운드, 합성콤파운드, 헤비콤파운드, 반사조식, 연사조식, 경사조식등이 있다

3.1 심플 카테나리식(simple catenary)

1) 구 조

1 조의 조가선이 1 조의 전차선을 행거를 이용하여 레일과 평행되게 지지한다.

2) 특 징

구조가 간단(국내 적용)하고, 고속시 이선율이 크다. 속도는 중속도 정도인 110[km/h]에 사용되며 최근에는 드로퍼 간격을 기존 5[m]보다 좁게 조정하여 270 [km/h]까지 가능하다

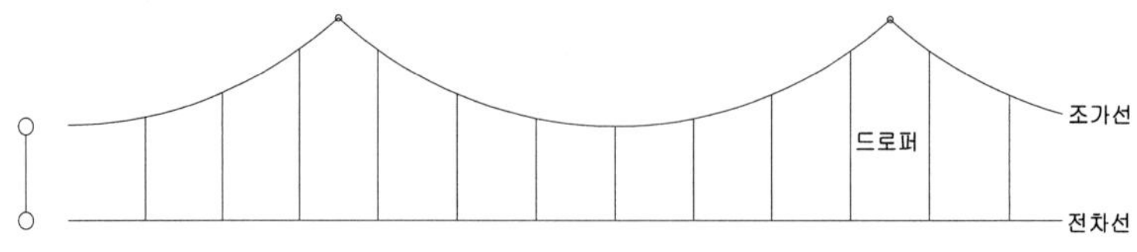

그림 4.3 심플 카테나리방식

3.2 변Y형 심플 카테나리식(Stitched Simple Catenary)

1) 구 조

조가선의 지지점 전후에 15[m] 정도의 Y 선이라는 보조적인 조가용 전선을 설치한다.

2) 특 징

지지점 부근의 압상량이 크게 향상되며, 가선의 탄성을 균일화한 방식으로 이선과 아크가 방지된다. 내풍 성능이 약하며(가고가 커짐), 속도는 고속도 130[km/h]이다.

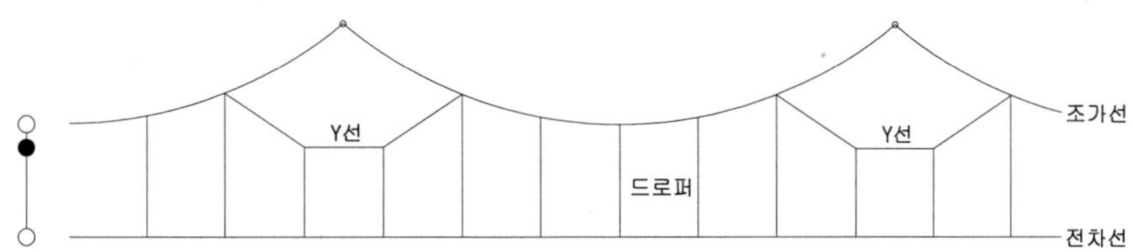

그림 4.4 변Y형 심플 카테나리방식

3) Y 선

변형 Y 형 심플 카테나리 전차선에서 지지점 부근에 삽입되는 소경간 조가선이며, 용도는 지지점의 경도완화, 가선의 탄성을 균일화하여 양호한 집전(이선, 아크방지)이 되게 한다. 그장력은 200[kgf]으로 조가선 표준장력의 20[%]이다.

3.3 트윈(더블) 심플 카테나리식(Twin Simple Catenary)

1) 구 조

심플 카테나리식 2 조를 일정 간격(표준 100[mm])으로 병행한 구조이다.

2) 특 징

터널과 가공전차선의 이행구간에 사용하고, 구조가 복잡하며 건설비가 높다. 집전용량이 커서 고속운전 구간, 중부하구간에 적합하며, 압상 특성이 좋아 가고가 낮은 터널 구간에 많이 사용한다.

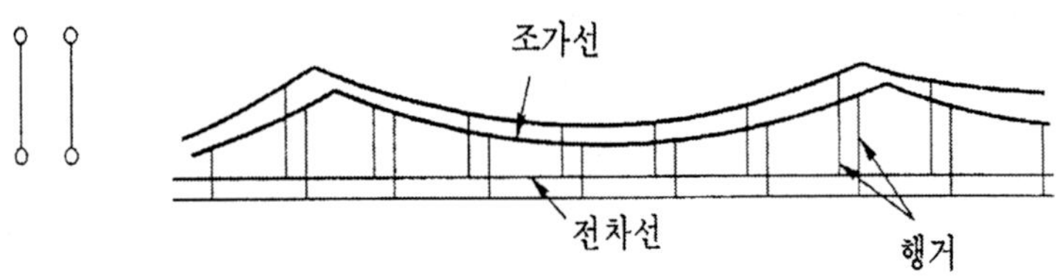

그림 4.5 트윈 심플 카테나리방식

3.4 헤비 심플 카테나리식(Heavey Simple Catenary)

1) 구 조

심플 카테나리식에서 전선의 장력을 크게 한 것으로 조가선 및 전차선을 굵게 한다.

2) 특 징

장력이 크며, 집전성능이 향상되고, 안전도가 향상되어 진동, 동요가 적다. 전선이 굵어 내마모성, 내부식성이 우수하다.

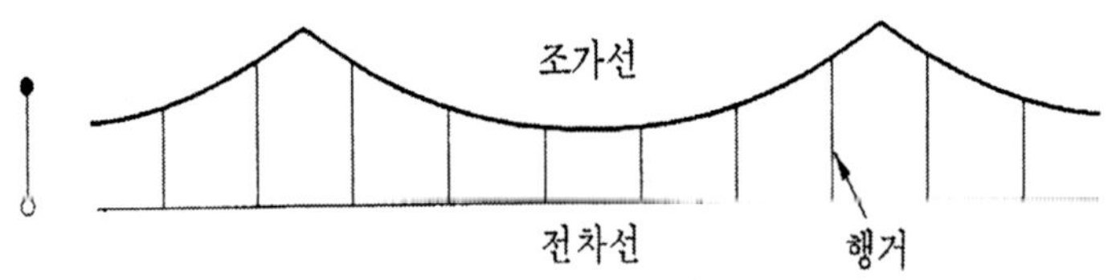

그림 4.6 헤비 심플 카테나리방식

3.5 콤파운드 카테나리식(Compound Catenary)

1) 구 조

조가선을 드롭퍼로 보조조가선에 지지하고 보조조가선을 행거로 전차선과 연결한다.

2) 특 징

집전용량이 커서 고속운전구간, 중부하구간에 적합하고 보조조가선에 경동연선 100[mm^2]을 사용하여 급전선 역할을 하며, 가선공간 크고, 지지물이 높아 건설비가 많이든다. 부산지하철 1호선 지하구간의 경우 가고를 변형하여 이와 유사한 조가 방식을 적용 하였다.

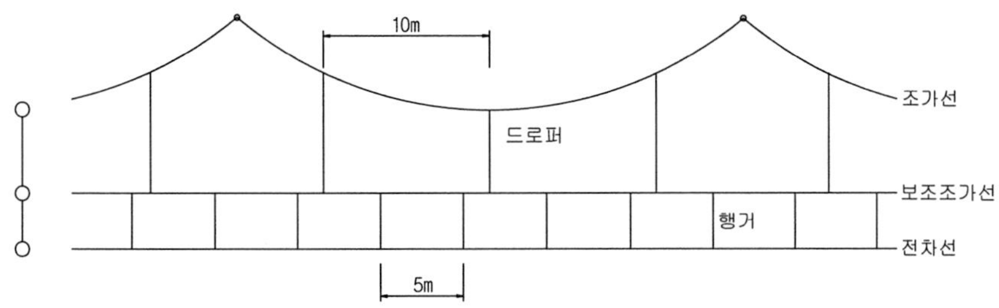

그림 4.7 콤파운드 카테나리방식

3.6 합성 콤파운드 카테나리식(Composite Compound Catenary)

1) 구 조

드롭퍼에 합성소자(스프링과 댐퍼조합)을 삽입한 것

2) 특 징

가선의 탄성을 균일화한 방식으로 이선, 아크를 방지하고, 200[km/h] 이내 고속도, 대용량에 사용된다.

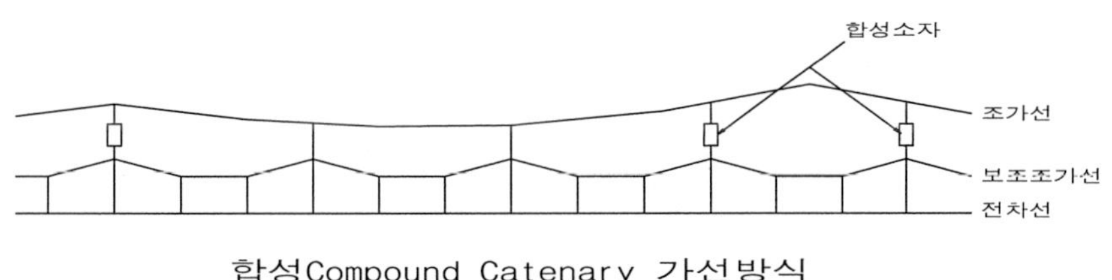

그림 4.8 합성소자 콤파운드 카테나리방식

3.7 헤비 콤파운드 카테나리식(Heavy Compound Catenary)

1) 구 조

콤파운드 카테나리식에서 가선의 굵기, 장력을 크게 하여 중가선화한 것

2) 특 징

집전시 전차선의 압상, 가선 진동을 억제하여 강풍에 의한 가선동요가 적고, 250[km/h] 집전시 지지점 최대 압상량은 25[mm] 정도, 진동도 작다.

3.8 경사 카테나리식(사조식)

1) 구 조

조가선과 전차선을 수평면에 대하여 경사로 가설한 방식이다.

2) 특 징

① 이도조절이 불필요하여 온도변화에 신축 변화가 적다.
② 가선금구(곡선 당김, 진동방지 등)가 적게 들고 경점이 적다.
③ 곡선개소에서 전차선은 궤도 중심부와 일치한다.
④ 곡선이 심한 구간에서는 건설비가 적게 든다.
⑤ 60[km/h] 정도 이상 고속운전에 부적당하다.

3) 반사조식

곡선개소에 사용하고, 곡선 당김장치가 불필요한 방식이다.

4) 연사조식

직선개소에 사용하고, 진동방지장치가 불필요하며, 전차선과 조가선을 경간 중앙에서 교차되도록 각 지지점에서 각기 다른 편위를 갖는다.

5) 경사조식

직선개소에 사용하고, 조가선과 전차선은 각각 반대편위이고, 풍압에 대하여 효과가 있다.

4-3. Side Rail(제 3 궤조, 제4궤조식)

1. 개 요

1.1 설치방법

주행 레일 옆에 Side Rail이라는 급전용 Rail을 설치하고, 급전장치로 급전하며, 집전장치는 팬터그라프에 상응하는 '집전화(Collector Shoe)'를 사용하며 급전레일의 수에 따라 제3궤조식, 제4궤조식이 있다.

구 분	제 3 궤 조	제 4 궤 조
설치형태	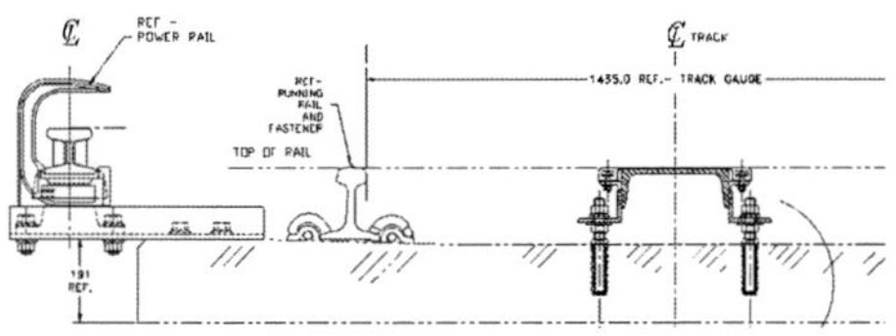	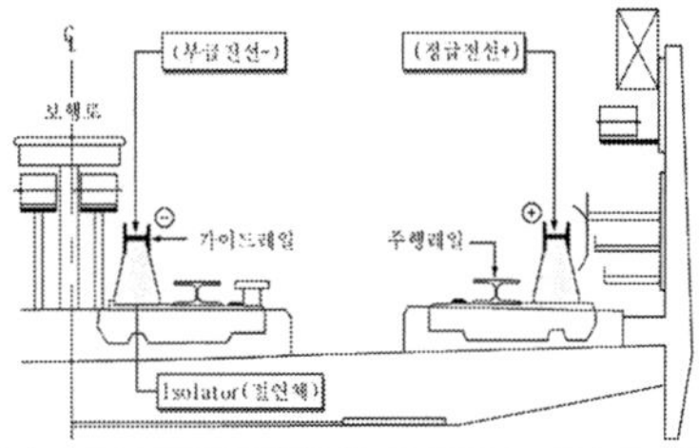
	봄바디아(LIM-용인) 예	지멘스(VAL) 예
개 요	• 차량용 2개 레일의 측부에 급전용의 제3의 레일을 설치	• 차량용의 2개 레일의 측면에 제3의레일과 제4의레일을 설치(한쪽에 +,- 설치도 가능함)
접촉방식	• 상면접촉, 하면접촉	• 측면접촉
사용전압	• 대개 DC 750[V]	• 대개 DC 1,500[V]
경제성	• 제4궤조 대비 전차선 공사비는 절감	• 제3궤조 대비 전차선 공사비는 증가
전 식	• 발생	• 발생 적음
유지관리	• 용이	• 불리

1.2 설치목적

지하철은 노선이 터널이나 제3(4)궤조식은 고가 등의 전용부지이므로 공중의 위험이 적고, 건설비가 절감, 보수비용의 절감, 안전성 확보가 용이하다.

1.3 특 징

1) BOX형 터널의 천정 높이를 낮출 수 있다.
2) 구조가 간단하고, 보수가 용이하며, 레일의 마모가 적어 수명이 길다.
3) 소형의 집전장치를 대차에 부착하여 집전소음이 적다.
4) 전압은 직류저압 600[V], 750[V]로 감전의 위험성이 있다.(대책으로 보호커버 있음)
5) 집전방식이 틀린 차량은 직통운전이 곤란하다.
6) 터널 형상에 따라 Side Rail의 부설위치를 궤도의 좌·우로 변경시켜야 하며, 건늠선부에서는 Side Rail을 부설 못하는 장소가 있어 전력공급이 일시중단 되어 무가압 부분이 생기므로 차량구조를 확인하여 잘 검토하여야 한다.

1.4 레일 접촉방식

구 분	하면 접촉방식	상면 접촉방식	측면 접촉방식
형 상	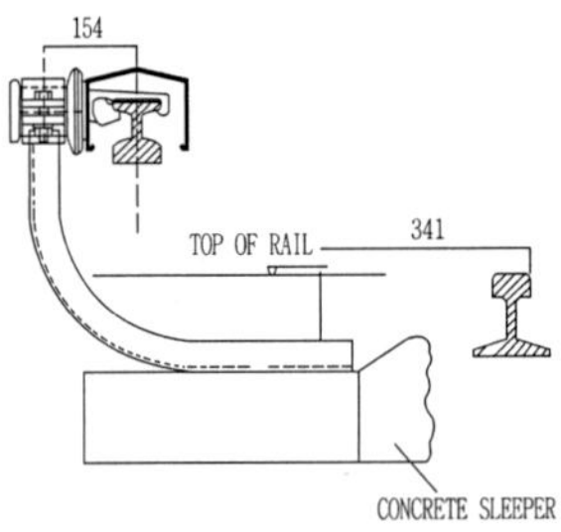	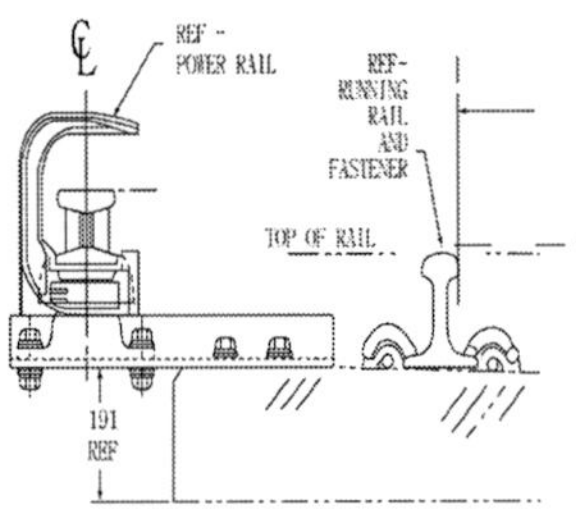	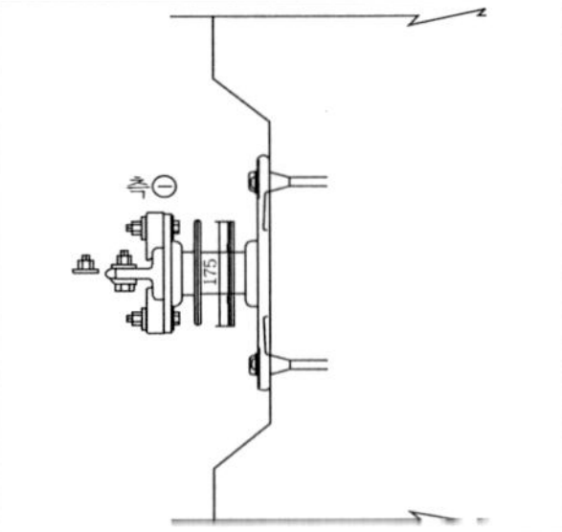
방 법	▪ 집전자가 도전 레일의 하면을 접촉하는 방식	▪ 집전자가 도전 레일의 상면을 접촉하는 방식	▪ 집전자가 도전레일의 측면을 접촉하는 방식
특 성	▪ 지지금구 다소 복잡 ▪ 도전레일 점검이 어려움	▪ 지지금구 매우 단순 ▪ 도전레일 점검이 용이	▪ 지지금구 다소 복잡 ▪ 도전레일 점검이 용이
절연커버	▪ 상부 및 측면을 절연가능	▪ 측면만 절연가능	▪ 설치 불가
안전성	▪ 높음(도체 차단)	▪ 보통(도전체 상부 노출)	▪ 낮음(도체 노출)
유지보수	▪ 다소 어려움	▪ 용이함	▪ 보통
집전효율	▪ 보통	▪ 우수	▪ 보통
적 용	▪ 철제차륜	▪ 철제차륜	▪ 고무차륜, 자기부상, 모노레일

2. Side Rail 의 설치

2.1 부설기준

급전레일의 제작사 및 방법에 따라 그 기준이 다르나 국내에 일반적으로 적용되는 기준을 소개한다.

1) 설치위치

① 일반장소 : 주행 Rail 과 평행으로 부설하고, 가능하면 보호커버를 설치한다.

② 터널, 고가 : 보도나 대피구의 반대측에 부설

③ 승강장 : 승강장의 반대측(상면방호판, 전면 방호판에 설치시 예외)에 부설하고, 보호커버를 꼭 설치한다.

④ 곡선통과시 : 곡선 반경 200[m] 미만(이설곡선)은 곡선 외측에 부설한다.

2) 설치방법

① 급전레일 1본의 길이 : 일반적으로 15[m]

② Side Rail 의 지지점 간격 : 일반적으로 5[m]이하로 하나 별도 계산하여 선정한다.

③ Side Rail 의 연결 : 적당한 한섹션 마다 신축 joint설치한다. 별도검토하여 적용하되 일반적으로 15[m] 급전레일 6~10개 마다(15×6~10=90~150[m]) 설치하는 경우도 있다. 국내의 최근 경전철에는 90[m] 연결을 했다.

④ 급전레일의 접속 방법 : 특수연결 금구(신축 joint)로 접속

⑤ Side Rail 의 고정 : 적당한 한섹션의 중간에 앙카링(고정점) 한다.

⑥ Side Rail 각각의 지점 : 집전자와 접동에 지장이 없을 것

3) Side Rail 의 한 경간 길이

① 부설위치의 변경, 공작물(구분점, 전철기 …)의 설치에 따라 결정

② Side Rail 의 최대 길이는 지하 구간은 300 ~ 800[m], 지상 구간은 150~ 300[m]

2.2 부설구조와 부설조건

1) 부설구조 : Side Rail, 방호장치, 지지물, 부속장치로 구성되어 있다.

2) 부설조건

① 건축한계, 차량한계, 의장한계, 집전화한계를 침범하지 않아야 한다.

② Side Rail 전차선은 건축한계를 침범할 수 있다.

3. Side Rail의 재질 및 구비 조건

3.1 재　질

1) 순철에 가까운 연강 사용 : 도전율을 크게 하기 위해
2) 화학성분 : 철의 5요소(C, Si, Mn, P, S)에 동을 첨가
3) 전기저항 : 20[℃]에서 국제표준연동의 7.2배

3.2 구비 조건

1) 내마모성이 좋고, 자체의 좌세 안정성이 좋을 것
2) 굴곡 등의 변형이 없을 것 : 최대 지지간격 5[m] 이하 지지시
3) 가공성이 좋을 것 : 가공연선, 접속선 취부, 용접, 구부림
4) 큰 전류가 흐를 수 있을 것 : 급전선 겸함
5) 경제적일 것 : 공사방법, 재료

4. 구 성 장 치

4.1 지지물

1) 애　자 : Side Rail를 전기적 절연 및 기계적으로 지지하며, 일본의 경우에는 애자금구를 사용하지 않고 애자모를 사용하여 애자 파손 방지를 한다.
2) 목대 및 조정판 : Side Rail의 부설높이를 확보하여 애자와 침목 사이에 삽입
3) 침　목 : Side Rail을 지지하고 하중을 도상에 넓게 분산하며 목침목, 합성수지 침목, 콘크리트 침목(RC 콘크리트, PC 콘크리트) 등이 있다.

4.2 방호설비

1) 방호판

① 설치목적 : Side Rail의 지락방지(인축감전, 이물질접촉 등에 의한 지락방지)
② 종　　류 : 상면 방호판, 전면 방호판, 후면 방호판

2) 완　금

방호판을 기계적으로 유지하기 위한 설비로 근래에는 재질을 FRP 사용하고 있다(애자와 완금의 기능 겸비).

4.3 부속장치

1) End Approach : Side Rail에서 집전화의 뛰어오름, 이탈을 매끄럽게 하기 위해 Side Rail 양단에 설치한다.
2) 신축접속(Expansion joint) : 온도변화에 의한 Side Rail의 신축을 흡수하기 위해 Side Rail 접속부 중간에 설치한다.
3) 앙카링(Anchoring) : Side Rail의 신축작용 등에 의한 복진을 방지하기 위해 Side Rail 중간에 설치한다.
4) 횡인앙카링(Turn buckle) : 곡선반경 200[m] 이하의 곡선부에서 곡선 구간거리가 클 때에 Side Rail 정규의 수평거리 유지와 탈락방지하기 위해 측벽 전용기초를 지지점으로 설치한다.
5) 싸이드 인크라인 : 집전화를 부드럽게 밀어올리고 강하시키는 장치이며, 집전화를 궤적에 연강판을 Side Rail 측면에 경사지게 설치한다.

4.4 구분장치

1) Air Joint

① 정의 : 전차선 상호의 평행부분을 일정 간격 유지하여 공기절연을 이용하여 구분한다.

② 설치장소 : Side Rail의 부설 위치를 궤도의 반대쪽으로 변경할 때, 건늠선 선부에서 전철기 등의 공작물을 취부할 때, 차고 내에서 횡단보도를 설치할 때, 기타 보수관리상 필요할 때

2) Dead Section

① 정의 : 직류구간과 교류구간의 접속부분에 Side Rail을 전기적으로 구분

② 설치장소 : π급전점(급전 section), 직류원방 switch 접속점, 측선과 본선의 구분점(차고선, 통로선) 기타 보안상, 운전상 필요한 구분점

3) 자동 section

① 정의 : Air Joint 구조로 하고 급전계통에 이상 발생시 자동적으로 Dead Section이 되는 Section over 보호장치

② 설치장소 : 구배 구간의 역행 개소에 급전 Section 설치할 때 자동 Section을 설치

4) 접속선(점퍼선)

Side Rail 상호간 및 Side Rail과 개폐기 등의 기기를 전기적으로 접속하기 위한 전선

4-4. 전차선로의 특성

1. 개 요

1.1 전차선의 구비 조건(이선방지대책)

1) 등고 : 레일면에서 전차선의 높이를 균일하게 한다.
2) 등요 : 전차선의 밀어올리는 힘을 균일하게 한다.
3) 등장력 : 전차선의 장력을 항상 일정하게 한다.

1.2 전차선로의 필요조건

1) 수직하중(빙설 등)과 수평하중(풍압 등)에 충분히 견딜 것
2) 신뢰도가 높고, 유지·보수 용이할 것
3) 지지물은 전차선의 성능을 향상시키는 구조일 것
4) 역구내에서 전도 투시에 지장이 없고 미관이 좋을 것
5) 지지물, 전선, 금구류 등의 수명이 상호관련협조가 있을 것

1.3 전차선로재료의 조건

도전율이 높고, 기계적 강도가 크며, 경도가 높고, 내굴곡성일 것, 내열성과 내마모성이 좋고, 가격이 저렴할 것

1.4 전차선로의 특성

1) 전기적 특성 : 전철의 부하는 변동이 큰 단상부하이므로 허용전압 변동범위가 있다.
2) 기계적 특성 : 팬터그라프의 집전은 기계적 특성에 의해 결정되므로 접촉력에 대한 집전특성은 열차운전에 가장 중요하다.
3) 집전특성의 해석 : 접촉력에 대한 집전특성을 동역학적운동으로 해석한다.

2. 전기적 특성

2.1 전철부하의 특성

1) 운전용 전력

① 급격한 변화를 반복하는 부하로 대용량의 부하전력이 필요하다.

② 러쉬 시간대 부하가 집중된다.

③ 3상 전원계통에 불평형전압이 발생할 우려가 있고, 계통 내 다른 설비의 운전에 악영향

④ 전기차에 인버터, 회생제동 적용으로 고조파 발생

2) 부대용 전력

① 일일부하 : 운행시간시 서서히 증가하여 일정해지고, 운행정지시 사용이 적다.

② 계절부하 : 여름에 특히 크다. 냉방부하 증가로 인하여 타계절의 약 3배

2.2 전압변동의 범위

1) 전압저하의 영향

① 속도저하, 역행시간이 길어지며, 규정운전시간을 유지하기 곤란하다.

② 전기차는 제어전압이 일정 이하일 때 제어 불능(주제어기, 주개폐기 조작)

2) 전압강하 가장 큰 조건

① 변전소 부하가 최대인 경우

② 직류구간(병렬급전) : 변전소 중간부분

③ 교류구간(단독급전) : 급전 최말단부분

④ 부하전류와 부하점거리(Amp-km) : 클수록 크다.

3) 허용범위

① 최저전압 : 변동부하특성을 감안하여 단시간전압(30~40[sec])으로 한다.

② 전차선전압의 허용범위(예)

표준전압 [kV]	전차선전압[kV]				비 고
	최 저	공 칭	최 고	변동폭 추정	
DC 0.75	0.5	0.75	0.9	−40[%], +20[%]	경전철
DC 1.5	0.9	1.5	1.8	−40[%], +20[%]	지하철
AC 25	19	25	27.5(29)	−20[%], +10[%]	(5분간 허용되는 최고)

3. 기계적 특성

집전특성을 해석하는 방법으로 이선현상, 탄성률(e), 비균일률(U), 반사계수(R), 도플러계수(a), 증폭계수(R_e), 전차선의 인장($\triangle L$) 등과 같은 것들이 있다.

3.1 이선현상

1) 개 념

① 주행 중 집전장치가 전차선에서 이탈되는 것

② 주행 중 전차선이나 팬터그라프 중 어느 한쪽이 불완전하면 이곳에서 Arc발생, 불안전한 접촉현상

2) 크 기

$$\text{이선율} = \frac{\text{일정구간 주행시의 이선시간의 합}}{\text{일정구간 주행시간}} \times 100[\%]$$

$$\rightarrow \frac{\text{이선시간}}{\text{실운전시간}} \times 100[\%]$$

$$= \frac{\text{일정구간 주행시의 이선하여 주행한 거리의 합}}{\text{일정구간 주행시간}} \times 100[\%]$$

$$\rightarrow \frac{\text{이선거리}}{\text{실주행거리}} \times 100[\%]$$

① 일반 전철 3[%] 이하, 고속철 1[%] 이하

② 이선율이 크면 아크나 불꽃발생하여 팬터그라프의 마모, 손상

3) 이선의 종류

① 소이선(팬터그래프 진동에 의한 이선): 수십분의 1초 정도의 것으로 전차선 또는 팬터그래프 습관의 미세한 진동에 의한 것

② 중이선[불연속점(경점)의 이선]: 수분의 1초 정도의 것으로 주로 팬터그래프가 경점 등의 충격에 의하여 전차선과 이선 충격이 반복되어 발생되는 것

③ 대이선(지지점 주기의 이선): 수분의 1초에서 1~2초 정도의 것으로 전차선의 경성점 또는 연성점에 의하여 일어나는 것

4) 이선에 의한 장애

① 전차선 : 아크 방전에 의한 열화, 손상으로 인한 이상 마모로 직류구간에서 크다.

② 팬터그래프: 아크방전에 의한 열화, 손상으로 습동판의 조기 마모되므로 카본 습동판을 사용하면 내아크성이 우수하다.

③ 무선잡음 발생 : 아크시 전류급변으로 통신선의 유도장해 발생, 미소이선이 단속적으로 발생시 잡음이 크다.
④ 아크방전에 의한 지락 : 큰 아크 발생시 근접물에 아크가 이행하여 지락 발생
⑤ 운전용 전력 : 이선이 크면 집전되지 않는다.
⑥ 주전동기, 보기류 : 이선이 크면 플래시 오버

5) 이선장애대책

① 이선자체를 적게 하고, 집전특성을 향상시킨다.
㉠ 등고 : 구배와 구배 변화를 줄여 전차선의 높이를 균일하게 유지한다.
㉡ 등장력 : 전차선과 조가선의 장력을 일정하게 한다.
㉢ 등요 : 전차선의 밀어올리는 힘을 균일하게 한다.
㉣ 전차선의 국부적인 경점을 줄인다. 접속부분을 줄이고 금구를 경량으로 한다.

② 아크방전의 발생을 작게 한다.
2 대의 팬터그래프를 모선으로 연결하여 1 대가 이선해도 다른 1 대로 집전, 직류 고속구간에 효과크다.

③ 아크방전에 의한 장애를 적게 한다.
팬터그래프의 재질을 내아크성이 우수한 것을 사용한다(카본 습동판).

3.2 탄성률 (e)

1) 개 념

전차선로는 약간의 탄성이 있으며, 고속운전하려면 탄성이 낮아야 한다.

2) 크 기

경간이 짧을수록 장력이 클수록 작아지며, 가선 특성이 좋아진다.

$$e = \frac{S}{K\,(T_t + T_m)}\ [\mathrm{mm/N}]$$

단, S는 전주경간[m], K는 상수, T_t, T_m은 전차선, 조가선의 장력[kN]이다.

3.3 비균일률 (U)

1) 개 념

전차선로는 경간 중앙 및 지지점에서 각기 다른 탄성을 갖고 있으며, 이 두 곳의

탄성을 가능한 일정하게 유지하여야 한다.

2) 크 기

$$U = \frac{E_{max} - E_{min}}{E_{max} + E_{min}} [\%]$$

단, E_{max}는 경간 중앙의 탄성, E_{min}은 지지점의 탄성이다.

3.4 반사계수 (R)

1) 개 념

전차선로의 기술적 데이터에 의해 정해진다.

2) 크 기

$$R = \frac{\sqrt{(T_m \cdot M_m)}}{\sqrt{(T_m \cdot M_m)} + \sqrt{(T_t \cdot M_t)}}$$

단, $M_t \cdot M_m$은 전차선, 조가선의 단위 길이당 질량[kg/m]이다.

3.5 도플러계수(a)

1) 개 념

운전속도에 따라 달라지는 전차선로의 동적작용은 도플러계수로 해석이 가능하다.

2) 크 기

$$a = \frac{C - V}{C + V}$$

단, C는 파동전파속도[m/sec], V는 운전속도[m/sec]이다.

3.6 증폭계수 (R_e)

1) 개 념 : 반사계수 (R)와 도플러계수 (a)의 비이다.

2) 크 기

$$R_e = \frac{R}{\alpha}$$

단, α가 0에 가까워지면 증폭계수 (R_e)는 무한대로 된다. 이는 운전속도가 전차선의 파동전파속도에 접근하는 경우이다.

3.7 전차선의 인장 ($\triangle L$)

1) 개 념

전차선로의 장력이 증가하면 전차선에 인장이 생기며 인장으로 드로퍼와 곡선당김금구는 정상 위치에서 이동하게 된다.

2) 크 기

$$\triangle L = \frac{\triangle T_t}{A \cdot e} \cdot L \text{ [m]}$$

단, $\triangle T_t$는 전차선의 장력변화, A는 전차선의 단면적[mm^2], e는 탄성률, L은 전차선의 유효길이[m]이다.

4. 집전특성의 해석

4.1 파동전파속도

1) 개 념

운전시 팬터그라프에 의해서 전차선은 파동, 변형되며 파동, 변형이 전차선로를 따라 전파되는 것을 파동전파속도라 하고, 정상집선이 일어날 수 있는 최대속도를 알 수 있다.

2) 크 기

$$C = \sqrt{\frac{T_t}{M_t}} = \sqrt{\frac{\delta F}{\delta m}} \text{ [km/h]}$$

단, T_t는 전차선의 장력[N], M_t는 전차선의 단위질량[kg/m], δF는 전차선의 응력[N/mm^2], δm는 전차선의 단위길이당 단면질량[$kg/m \cdot mm^2$]이다.

C는 주로 장력에 영향받고, C의 약 80[%] 정도를 전철의 최대 허용속도로 추정한다. 팬터그라프의 속도>C일 때 전차선이 강체와 같아 팬터그라프나 전차선 손상된다. 팬터그라프 숫자를 많이 설치하면 고속 운행시 앞쪽 팬터그라프의 진동으로

뒤쪽 팬터그라프는 집전율이 저하된다.

표 4.1 파동전파속도 예

구 분	Cu 110[mm²]		Cu 150[mm²]		Cu 170[mm²]	
전차선의 장력 (N)	9,800	11,760	11,760	3,720	13,720	14,700
전차선의 단위질량 [kg/m]	0.988	0.988	1.375	1.375	1.511	1.511
파동전파속도(C) [㎞/h]	358	392	333	359	343	355
최대정상집전속도(C의 70[%])[㎞/h]	250	274	233	359	240	248

4.2 전차선의 압상력

1) 개 념

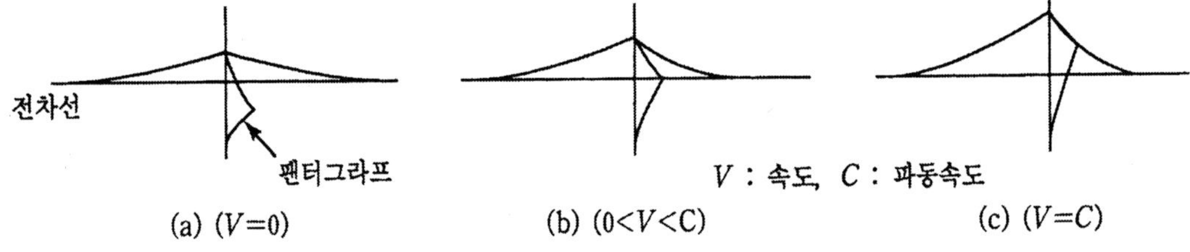

그림 4.9 전차선의 압상력

① 팬터그라프가 전차선에 원활히 접촉하려면 가선의 균일화(등고, 등장력, 등요) 필요하며, 팬터그라프의 등가질량과 전차선의 질량이 경량화되어야 한다.

㉠ 팬터그라프, 전차선의 질량이 줄어들면 압상량이 증가한다.

㉡ 팬터그라프의 질량을 적절히 낮추면서 집전성능을 향상시켜야 한다.

② 전차선로의 속도를 향상시키려면 파동전파속도를 향상시켜야 한다.

㉠ 안전율의 한계를 고려하여 전차선 장력을 높게 한다.

㉡ 허용전류를 고려하여 전차선 중량을 가볍게 한다.

2) 정적압상량

① 개 념 : 팬터그라프의 접촉력, 탄성률의 평균값에 의해 계산되며, 저속운전시 관찰되고 속도증가시 동적영향이 정적압상에 합해진다.

② 경간 중앙에서의 전차선 압상량

$$y = \frac{\left(\frac{S}{T} - \frac{X}{T}\right) \cdot \frac{X}{T} \cdot P}{\frac{S}{T}} [m]$$

단, y는 하중점의 압상량[m], S는 경간[m], T는 현의 장력[kgf], P 는 압상량[kgf], X는 지지점에서 하중점까지 거리[m]이다.

위 식은 현이 1개의 경우이고, 실제는 조가선, 보조조가선 등 2~3개로 구성되어 있다. 단, 장력 T 는 가선총장력으로 한다.

③ 지지점에서의 전차선 압상량

$$y = \frac{P \times S}{T_t} \times \frac{L + \frac{T_m}{T_t}}{2 \times \left(L + 2n \frac{T_m}{T_t}\right)}$$

단, n은 행거개수, L은 행거간격[m], T_t는 전차선의 장력[kgf], T_m 은 조가선의 장력[kgf]이다.

3) 동적 압상력

① 개 념 : 가선의 진동은 가선형태가 단순하여도 생기며 매우 복잡하여, 진동의 본질을 파악하고 단순한 모델로 표현하는 것이 중요하다.

② 크 기 : 가선을 양단 지지의 단순한 현이 아닌 경우 동작을 나타내는 파동 방정식이다.

$$\frac{\sigma^2 \cdot y}{\sigma \cdot t^2} - C^2 \frac{\sigma^2 \cdot y}{\sigma \cdot t^2} = \frac{P}{\sigma} \cdot \sigma^2 \cdot (x - V_t)$$

여기서 초기조건을 $y(0,\ X)$, $\frac{\sigma y}{\sigma t}(0,\ X)$로 한 후 라플라스변환과 푸리에 변환을 적용하여 정리하면

$$y = \frac{2p}{\sigma s} \cdot \sum_{n=1}^{\infty} \sin \frac{n\pi}{S} \cdot X \left(\frac{\sin \beta_{nt}}{\alpha_n^2 - \beta_n^2} - \frac{V}{C} \cdot \frac{\sin \beta_{nt}}{\alpha_n^2 - \beta_n^2} \right)$$

단, P는 압상력[kg], V는 주행속도[m/s], σ는 현의 선밀도, t 는 현의 장력

[kg], S는 경간[m], C는 파동전파속도[m/s]이다.

$$\alpha_n = \frac{n\pi c}{S}, \quad \beta_n = \frac{n\pi V}{S}$$

y 식은 점하중 P가 X = 0에서 X = S까지 이동할 때 y의 변위이다. 전차선의 동적압상량(시속 100[km] 미만의 구간)은 전차선 동적압상량 계산식에서 팬터그라프의 압상력을 3배 이상으로 하여 계산한다.

4.3 전차선의 압상량 계산 예

1) 전차선의 압상량 계산조건

① 조 건

구 분		장 력	단위중량	팬터그라프 압상량
조 가 선	Bz 65[mm^2]	1,200[kgf]	0.605[kg/m]	6.0[kg/m]
전 차 선	Cu 110[mm^2]	1,200[kgf]	0.9877[kg/m]	

② 정적 압상량 계산식

㉠ 경점중앙에서의 전차선 압상량

$$y_1 = \frac{P_0 \times S}{4 \times (T_M + T_T)} \times 1,000 \ [mm]$$

㉡ 지지점 아래에서의 전차선 압상량

$$y_2 = \frac{P_0 \times S}{T_T} \times \frac{1 + \frac{T_M}{T_T}}{2(1 + 2n \times \frac{T_M}{T_T})} \times 1,000 \ [mm]$$

S : 경간길이 [m]

P_0 : 압상력 [kg]

T_M : 조가선 장력 [kgf]

T_T : 전차선 장력 [kgf]

W_t : 전차선 단위중량 [kg/m]

y : 압상량 [m]

X : 지지점에서 압상점까지의 거리 [m]

n : 1경간내 행어 수 [본]

③ 동적 압상량 계산식

전차선의 동적 압상량은 시속 100[km]미만 구간에 대하여는 전차선의 정적 압상량의 팬터그래프 압상력을 3배로 하여 계산한다. 다만, 시속 100[km]이상 구간에서는 시속에 따라 3배 이상의 값을 고려한다.

㉠ 경점중앙에서의 전차선 압상량

$$y_1 = \frac{3\times P_0\times S}{4\times(T_M+T_T)}\times 1{,}000\ [mm]$$

㉡ 지지점 아래의 전차선의 압상량

$$y_2 = \frac{3\times P_0\times S}{T_T}\times\frac{1+\frac{T_M}{T_T}}{2(1+2n\times\frac{T_M}{T_T})}\times 1{,}000\ [mm]$$

2) 전차선의 정적 압상량 계산 예

① 경간중앙에서 전차선의 압상량

㉠ 15m 경간의 경우

$$y_1 = \frac{15\times 6}{4\times(1{,}200+1{,}200)}\times 1{,}000\ [mm] = 9.375[mm]$$

㉡ 경간별 압상량 계산결과

경 간[m]	15	20	25	30	35	40	45	50
압상량[mm]	9.375	12.5	15.625	18.75	21.875	25.00	28.125	31.25

② 지지점 아래의 전차선의 압상량

㉠ 15[m] 경간의 경우

$$y_2 = \frac{6\times 15}{1200}\times\frac{1+\frac{1200}{1200}}{2(1+2\times 3\times\frac{1200}{1200})}\times 1{,}000\ [mm]$$

㉡ 경간별 압상량 계산결과

경 간[m]	15	20	25	30	35	40	45	50
행거수[EA]	3	4	5	6	7	8	9	10
압상량[mm]	10.714	11.111	11.363	11.538	11.666	11.764	11.842	11.904

3) 전차선의 동적 압상량 계산

① 경간중앙에서 전차선의 압상량

㉠ 15m 경간의 경우

$$y_1 = \frac{3 \times 15 \times 6}{4 \times (1,200 + 1,200)} \times 1,000 \text{ [mm]}$$

㉡ 경간별 압상량 계산결과

경 간[m]	15	20	25	30	35	40	45	50
압상량[mm]	28.125	37.5	46.875	56.25	65.625	70.000	84.375	93.750

② 지지점 아래의 전차선의 압상량

㉠ 15[m] 경간의 경우

$$y_2 = \frac{3 \times 15 \times 6}{1200} \times \frac{1 + \frac{1200}{1200}}{2(1 + 2 \times 3 \times \frac{1200}{1200})} \times 1,000 \text{ [mm]}$$

㉡ 경간별 압상량 계산결과

경 간[m]	15	20	25	30	35	40	45	50
행거수[EA]	3	4	5	6	7	8	9	10
압상량[mm]	32.142	33.333	34.089	34.614	34.998	35.292	35.526	35.712

4) 압상량 개선방안

전차선이 수평으로 가선된 보통의 심플 커티너리 가선에서는 팬터그래프의 압상력으로 인하여 같은 압상력에 대하여 지지점 부근보다 경간 중앙부근이 압상량이 커지게 된다. 이와 같은 현상은 팬터그래프의 상하반복 운동을 하게 되며 100[km/h] 이상의 고속운전이 되면 전차선과 팬터그래프의 이선률이 현저히 높아진다. 전차선에 미리 이도를 주는 즉 Sag를 주어 가선을 하면 팬터그래프는 수평으로 주행하게 되므로 집전특성이 좋아진다. 고속으로 운전하기 위해서는 전차선의 장력을 크게 하고 pre-sag 가선을 시행하며, 유럽 및 우리나라 경부고속철도등에서 시행하고 있다.

4-5. 전압강하

1. 개 요

1.1 전압강하의 영향

1) 속도저하, 역행시간이 길어져 규정운전시간의 유지가 곤란하다.
2) 전기차는 제어전압이 일정 이하일 때 제어 불능(주제어기, 주개폐기 조작)

1.2 전압강하의 영향이 크므로 계획시 충분한 전압을 확보 하여야한다.

2. 직류전압의 강하

2.1 합성저항

1) 조 건 : 도체온도를 20[℃]로 하고, 레일의 누설전류는 30[%]로 하고 있다.

2) 전류회로 및 합성저항

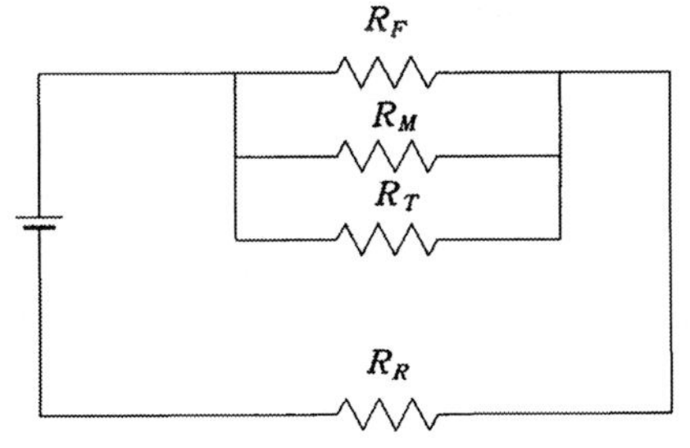

그림 4.10 직류 계통의 전류회로도

$$R = \frac{1}{\frac{1}{R_F} + \frac{1}{R_M} + \frac{1}{R_T}} + R_R$$

전차선의 합성저항식

2.2. 전차선로의 전기저항 검토

1) 전차선 합성저항

① 전차선별 저항 산정공식

$$R = 연동\ 표준저항\Omega(M.mm^2) \times \frac{100}{도전율(\%)} \times \frac{1,000}{전선단면적(mm^2)}$$

$$연동의\ 표준\ 저항 = \frac{1}{58} = 0.01724\Omega\,(M.mm^2)$$

A1 T-Bar의 단면적 : 2,100[mm^2]

A1 Long Ear의 단면적 : 2 × 271[mm^2]

A1 T-bar(A5083S)의 도전율 : 28[%]

A1 T-bar(A6063S)의 도전율 : 51[%]

② 전차선로 합성저항 공식

$$R = \frac{1}{\frac{1}{R_B} + \frac{1}{R_E} + \frac{1}{R_T}}$$

R = 합성저항 : [Ω/km]

R_B = T-Bar의 저항 : [Ω/km]

R_E = Long Ear의 저항 : [Ω/km]

R_T = Trolley wire의 저항 : [Ω/km]

2) Rail의 저항

① 지하구간 Rail (60[kg])의 저항

Rail 60[kg] = 0.014 [Ω/km]

Rr = 0.014 × 0.7 = 0.0098[Ω/km] (지상구간 누설전류 30[%])

Rr = 0.014 × 0.9 = 0.0126[Ω/km] (지하구간 누설전류 10[%])

② Rail 60[kg] × 2본을 고려한 저항

Rr = 0.0098[Ω/km] / Rail 2본 = 0.0049[Ω/km] (지상구간 누설전류 30[%])

Rr = 0.0126[Ω/km] / Rail 2본 = 0.0063[Ω/km] (지하구간 누설전류 10[%])

3) 전차선로 합성저항 산정 공식

① Rt = R + Rr

R = 강체가선 합성저항[Ω/km]

Rr = Rail 의 저항[Ω/km]

② 전차선로 합성저항

<table>
<tr><th colspan="3" rowspan="2">Al T-Bar 가선방식</th><th rowspan="2">RB=T-Bar 2100[mm²] [Ω/km]</th><th colspan="2">RT=Trolly wire (Ω/km)</th><th rowspan="2">RE=Long ear 542[mm²] [Ω/km]</th><th rowspan="2">R=강체전차 선로합성저항 [Ω/km]</th><th rowspan="2">Rail저항 [Ω/km]</th><th rowspan="2">전차선로 저항 [Ω/km]</th></tr>
<tr><th>110[mm²]</th><th>170[mm²]</th></tr>
<tr><td rowspan="4">A5083S AL T-Bar 2100[mm²]</td><td rowspan="2">Trolly wire 110mm²</td><td>마모전</td><td>0.0293</td><td>0.1592</td><td>-</td><td>0.1136</td><td>0.0203</td><td>0.0063</td><td>0.0266</td></tr>
<tr><td>마모후</td><td>0.0293</td><td>0.2616</td><td>-</td><td>0.1136</td><td>0.0214</td><td>0.0063</td><td>0.0277</td></tr>
<tr><td rowspan="2">Trolly wire 170mm²</td><td>마모전</td><td>0.0293</td><td>-</td><td>0.1040</td><td>0.1136</td><td>0.0190</td><td>0.0063</td><td>0.0253</td></tr>
<tr><td>마모후</td><td>0.0293</td><td>-</td><td>0.2981</td><td>0.1136</td><td>0.2160</td><td>0.0063</td><td>0.0279</td></tr>
<tr><td rowspan="4">A6063S AL T-Bar 2100[mm²]</td><td rowspan="2">Trolly wire 110mm²</td><td>마모전</td><td>0.0161</td><td>0.1592</td><td>-</td><td>0.0623</td><td>0.0118</td><td>0.0063</td><td>0.0181</td></tr>
<tr><td>마모후</td><td>0.0161</td><td>0.2616</td><td>-</td><td>0.0623</td><td>0.0122</td><td>0.0063</td><td>0.0185</td></tr>
<tr><td rowspan="2">Trolly wire 170mm²</td><td>마모전</td><td>0.0161</td><td>-</td><td>0.1040</td><td>0.0623</td><td>0.0114</td><td>0.0063</td><td>0.0177</td></tr>
<tr><td>마모후</td><td>0.0161</td><td>-</td><td>0.2981</td><td>0.0623</td><td>0.0153</td><td>0.0063</td><td>0.0216</td></tr>
</table>

[주] Trolly Wire 단면적 적용
Cu 110[mm²] : 마모전(111.1[mm²]), 마모후(67.6[mm²])
Cu 170[mm²] : 마모전(170[mm²]), 마모후(87.5[mm²])

3) 적용검토

전차선로의 합성 저항은 A5083S 계열에 비하여 A6063S 계열이 전기적 특성에서 월등히 양호하여 강체 전차선로인 AL T-Bar는 A6063S에 Trolley Wire Cu 170[mm²]로 조합 선정하여 통전 전류용량의 증대효과와 선로손실을 최소화 할 수 있다.

2.3 전압강하계산

1) 단독급전방식

단독급전일 경우 전압강하는 정류기출력전압-(내부전압강하+전차선로 전압강하)이다.

① 변전소에서 임의의 거리에 있는 전기차 부하(K)는

㉠ 변전소 내부전압 강하

$$e_s = R_0(i_1 + i_2 \cdots + i_n) = R_0 \sum i = R_0 I_0$$

단, R_0 은 변전소 내부저항, I_0 은 변전소 전류이다.

㉡ 전차선로 전압강하

$$e_k = r\{i_\ell \ell_1 + i_2 \ell_2 \cdots + i_k \ell_k + \ell_k (i_{k+ell} \cdots + i_n)\}$$
$$= r\left(\sum_{j=1}^{k} i_j \ell_j + \ell_k \sum_{j=j+1}^{n} ij\right)$$

단, r 은 전차선로의 저항, i_n 은 각 지점의 부하전류, ℓ 은 변전소에서 부하점까지의 거리이다.

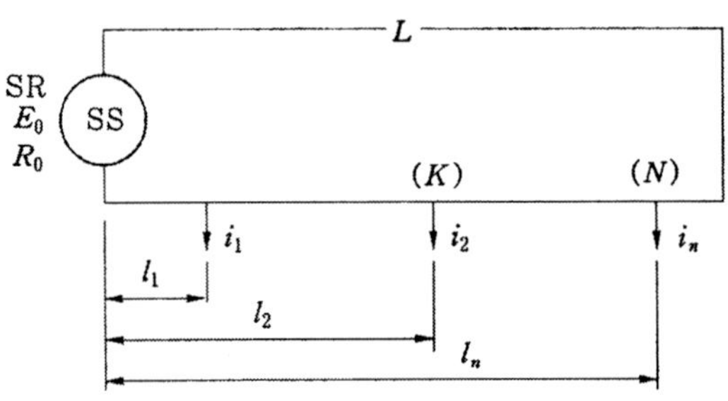

그림 4.11 난톡급전방식의 부하분포

㉢ K점의 전차선 전압

$$E_k = E_0 - (e_s + e_k) = E_0 - (I_0 R_0 + e_k)$$

※ 변전소 내부저항, 실리콘 정류기 6,000[kW] → 0.03[Ω], 급전회로 복선 이상일 때 $I = \sum I_0$ 이다.

㉣ 변전소 내부저항 개략값 $e_s = I_0 R_0$

$$e_s = 1,500[V] \times \frac{W_t}{W_s} \times 0.08 = 1,500 \times \frac{EI_0}{EI} \times 0.08 = 120 \times \frac{I_0}{I}[V]$$

단, $W_s = EI$ 는 변전소 용량, $W_t = EI_0$ 은 부하출력, 전철변전소 전압변동률 8[%], E 는 표준 정격전압(1,500[V]), I 는 정격전류, I_0 은 부하전류이다.

② 변전소에서 가장 먼거리에 있는 전기차부하 (N)는

㉠ 변전소 내부전압 강하

$$e_s = I_0 R_0$$

㉡ 전차선로의 전압 강하

$$e_n = r\,(i_1 \ell_1 + i_2 \ell_2 + \cdots + i_k \ell_k + \cdots + i_n \ell_n) = r \sum_{j=1}^{n} i_j \ell_j$$

㉢ N점의 전차선전압

$$E_n = E_0 - (e_s + e_n) = E_0 - (I_0 R_0 + e_n)$$

2) 병렬급전방식(양 변전소의 무부하 급전전압과 내부저항이 같을 때)

① A변전소에서 임의의 거리에 있는 전기차 부하 (K)는

㉠ 변전소 내부전압 강하

$e_{AS} = I_A R_A$, $E_A = E_B = E_0$, $R_A = R_B = R_0$

단, E_A, E_B 는 변전소 무부하전압[V], I_A, I_B 는 변전소 전류[A], R_A, R_B 는 변전소 내부저항[Ω]이다.

㉡ A변전소 분담전류 I_A

$$I_A = \frac{(R_0 + rL)\sum_{j=1}^{n} i_j - r\sum_{j=1}^{n} i_j \ell_j}{R_{SL}}$$

$$R_{SL} = 2R_0 + rL$$

단, L 은 변전소간격이다.

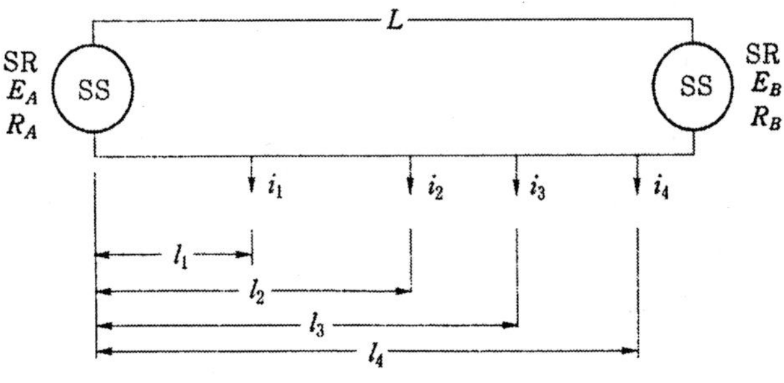

그림 4.12 병렬급전방식의 부하분포

㉢ B변전소 분담전류

$$I_B = \frac{R_0 \sum_{j=1}^{n} i_j - r \sum_{j=1}^{n} i_j \ell_j}{R_{SL}}$$

㉣ A변전소에서 임의의 거리에 있는 전기차 (K)까지의 전압강하 e_{AK}

$$e_{AK} = r\left(\sum_{j=1}^{k=1} i_j \ell_j + i_k \ell_k\right)$$

$$단,\ \ell_k = \frac{(R_0 + rL)\sum i_j - R_0 \sum i_j - r\sum i_j \ell_j}{R_{SL}}$$

㉤ K 점의 전차선전압

$$E_K = E_A - (e_{AS} + e_{AK}) = E_0 - e_{AS} - e_{AK}$$

② 변전소의 무부하전압 : V=일정일 경우

㉠ 변전소에 부하가 걸렸을 때 공급되는 전압V_S

$$V_S = V\left\{1 - \left(\varepsilon \times \frac{I}{I_0}\right)\right\}$$

단, I는 변전소에 걸리는 전부하전류, I_0은 변전소 정격전류, ε는 변전소의 정격부하에 대한 전압 변동률이다.

㉡ 전차선로의 전압강하

$$V_L = I \times R \times \ell\ [V]$$

단, I는 부하전류, R은 전차선로 합성저항, ℓ은 변전소에서 부하까지 거리이다.

㉢ 전차선로의 최저전차선 전압

$$0 = V_S - V_L$$

3) 연장(loop) 급전방식

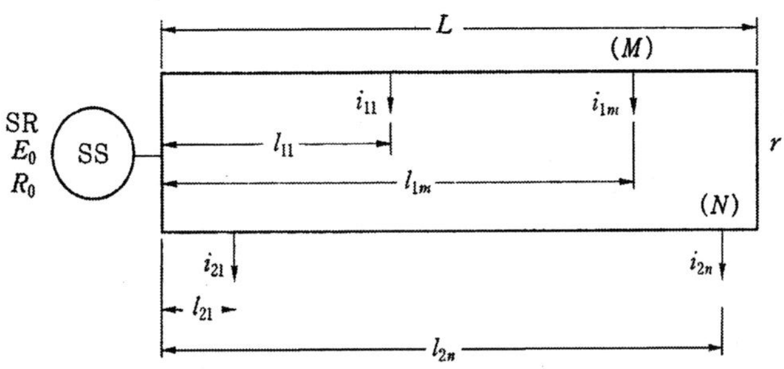

그림 4.13 연장급전의 부하분포의 예

① 변전소 내부전압 강하

$$e_s = R_0\left(\sum_{j=1}^{m} i_{1j} + \sum_{j=0}^{n} i_{2j}\right)$$

② M점, N점까지의 전차선로 전압 강하 e_m, e_n

$$e_m = r\left(\sum_{j=1}^{m} i_{1j}\ell_{1j} + I_0 r\ell_{1m}\right),\quad e_m = r\left(\sum_{j=1}^{m} i_{2j}\ell_{2j} + I_0 r\ell_{2n}\right)$$

단, $E_M > E_N$, $I_0 = \dfrac{E_M - E_N}{2L_r} = \dfrac{1}{2L}\left(\sum_{j=1}^{n} i_{2j}\ell_{2j} - \sum_{j=1}^{m} i_{1j}\ell_{1j}\right)$

③ M점, N점의 전차선 전압 E_M, E_N

$$E_M = E_0 - (e_s + e_m) \quad E_N = E_0 - (e_s + e_n)$$

【예제 4.1】

아래 그림에서 급전선 AL 510[mm^2] : 0.0282[Ω/km] 2조, Simple catenary식 조가선 S_t 90[mm^2] : 1.653[Ω/km], 전차선 GT 110(mm^2)(0.1592[Ω/km], Rail 50[N]:0.01193[Ω/km] 일 때 N점에서 전차선 전압은 ?

단, 전차선로의 합성저항 R=0.035 이다

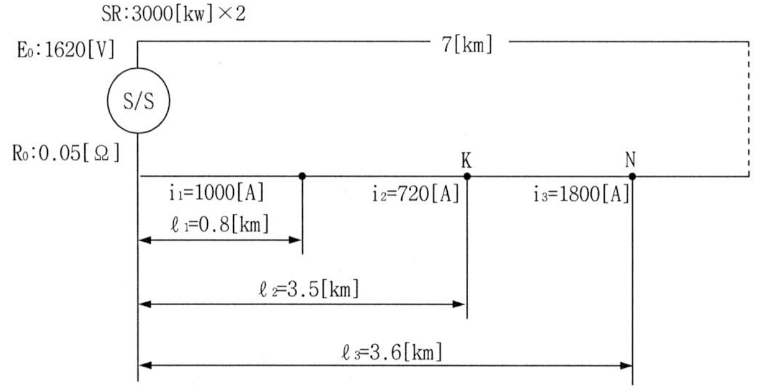

그림 4.14 편송급전의 부하분포의 예

☞ 해 설)

1) 변진소 내부진입 강하 e_s

$$e_s = 0.05\sum_{j=1}^{3} I_j = 0.05(1{,}000 + 720 + 1{,}800) = 176[V]$$

2) 전차선의 전압 강하 e_N

$$e_N = 0.0355\left(\sum_{j=1}^{2} i_j \ell_j + I_2 \sum_{j=3}^{3} i_j\right)$$

$$= 0.0355(0.8\times 1{,}000 + 3.5\times 720 + 3.6\times 1{,}800) = 347.9[V]$$

3) N 점에서 전차선 전압

$$E_N = E_0 - (e_s + e_N) = 1{,}620 - (176 + 347.9) = 1{,}096.1[V]$$

3. 교류전압의 강하

3.1 선로정수

1) 자기 임피던스

$$Z = Z_s + Z_i\,[\Omega / km]$$

단, Z_s 는 외부 임피던스, Z_i 는 내부 임피던스이다.

2) 선로 임피던스

$$Z_L = Z_T + Z_N + Z_B - 2Z_{TN}\ [\Omega / km]$$

단, Z_T 는 전차선의 자기 임피던스[Ω / km], Z_N 은 부급전선의 자기 임피던스[Ω / km], Z_B 는 흡상변압기의 누설 임피던스[Ω / km], Z_{TN} 은 전차선과 부급전선의 상호 임피던스 [Ω / km]이다.

3.2 단상교류회로의 전압강하계산

1) 단상회로의 전압 강하 VS

$$V_s = \sqrt{[V_r + I\,(R\cos\phi + X\sin\phi\,)]^2 + I^2\,(X\cos\phi - R\sin\phi)^2}$$

$$\fallingdotseq V_r + I\,(R\cos\phi + X\sin\phi\,)[V]$$

$$\because\ [V_r + I\,(R\cos\phi + X\sin\phi\,)]^2 \gg I^2\,(X\cos\phi - R\sin\phi\,)^2$$

단, V_s 는 송전단전압[V], V_r 은 수전단전압[V], I 는 부하전류[A], R 은 저항, X 는 리액턴스, cosΦ 는 전기차 부하역률이다.

2) 선로의 전압 강하

$$V_L = V_s - V_r = I\,(R\cos\Phi + X\sin\Phi\,)[V]$$

3) 전차선로의 전압 강하

$$V_L = Z_L \sum_{j=1}^{n} I_j \cdot L_j\,[V]$$

단, $Z_L = R\cos\Phi + X\sin\Phi$, $I_j \cdot L_j$ 는 변전소에서 1 ~ n 개 열차까지(부하전류)

×(거리)의 누계, $\cos\phi$ 는 전기차의 부하 역률 → 정류기식은 0.75 ~ 0.85 정도 → 약 0.8 적용이다.

3.3 BT 급전방식의 전압 강하 계산

BT 급전회로의 전압 강하를 검토할 때는 BT와 레일의 누설 임피던스를 무시한다.

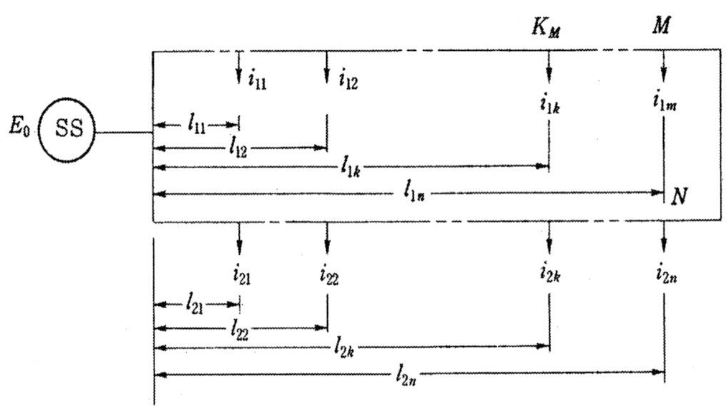

그림 4.15 루프급전의 부하분포

단, I_0 은 M 점에서 시점에 흐른 순환전류[A], E_0 은 변전소 무부하전압[V], Z 는 전차선로 1[A - km] 당의 전압강하[V / A - km], i 는 각 점의 부하전류[A], ℓ 은 변전소에서 각 부하까지의 거리[km]이다.

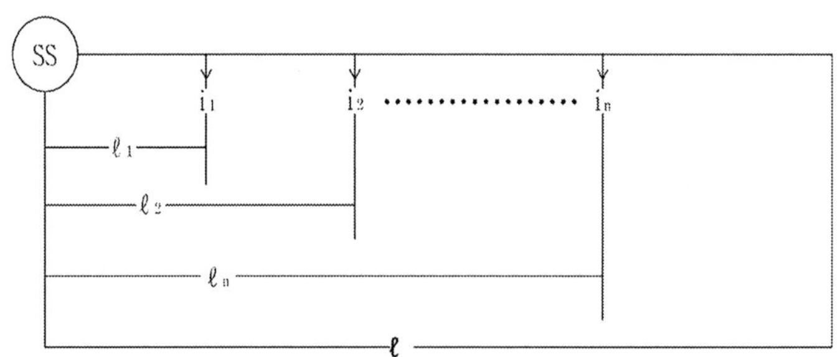

그림 4.16 단독급전시 부하분포

단, E_0 은 변전소 무부하전압[V], Z 는 전차선로 1[A-km] 당 전압 강하[V / A-km], i 는 각 점의 부하전류[A], ℓ 은 변전소에서 각 부하점까지 거리[km]이다.

1) 단독급전시

① 임의의 전기차 부하 (K)일 때

㉠ 전차선로전압 강하

$$e_k = Z\,[i_1\ell_1 + i_2\ell_2 + \cdots + i_k\ell_k + \ell_k\,(i_{k+1} + \cdots + i_n)]$$

$$= Z\left(\sum_{j=1}^{k} i_j\,\ell_j + \ell_k \sum_{j=k+1}^{n}\right)[V]$$

㉡ K 점에 전차선 전압

$$E_k = E_0 - e_k\,[V]$$

② 최말단 전기차 부하 (N)일 때

㉠ 전차선로 전압 강하

$$e_n = Z\,(i_1\,\ell_1 + i_2\,\ell_2 + \cdots + i_k\,\ell_k + \cdots + i_n\,\ell_n) = Z\sum_{j=1}^{n} i_j\,\ell_j\,[V]$$

㉡ 점 N 점에 전차선 전압

$$E_n = E_0 - e_n\,[V]$$

③ 전차선로에 전압보상용 직렬 콘덴서를 설치한 경우

㉠ 직렬콘덴서의 보상전압

$$V_c = I_c \cdot X_c \sin\phi\,[V]$$

단, V_c는 직렬 콘덴서 1[A-km]당의 전압보상값[V/A], $\sin\phi$는 역률, I_c는 직렬 콘덴서에 흐르는 전류[A], X_c는 직렬 콘덴서의 용량[Ω]이다.

㉡ 전차선로 전압 강하 (e_k', e_n')와 전차선 전압 (E_K', E_N')

$$e_k' = e_k - V_C\,[V],\quad E_K' = E_K + V_C\,[V]$$

$$e_n' = e_n - V_C\,[V],\quad E_N' = E_N + V_C\,[V]$$

2) 루프급전인 경우

① 변전소에서 M 점, N 점까지의 전차선로 전압강하 : e_m, e_n

$$e_m = Z\sum_{j=1}^{m} i_1 l_1 j + I_0 Z l_{1m}\,[V],$$

$$e_n = Z\sum_{j=1}^{n} i_{2j} l_{2j} + I_0 Z l_{2n} [V]$$

단, $E_M > E_N$ 일 때

$$I_0 = \frac{E_M - E_N}{2LZ} = \frac{1}{2L}\left(\sum_{j=1}^{n} i_{2j}\ell_{2j} - \sum_{j=1}^{m} i_{1j}\ell_{1j}\right)[A]$$

② M, N 점의 전차선 전압

$$E_M = E_0 - e_m [V] \qquad E_N = E_0 - e_n [V]$$

3.4 AT 급전방식의 전압 강하 계산

AT 급전방식의 전압 강하 계산시 AT와 레일의 누설 임피던스, 전원과 변전소 내부전압 강하는 무시한다.

1) 임의의 전기차 부하(K)의 경우

① 전차선로 전압 강하

$$e_k = Z_L\left(\sum_{j=1}^{k} i_j l_j + l_k \sum_{j=k+1}^{n} i_j\right) + Z_L'\left(1 - \frac{x_k}{D_k}\right)x_k i_k [V]$$

② K 점에 있어서 전차선 전압

$$E_k = E_0 - e_k [V]$$

단, E_k 는 변전소 무부하전압(전차선전압 25[kV]측 환산)[V], i 는 각 점의 전기차 부하전류[A], ℓ 은 변전소에서 각 부하까지 거리[km], D 는 AT 설치 간격[km], Z_L 은 전차선로 1 [A-km]당의 전압 강하[V/A-km], Z_L' 는 전압 강하 계산에 필요한 정수[V/A-km]이다.

2) 최원단 전기차 부하(N)의 경우

① 전차선로 전압 강하

$$e_n = Z_L\sum_{i=1}^{n} i_j l_j + Z_L'\left(1 - \frac{x_n}{D_n}\right)x_n i_n [V]$$

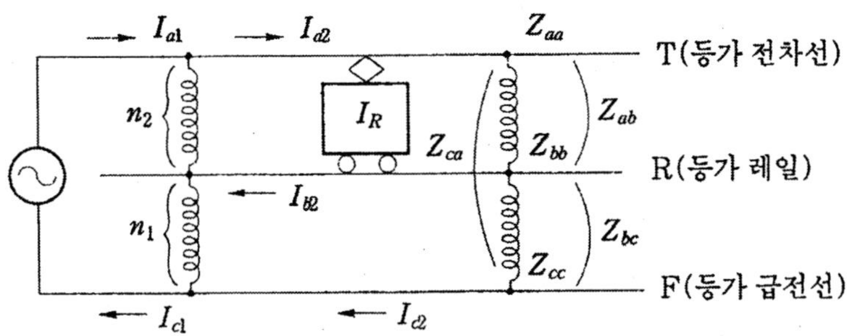

(a) 기본회로

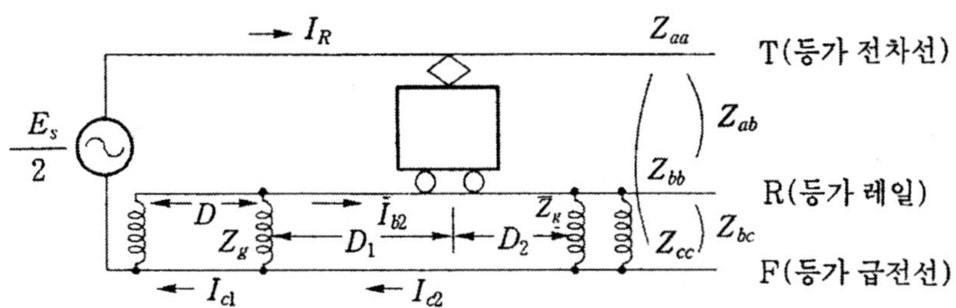

(b) 등가회로(전차선 전압측 환산)

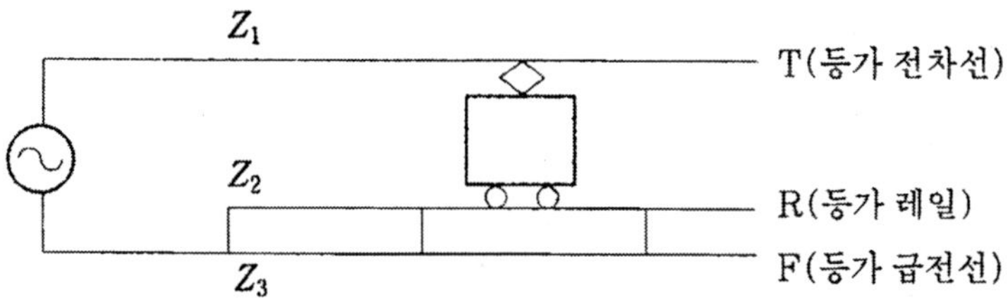

(c) (b)의 상호 임피던스를 소거한 등가회로

그림 4.17 AT방식의 등가회로도

② N 점에 있어서 전차선 전압

$$E_n = E_0 - e_n [V]$$

4-6. 전류용량과 온도상승

1. 개 요

전선에 전류가 흐르면 줄열 ($H = 0.24I^2Rt$)에 의해 전선의 온도가 상승한다. 온도가 상승하면 전선이 연화되고 기계적 강도가 저하된다. 교류구간에서는 부하전류가 작아 온도상승의 문제가 적다.

2. 연속허용전류

2.1 개 념

전선의 연속사용온도(나전선은 90°이하)를 정하고 그것을 만족하는 전류 용량(연속허용전류)을 결정하며, 전선이 연속하여 사용이 가능한 온도이다.

2.2 크 기

1) 전선표면의 열평형식

$$W_i + W_s = W_r + W_c$$

단, W_i는 전선의 저항손에 의한 발생열량[W/cm] $W_i = I^2 \cdot R_0$, W_s는 일사에 의한 흡수열량[W/cm] $W_s = P_s \cdot d \cdot n$, W_r은 복사에 의한 방산열량[W/cm] $W_r = \pi d(\Theta - T)\, hr \cdot n$, W_c는 대류에 의한 방산열량[W/cm] $W_c = \pi d (\Theta - T) h\omega$ 이다.

여기서 I는 허용전류[A] R_0은 Θ[℃]에서의 전선의 저항[Ω/cm], P_s는 일사량[W/cm²], d는 전선의 바깥지름[cm], n은 완전흑체의 복사계수에 대한 전선의 복사계수비, Θ는 사용온도[℃], T는 주위온도, h_r은 복사에 의한 열방산계수[W/℃·cm²], h_ω는 바람이 있는 경우 대류에 의한 열방산계수[W/℃·cm²], v는 풍속[m/sec]이다.

$$h_r = 0.000576\frac{\left(\frac{273+\Theta}{100}\right)^4 - \left(\frac{273+T}{100}\right)^4}{\Theta - T},$$

$$h_\omega = \frac{0.00572}{\left(273+T+\frac{\Theta-T}{2}\right)^{0.123}}\cdot\sqrt{\frac{V}{d}}$$

2) 허용전류

전선표면의 열평형식에서

$$W_i = I^2R_0 = W_r + W_c - W_s \text{ 이므로 } I^2 = \frac{W_r + W_c - W_s}{R_0}$$

$$\therefore\ I = \sqrt{\frac{\pi d(\Theta - T)hrn + \pi d(\Theta - T)h\omega - psdn}{R_0}}$$

$$= \sqrt{\frac{\pi d(\theta - T)\left[hrm + h\omega - \frac{psdn}{\pi d(\theta - T)}\right]}{R_0}}$$

$$= \frac{\sqrt{\left[h_\omega + \left\{h_r - \frac{P_s}{\pi(\Theta - T)}\right\}n\right]\pi d(\Theta - T)}}{R_0}$$

단, h_ω 는 바람이 있는 경우 대류에 의한 열방산계수[W/℃·cm^2], h_r 은 복사에 의한 열방산계수[W/℃·cm^2], P_s 는 일사량[W/cm^2]→0.1, Θ 는 사용온도[℃], T 는 주위온도→40[℃], n 은 전선의 복사계수비→0.9(흑체 1.0), V 는 풍속→0.5[m/sec]이다.

2.3 연선의 전기저항

1) 조 건

연선은 각각 소선에 전류가 흐르나 인접한 소선에 분류하지 않는 것으로 계산하며, 강심알루미늄연선(ACSR)은 아연도강선(st)에는 전류가 흐르지 않는 것으로 보고 알루미늄선(Al)만으로 계산한다.

2) 크 기

$$R_t = \frac{R_{20}[1+\alpha(t-20)]}{N} \times \left(1+\frac{k}{100}\right)$$

단, R_t 는 t[℃]에 있어서 연선의 저항[Ω/km], R_{20} 은 20[℃]에 있어서 소선의 저항[Ω/km], t 는 전선의 온도[℃], N 은 소선개수[개], α 는 저항온도계수, k 는 연입률로 61 가닥일 경우 약 2[%] 정도이다.

3) 저항온도계수 (α)

① 소선이 동선인 경우 : $\alpha = 0.00393 \times (\lambda / 100)$

단, λ 는 동선의 %도전율으로 일반적으로 경동선 0.00381($\lambda = 97$[%])이다.

② 소선이 알루미늄인 경우 : $\alpha = 0.0040$

4) 연입률

연선은 꼬여 있으므로 전선을 편다면 원래 길이보다는 길어 질것이다. 그러므로 실세 길이에 대한 소선의 실제길이 증가 비율을 말한다.

5) 교류실효저항

전선의 표피효과 때문에 다소간의 저항증가가 있으나 상용 주파에서 500[mm^2]까지는 무시해도 실용상 차이가 없다.

2.4 온도에 대한 전기저항

$$R_t = R_{20}[1+\alpha(t-20)]$$

단, R_t 는 온도 t[℃]에서의 저항[Ω/km], α 는 저항온도계수, R_{20} 은 온도 20[℃]에서의 저항[Ω/km]이다.

3. 순시전류용량

3.1 개 념

순시적(보호장치의 동작시간으로 약 2～3초)으로 전류가 상승할 때 전선의 허용전류를 순시전류용량이라 한다.

3.2 열평형식

$$\frac{e_T \alpha}{\sigma S_0} \cdot t \left(\frac{I}{s \times 10^{-2}} \right)^2 = \log_e [\alpha (\Theta - T) + 1]$$

단, e_T 는 주위온도 T[℃]에서 전선의 고유저항[Ω/cm], α 는 전선의 저항온도계수, σ 는 전선재료의 밀도[g/cm^3], S_0 은 전선의 비중[J/g · ℃], t 는 통전시간[sec], I 는 통전전류[A], s 는 전선의 단면적[mm], Θ 는 전선의 최고온도[℃], T 는 주위온도[℃]이다.

3.3 순시전류용량 구하는 식

1) 조　건

통전시간은 2 ~ 3 초이고, 주위온도는 40[℃]이며, 최고허용온도 경동선은 200[℃], 경알루미늄선은 180[℃]이다.

2) 크　기

① 경동선 : $I = 152.1 \times \frac{S}{\sqrt{t}}$ [A]

② 경알루미늄선 : $I = 93.26 \times \frac{S}{\sqrt{t}}$ [A]

③ 아연도강선 : $I = 49 \times \frac{S}{\sqrt{t}}$ [A]

※ 단시간전류에 의한 온도상승 : 110[mm^2]에 단시간전류 2,200[A]을 통전하면 130[℃]까지 상승하고, 전차선(110[mm^2])의 단선시점은 아래식에 의한다.

$I \cdot t \geqq 750$ 　단, I 는 아크전류[A], t 는 지속시간[sec]이다.

4. 온 도 상 승

4.1 허용온도상승

50[℃](90[℃] - 40[℃]) 전차선의 최고허용온도는 90[℃], 기타 나전선 및 급전선은 100[℃], 최고주위온도 40[℃]로 한다.

4.2 온도상승요인

1) 전기차 주행시 : 주전동기의 운전전류에 의해 열이 발생하고, 온도상승이 심한 곳은 변전소 인출구의 급전선, 급전분기선의 개소이다.
2) 전기차 정차시 : 정차 중 보조기기(냉 · 난방, 콤프레샤)의 전류에 의해 열이 발생한다. 부하전류값은 작지만 정차시간이 길어지면 온도가 상승한다.

4.3 직류급전방식의 온도상승 개소

1) 변전소 급전인출구의 급전선 : 전기차전류가 인접 변전소와의 경계점에 있는 에어섹션을 통과할 때까지 장시간 계속 흐른다.

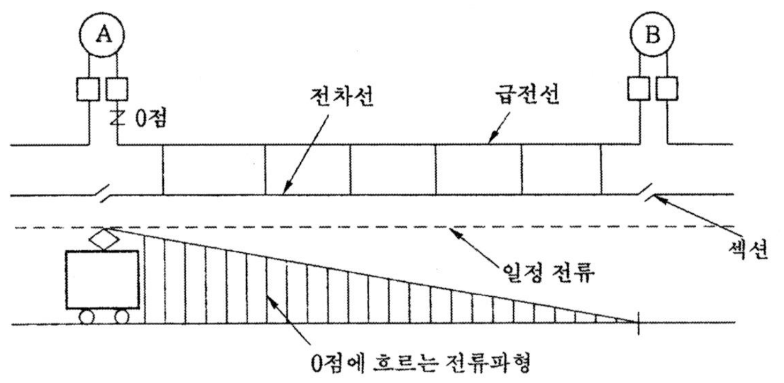

그림 4.18 급전인출구의 전류파형

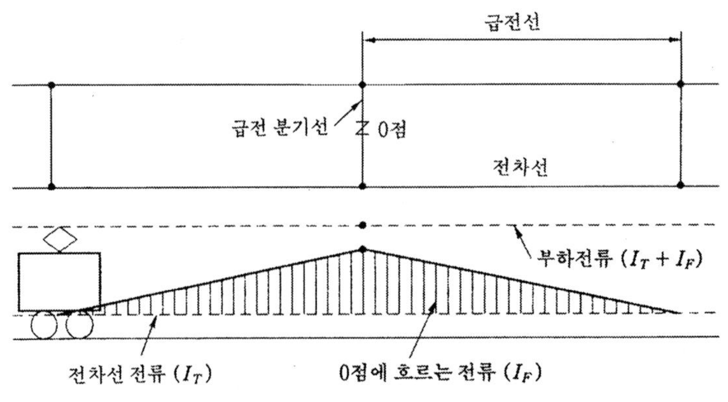

그림 4.19 급전분기점의 전류파형

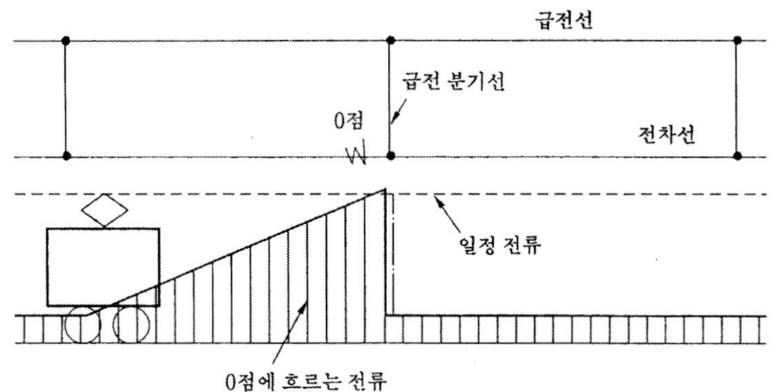

그림 4.20 급전분기점 근방의 전차선 전류

2) 급전분기선 : 집전전류가 일정하다면 급전분기선을 정점으로 삼각형이 된다.
3) 급전분기점 근방의 전차선 : 급전분기선 부분의 전차선에 최고가 된다.

4.4 교류급전방식의 온도상승개소

1) 개념 : 교류급전방식은 고전압 저전류이므로 온도 상승문제가 거의 없다.
2) 온도상승개소 : 급전분기개소에 금구 등의 접촉불량에 의한 온도상승과 BT 구간의 급전인출구는 편송급전으로 급전인출구의 온도가 상승한다.

4.5 온도상승 방지대책

1) 급전분기선을 증설하여 분기간격을 단축하면 통전시간 짧아져 온도상승이 감소한다.
2) G 합금선(은입전차선)을 사용하여 내열성이 우수하게 한다.
3) 전차선의 단면적을 크게 한다.
4) 헤비심플식 등 집전전류용량이 큰 조가방식을 사용한다.
5) 전차선과의 접촉저항이 적은 팬터그라프의 마찰판을 사용한다.

4-7. 순환전류

1. 개 요

1.1 전차선로의 순환전류(미주전류 = 미로전류)

변전소에서 급전선 급전분기장치를 거쳐 전차에 집전되기까지 사이에 주경로(전차선) 이외의 전선, 가선금구 등에 흐르는 전류를 말한다.

1.2 전차선로의 전류회로(경로)

1) 경로예1)

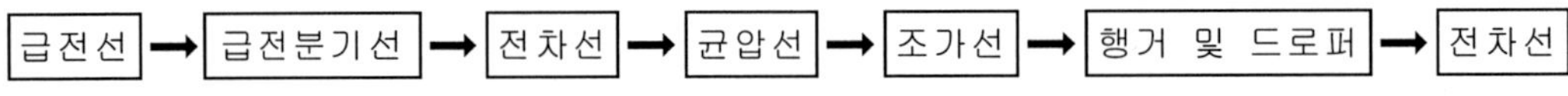

2) 경로예2)

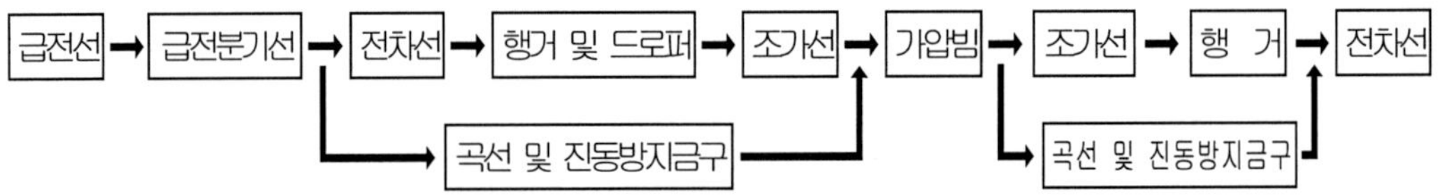

1.3 순환전류의 영향

접촉 개소의 불완전한 접촉으로 인한 Arc 열에 의해 접촉저항 증대, 금속의 연화, 금속의 용해

1.4 전류회로의 구성

순환전류에 의해 조가선, 행거 등이 손상되지 않게 시설

1) 절연방식 : 충분한 이격, 전기적 절연

2) 균압방식 : 완전하게 저저항 접속

2. 순환전류의 사고방지대책

2.1 사고방지대책의 기본

1) 조가선, 보조조가선, 전차선 : 전선상호간을 동일 장소에서 완전접속한다.
2) 교차개소 : 같은 목적의 전선을 동일 장소에서 완전접속 또는 절연한다.
3) 전선과 직접 연결되는 가선금구(가압빔, 진동방지장치 등) : 완전접속 또는 절연한다.

※ 커넥터의 종류

㉠ M - T 커넥터 : 조가선(M)과 전차선(T)를 접속하여 균압하는 커넥터
㉡ M - M 커넥터 : 조가선(M) 상호를 접속하여 균압하는 커넥터
㉢ T - T 커넥터 : 전차선(T) 상호를 접속하여 균압하는 커넥터

2.2 장소별 사고방지대책

1) 건널선장치

조가선 상호, 전차선 상호, 조가선과 전차선을 접속한다. M - M 커넥터, T - T 커넥터, 무효부분에서 M - T 커넥터를 사용

2) 기계적 구분개소 : 조가선 상호간 및 전차선과 조가선을 일괄 접속

① 에어조인트 장소 : T - M - M - T 커넥터로 일괄 접속
② 평행부분 전기적 접속 : T - M - M - T 커넥터로 일괄 접속

3) 전차선 교차개소

① 이 격 : 각 전차선 상호 및 가선금구가 접촉하지 않도록 이격 300[mm] 이상 이격
② 접속 · 절연 : 300[mm] 확보가 어려운 경우

㉠ 교류구간(균압방식) : 변전소 통전구간에 부하가 있는 동안에 항시 광범위하게 부하전류가 흐르기 때문에 조가선 상호 및 전차선 상호를 접속한다. 전선상호를 접속할 때 새로운 전류회로가 구성되는 경우 등에는 전선상호를 보호관에 의해 절연한다. 2조를 일괄 인류한 전선과 다른 전선상호는 일괄 접속한다.

㉡ 직류구간(절연방식) : 전차선에 흐르는 전류가 크므로 전선상호간을 보호관으로 절연한다. 보호관이 팬터그라프 통과에 지장을 줄 우려가 있는 경우 등에는 조가선 상호 및 전차선 상호간을 접속한다.

4) 무효인류개소 : 인류개소는 조가선과 전차선을 접속한다.

① 인류개소로부터 2경간 이내에서는 조가선과 전차선을 M-T 커넥터로 접속한다. 단, 조가선과 전차선의 접속이 있으면 생략할 수 있다.

② 건널선 등으로부터 인류개소까지 거리가 멀고 여러 개의 경간에 걸치는 경우 요크로 일괄하여 전선교차 개소를 단순화한다.

5) 가압빔 개소 및 진동방지 스팬로드 개소

각 지지점은 조가선 및 전차선과 전기적으로 접속한 균압방식으로 한다. 단, 전류가 많은 변전소 근방에서는 애자 등에 의한 절연방식으로 교류구간에는 전파장해 대책의 필요

6) 급전분기 개소

① 조가선과 급전분기장소는 접속한다. 부득이한 경우 조가선과 전차선 접속

② 가동 브래킷의 수평 파이프와 곡선당김금구 등을 접속한다.

7) 조가선과 전차선과의 접속 : M-T 커넥터로 접속한다.

표 4.2 커넥터의 장치간격(M-T용)

구 분	일반개소	연속해서 보호 커버(행거 커버)있는 개소
교류구간	250[m]	125[m]
직류구간	125[m]	▪ 고정빔 구간과 급전분기간의 중간점(가동파이프식 진동방지 장치 구간 제외) ▪ 가동 브래킷 및 가동 파이프식 진동방지장치 구간: 각 지지점

3. 전차선의 전류분포

3.1 직류구간

1) 전류분포 : 급전선(F), 조가선(M), 전차선(T)에 나누어 흐른다.

① 급전선에 흐르는 전류

$$iF = \frac{R_M R_T}{R_F R_M + R_M R_T + R_T R_F} \times i_0$$

② 조가선에 흐르는 전류

$$iM = \frac{R_T R_F}{R_F R_M + R_M R_T + R_T R_F} \times i_0$$

③ 전차선에 흐르는 전류

$$iT = \frac{R_F R_M}{R_F R_M + R_M R_T + R_T R_F} \times i_0$$

2) 개략적인 비율

Al 510[mm^2] × 2 조, st 90[mm^2], GT 110[mm^2], I = 2,000[A]인 경우

iF : iM : iT ≒ 83.5[%] : 1.5[%] : 15[%]

3.2 교류구간

1) 전류분포 : 조가선(M), 전차선(T)에 나누어 흐른다.

2) 개략적인 비율

① 조가선이 st 인 경우 iM : iT ≒ (10 ~ 20)[%] : (90 ~ 80)[%]

② 조가선이 CdCu 인 경우 iM : iT ≒ 30[%] : 70[%]

3.3 신칸센 구간

1) 전류분포 : 조가선(M), 보조조가선(AM) : 전차선(T)에 나누어 흐른다.

2) 개략적인 비율

① 헤비 콤파운드식의 경우 iM : iAM : iT ≒ 20[%] : 40[%] : 40[%]

② 합성 콤파운드식의 경우 iM : iAM : iT ≒ 38[%] : 25[%] : 38[%]

4-8. 보호설비

1. 개 요

1.1 이상전압의 종류

1) 외부 이상전압 : 직격뢰, 유도뢰, 다른 송배전선과의 혼촉, 유도를 방지하기 위해 피뢰기, 가공지선 설치
2) 내부 이상전압 : 개폐서지, 과도서지, 지속성 서지를 방지하기 위해 S.A설치, 절연협조

1.2 전차선로의 이상전압 방지대책

피뢰기, 가공지선, 섬락보호지선, 보안기, 보호선, 접지장치를 설치한다.

2. 피뢰기

2.1 기 능

이상전압 내습시 신속하게 대지로 방전, 방전 후 단자전압을 일정전압 이하로 억제, 이상전압 처리 후 속류를 차단하여 자동회복, 반복동작에 특성이 변화하지 않을 것

2.2 구 조

1) 직렬캡(주캡) : 정상전압은 절연상태를 유지하고, 이상 과전압은 대지로 방전하여 속류 차단
2) 특성요소 : 탄화규소 입자를 각종 결합체와 혼합하고, 비저항 특성이 있어 밸브저항체라 하며, 이상전압 발생시 큰 방전전류로 저저항값으로 제한 전압을 억제하고, 낮은 전압 계통으로 고저항값을 속류를 차단한다.

2.3 종 류

1) 비직선저항형 : 제한전압을 낮게 할 수 있고, 속류차단 능력이 크다.
2) P밸브형 : 구멍의 수로서 방전회수를 알 수 있고, 구멍의 크기로 방전전류의 크

기를 알 수 있다.

2.4 정 격

1) 직류용 : 1.5[kV]에는 1.81[kV], 5[kA]가 있고, 종류로는 RU-DF형, PV-DL형이 있다.
2) 교류용 : 25[kV]에는 42[kV], 10[kA]가 있고, 종류로는 전차선로에 WGE 40[kV], 부급전선에 VG8 8.4[kV]를 사용한다.

2.5 피뢰기 설치기준

1) 직류전차선로 : 급전인입개소, 터널의 케이블 양단은 100[m] 이상인 곳에 중점 설치하고, 급전선로 약 500[m]마다 설치한다.
2) 교류전차선로 치뢰기설치장소 :
   ① 흡상변압기 및 단권변압기의 1차측 및 2차측·급전용케이블 단말에 설치한다.
   ② 높이 : 주상에 설치시 지표상 5[m] 이상
   ③ 접속선 : 접지단자와 지중 접지도체 리드선과의 접속은 25mm^2]의 전력케이블을 사용하고 지표상 2[m] 높이까지는 절연관으로 보호한다.
   ④ 피뢰기 누설전류 측정이 가능하도록 피뢰기 본체와 지지대간 절연체 또는 절연 애자를 삽입하여 시설한다.
3) 전차선로용 피뢰기 : 케이블급전선에 설치하는 피뢰기는 다음 각 호에 의하여 설치한다.
   ① 급전케이블의 길이가 100[m] 이하인 경우 피뢰기를 설치하지 않는다.
   ② 급전케이블의 길이가 100[m]를 넘고 600[m] 이하인 경우 일단에 피뢰기를 설치하여야 한다.
   ③ 급전케이블의 길이가 600[m] 이상인 경우 양단에 피뢰기를 설치하여야 한다.

3. 보호설비 방식

구 분	이중절연방식	매설접지방식	섬락보호지선방식
구성도	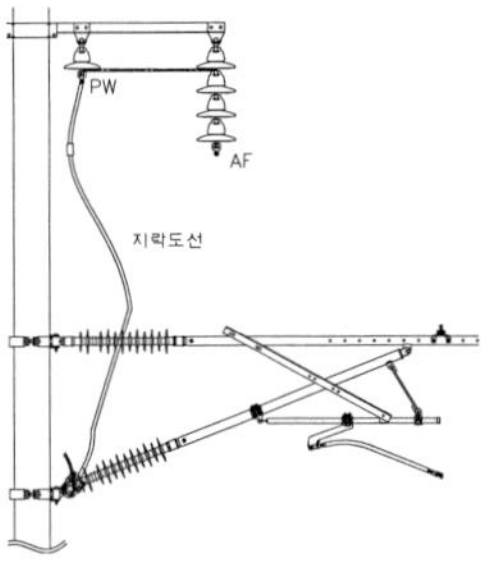	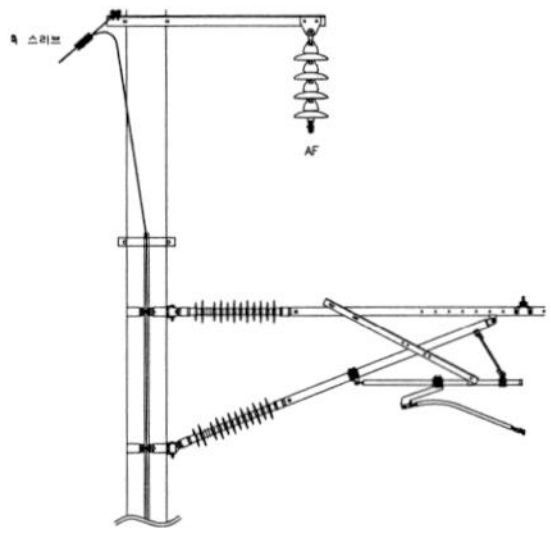	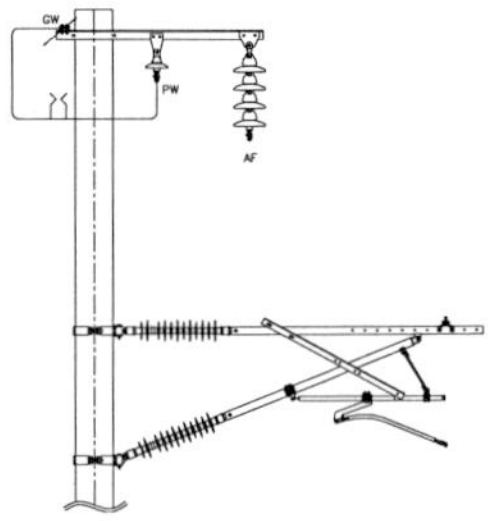
특징	▪ 장간애자의 부극 절연부나 현수애자의 부측 절연부에 지락도선을 설비하고 그 일단을 AT보호선(PW)에 접속하여 보호회로를 구성함. ▪ 섬락 사고시에 전차선과 AT보호선(PW)이 직접 금속 단락되어 사고전류를 통하게 함으로써 신속하게 변전소의 차단기를 차단시키는 보호방식임.	▪ 변전소로 돌아오는 전류의 귀환을 용이하게 함. ▪ 레일 및 대지에 나타날 수 있는 위험한 수준의 장해전압을 피하도록 하기 위한 조치로 가능한 많은 금속 구조물을 등전위 접지망을 형성하도록 레일과 접속시키는 보호방식임.	▪ 섬락사고가 발생하면 사고전류는 섬락 보호지선으로 흘러 대지 전위가 상승되며 보안기가 동작되어 AT보호선을 통하여 변전소로 회귀시키는 금속회로를 구성하는 보호방식임.
접지저항	높 음	낮 음	높 음
접지전위 상 승	높 음	낮 음	높 음
시공성	유 리 함	불 리 함	유 리 함
경제성	유 리 함	불 리 함	유 리 함
안정성	낮 음	높 음	낮 음
최근사용		◉	

4. 섬락보호지선

4.1 개 념

1) 섬락보호를 위하여 철지지물(빔, 철주 등)을 연접하여 접지시키는 가공전선
2) 사고시 전차선로 보호가 주목적이다.

4.2 섬락보호지선 설치기준

1) 선 종 : 경동연선 50[mm^2] 이상
2) 가공전차선 등의 가압부분과의 이격거리 1.2[m] 이상
3) 고전압, 가공전선, 통신선 등의 다른 병가선과 이격거리 0.5[m] 이상
4) 접 지 : 약 1[km]마다 구분하여 10[Ω] 이하로 접지하고 그 대략 중앙점에 보안기를 통하여 부급전선, 보호선에 접속한다. 단, 정거장 길이가 긴 경우 2[km]까지 허용
5) 높 이 : 지표상 5[m] 이상, 건널목 6[m] 이상
6) 보호선 및 비절연보호선(FPW :Fault Protective Wire) :
   ① 단권변압기 상호간 의 약1~2[km]마다 보호선용 접속선으로 귀선레일(임피던스 본드)에 접속하고 단말은 단권변압기의 중성점에 접속한다. 단, 정거장 구내에서는 홈 양쪽의 가장 가까운 임피던스본드 장소에 보안기를 통하여 접지 및 귀선레일(임피던스 본드)에 접속한다.
   ② 터널 내에는 비절연보호선 3선이 가선되어야 하며 터널 입출구에서는 모두 공동 접속시켜 상하선별 전차선 전주의 비절연보호선과 각각 연결되게 하여야 한다.
   ③ 전주 하부에 설치된 가공 보호접지 인하선의 고정 단자와 매설접지선과 임피던스본드를 통해 모든 궤도간을 서로 횡단 접속하여 비절연보호선 매설접지선 및 궤도회로가 완전 등전위가 되도록 회로를 구성하여야 한다.
   ④ 비절연보호선 가선시는 기온에 따른 가선 장력과 이도표에 의해 정확하고 안전한 이도와 장력으로 가선하여야 한다.

4.3 지락도선 설치기준

1) 지락도선은 부급전선 · 보호선 및 섬락보호지선의 선종에 따라 경동연선 50[mm^2], 강심알미늄연선 58[mm^2] 등을 사용한다.
2) 장간애자에는 지락도선용 밴드를 사용하며 지락도선과 밴드의 접속은 압착단자로 접속하고 부급전선 또는 보호선에 크램프로 접속한다.

3) 지락도선은 단독 철주 및 콘크리트 전주에 설치함을 원칙으로 한다.

5. 보안기(Spark Gap)

5.1 개 념

1) 비절연전선, 지지물을 부급전선 또는 보호선에 접속할 경우 전격전압을 제한하기 위하여 삽입하는 방전간극장치
2) 일정한 방전간극이 있으나 피뢰기와는 달리 특성요소는 없다.

5.2 보안기 설치기준

다음과 같이 각 선별(급전 방면별)로 시설한다. 단,AT구간의 공용접지방식일 경우 예외

1) BT 구간 정거장 구내 : 홈 양쪽 흡상선이 설치된 가장 가까운 개소에 보안기를 설치하여 부급전선에 접속하고 섬락보호지선을 통하여 대지와 접속한다.
2) BT 구간 정거장간 : 흡상변압기 개소에 보안기를 설치하여 부급전선과 연결하고 1종 접지로 대지와 접속한다.
3) AT 구간 정거장 내 : 보호선용 접속선이 설치된 가장 가까운 장소에 보안기를 설치하여 보호선에 접속하고 제1종 접지로 대지와 접속한다.
4) AT구간 정거장간 : 보호선용 접속선으로부터 1[km]마다 보안기를 설치하여 보호선에 접속하고 제1종 접지로 대지와 접속한다.
5) 설치높이 : 지표상 3.5[m] 이상
6) 약 1[km]마다 구분접지한 섬락보호지선의 대략 중앙점에 시설
7) 보안기와 전차선로의 가압부분, 고저압가공선 및 통신선 등 타의 병가선과 이격거리 : 0.6[m] 이상

6. 매설지선

6.1 개요

레일과 병행하여 지중에 매설접지선을 포설하여 변전소로 돌아오는 귀선전류의 귀환을 용이하게 하는 방식으로, 모든 전기설비(전철, 전력, 통신, 신호)를 등전위 접지망으로 구성하여 레일 및 귀선(보호선 포함)과 연결시키는 접지방식이다.

6.2 매설지선 계획

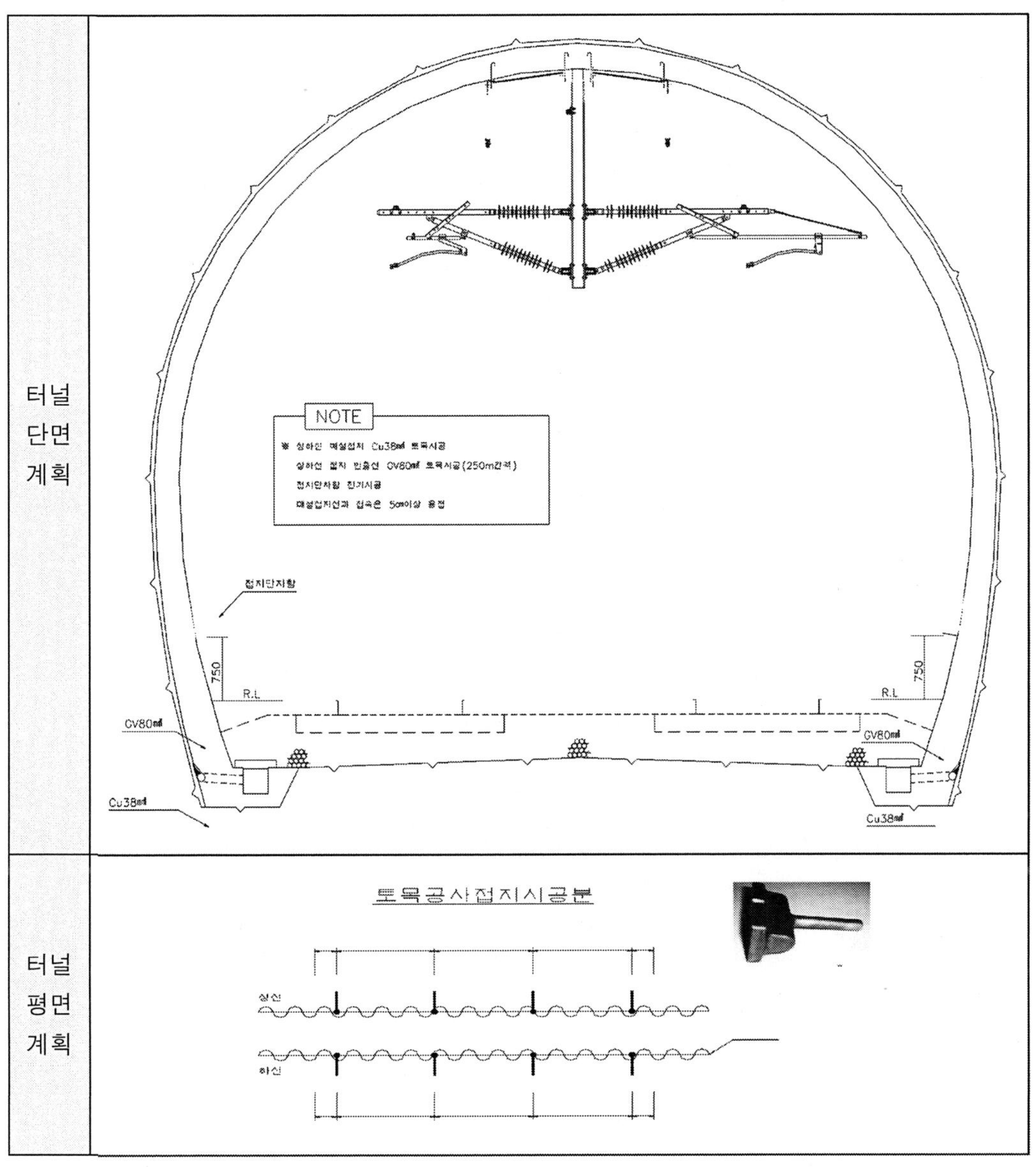

효　　과	접지선 굵기	접 지 단 자
▪ 전기차 운행시 레일전압이 최대50[V] 감소 ▪ 전차선과 레일간 단락사고시 레일전압 약50[%] 감소	▪ 매설접지선 : Cu50[㎟] 이상 ▪ 보조접지선 : FGV 95[㎟]이상	▪ 터널내 전기시설물과 매설지선과의 연결 ▪ 250[m]마다 절연접지선 으로 분기하여 접지단자 연결

6.3 매설접지방식의 시설방법

구 분	시 공 방 법	비 고
토공구간 (매설접지)	• 매설접지선 Cu 50[㎟]-1조 또는 Cu 35[㎟]-2조로 포설	전력설비시공
	• 매설접지선 1㎞마다 횡단접속	전력설비시공
	• 주행레일, 매설접지선, 비절연보호선을 변전소 접근지역은 1~1.2[㎞]마다 기타 지역은 1.5~2[㎞]마다 주기적으로 접속	전차선로시공
	• 등전위 접지로 모든 접지는 접지단자함에 연결	각 설비별 시공
	• 약 250[m]마다 상, 하선에 접지단자함 설치	전차선로시공
	• 임피던스 본드 개소 접속선 설치	신호설비시공
고가구간 (교각철근 접 지)	• 교각 바닥철근에 F-GV 95[㎟]를 발열용접 접속.	토목시공
	• 교각 전철주와 교각 철근접지 연결접속	전차선로시공
	• 상·하선측 전력 및 신호관로에 F-GV 50[㎟] 포설	전력설비시공
	• 약 250[m]마다 접지단자함 설치	전차선로시공
	• 임피던스 본드 개소 접속선 설치	신호설비시공
	• 약 250[m]마다 접지단자함 설치	전력설비시공
	• 주행레일, 매설접지선, 비절연보호선을 변전소 접근지역은 1~1.2[㎞]마다 기타 지역은 1.5~2[㎞]마다 주기적으로 접속	전차선로시공
터널구간 (매설접지)	• 터널 양측 배수로 하부에 매설접지선 경동연선 Cu 50[㎟] 포설	토목시공
	• 약 250[m]마다 매설접지선에서 F-GV 95[㎟] 분기 시공	토목시공
	• 약 250[m]마다 접지단자함 설치	전차선로시공
	• 임피던스 본드 개소 접속선 설치	신호설비시공
	• 주행레일, 매설접지선, 비절연보호선을 변전소 접근지역은 1~1.2[㎞]마다 기타 지역은 1.5~2[㎞]마다 주기적으로 접속	전차선로시공

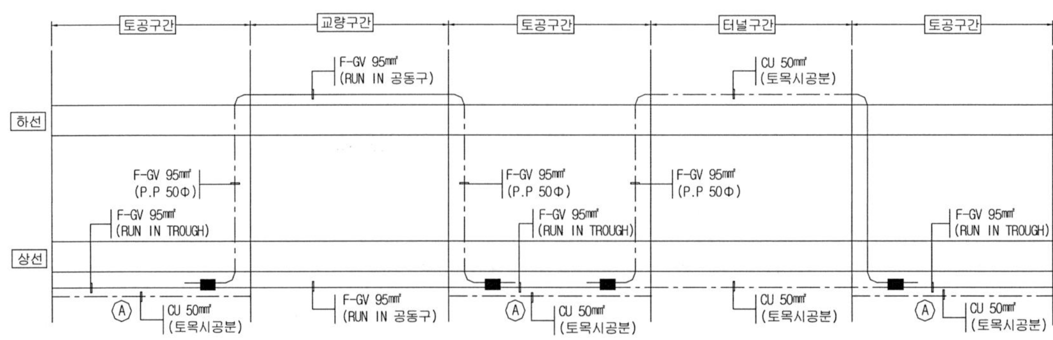

그림 4.21 매설접지 구간별 계통도 예

4-9. 급전선

1. 개 요

1.1 급전선

전철 변전소에서 전차선, 레일 등의 집전용 도체를 통하여 전기차에 전력을 공급하기 위한 전선이다.

1.2 급전선의 종류

1) 직류급전선

전차선과 병렬로 설치하여 전차선로의 전류용량, 전압강하를 보상하는 전선이다.

① 정급전선 : 전철용 변전소와 전차선을 연결하는 전선

② 부급전선 : 전철용 변전소와 주행레일을 연결하는 전선

2) BT 급전선

전철용 변전소와 급전 인출구 부근의 절연구간 전후의 전차선 사이를 연결하여 전차선에 전력을 공급하기 위한 전선으로 주변압기의 2차측, BT에서 전차선에 이르는 정급전선(PF)이다.

3) AT 급전선

전철 변전소에서 전차선로에 분산 설치되어 있는 AT에 전력을 공급하기 위한 전선이다.

① TF : 변전소 인출 급전선

② AF : 단권 변압기와 단권 변압기를 연결하는 단권 변압기 급전선

1.3 급전선의 설치

1) 설치이유 : 전차선로에 충분한 전류용량 공급과 선로저항에 의한 전압강하 보상을 위해 설치한다.

2) 직류급전방식 : 지하구간의 강체가선방식에는 전류용량이 크므로 급전선을 설치하지 않는다.

3) AT 급전방식 : AT 급전선을 전차선과 별도로 설치함, 급전전압은 전차선전압보다 높여 급전하고 AT(단권변압기)로 전차선전압을 강압한다.

1.4 급전선의 조건(고려사항)

1) 전기용량 : 부하전류, 전압강하가 허용범위에 있을 것, 전기전도가 클 것
2) 급전선의 재질 : 전압강하와 온도상승이 적고, 기계적 강도가 클 것
3) 급전 시스템의 절연 협조 : 변전소, 전차선로, 전기차 애자 등의 절연강도와 피뢰기가 절연 협조되게 한다.
4) 급전계통 : 급전방식, 급전선로용량, 연장급전, 작업정전, 사고구분을 고려하여 급전계통의 간소화, 개폐기 등도 필요한 수량만으로 구성한다.

2. 급전선의 선종 및 표준장력

2.1 급전선의 선종

경동연선, 알루미늄연선, 강심알루미늄연선이 사용된다.

1) 경동선, 알루미늄선의 주요 특성 비교

구 분	Cu	Al	비율(Cu / Al)	비 고
도 전 율	大 : 97[%]	小 : 61[%]	1.59 배	
비중(20[℃])	大 : 8.89	小 : 2.70	3.29 배	
선팽창계수(20[℃])	小 : 1.7×10^{-5}	大 : 2.3×10^{-5}	0.74 배	
중 량	大 : 100[%]	小 : 50[%]	2 배	
가 격	大	小		

2) 적 용

① 경동연선(Cu) : 특수 개소로서 강풍구간, 염해구간, 화학공장부근, 알칼리성 누수가 심한 터널 등에 사용한다.
② 알루미늄연선(Al) : 일반 개소에 사용되고 가볍고 싸다.
③ 강심 알루미늄연선(ACSR) : 최근에 알루미늄 연선의 이도를 축소하기 위해 적용한다.

2.2 급전선의 표준장력

1) 표준장력

그 지역에서 표준 온도시 무빙, 무풍상태의 장력으로 최악의 기상상태에서도 허용장력(항장력 / 안전율) 이내가 되도록 정한다.

2) 온도가 상승하면 이도증가

장력 감소, 안전율 증가, 지지물 높이 증가, 가격 상승, 혼촉 사고 발생가능

3) 표준장력의 산정

① 표준장력의 상한 : 최저 기온시 급전선 장력은 그 선종의 허용하중 이하가 되게 한다.

$$T = T_0 - \frac{8AE}{3S^2}(D_0^2 - D^2) - AE\alpha(t - t_0)$$

단, T는 전선의 표준온도 t에서의 장력[kgf], T_0은 전선의 표준온도 t_0에서의 장력[kgf] ≦ 허용하중, A는 전선의 단면적[mm²], E는 전선의 탄성계수[kgf / mm²], S는 경간[m], α는 전선의 팽창계수, t는 표준온도, t_0은 최저온도, D는 전선의 표준장력 T에서의 이도[m] $D = \omega\frac{S^2}{8T}$, D_0은 전선의 표준장력 T_0에서의 이도[m] $D_0 = \omega_0\frac{S^2}{8T_0}$, ω는 전선단위중량[kg / m], ω_0은 풍압하중을 가한 전선의 단위중량[kg / m]이다.

② 표준장력의 하한

㉠ 최대 이도와 최고 기온시 급전선 장력의 하한을 구한다.

㉡ $D_0 = D_{max}$(최대 이도)로 T_0로 구하고 T를 구한다.

③ 표준장력의 결정 : 표준장력의 상한과 하한 사이에서 결정한다.

2.3 규정에 의한 급전선의 선종과 표준장력 기준

1) 부하전류, 공해, 기후 등을 고려하여 채택하고, 사용온도가 최고온도범위 이내 유지

2) 강풍구간, 염해구간, 공해지역 등에는 경동연선 또는 동등 이상의 규격

선종 [mm^2]	Cu					AL			
	325	200	150	125	100	510	300	200	150
표준장력[N]	11,760	9,800	8,820	7,840	5,880	6,860	3,920	2,450	1,960

※(+40[°C]~ -20[°C] 지역기준)

3. 급전선의 안전율

3.1 안전율

케이블의 경우를 제외하고 경동선은 2.2 이상이고, 기타 전선은 2.5 이상이다.

$$안전율 = \frac{인장하중}{최대사용장력}$$

3.2 전선에 걸리는 상정하중

1) 수직하중

전선의 중량(자중)으로 한다. 단, 을종 풍압하중을 적용하는 경우는 전선중량+빙설중량으로 한다.

※ **빙설중량** : 전선에 두께 6[mm], 비중 0.9의 얼음이 부착한 하중

2) 수평하중

① 갑종 풍압하중(고온계 표준풍압) : 고온계(여름~가을)에 풍속이 40[m/s]로 가정할 때 생기는 하중이다.

② 을종 풍압하중(저온계 표준풍압) : 빙설이 많은 지방의 저온계(겨울~봄)에 풍속이 28[m/s]로 가정할 때 빙설이 부착한 상태에서 갑종 풍압하중의 1/2의 풍압을 받는다고 가정한 하중

③ 병종 풍압하중 : 빙설이 많지 않은 지방의 저온계나 인가가 많은 장소 등에서 갑종 풍압하중의 1/2의 풍압을 받는다고 가정한 하중

4. 급전선의 이도, 장력

4.1 이도와 장력의 관계(반비례)

1) 온도가 상승하면

이도가 증가, 장력이 감소하면 안전율 증가, 지지물 높이 증가, 가격 상승, 혼촉사고 발생이 가능하다.

2) 관계식

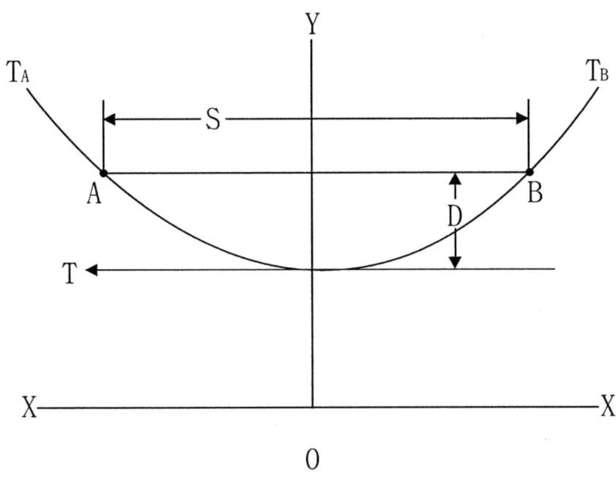

그림 4.22 급전선의 이도

$$T=\frac{\omega S^2}{8D},\ T_0=\frac{\omega_0 S^2}{8D}$$

$$T=T_0-\frac{8AE}{3S^2}(D_0^{\ 2}-D^2)-AE\alpha(t-t_0)$$

4.2 Cu, Al 의 이도, 장력변화량의 비교

Al 전선이 선팽창계수가 커서 이도, 장력변화가 크다.

구 분	이 도		장 력		비 고
	경동연선(Cu) 325[mm^2]	경알루미늄연선(Al) 510[mm^2]	경동연선(Cu) 325[mm^2]	경알루미늄연선(Al) 510[mm^2]	
변화율[%]	10.3	22.2	11.7	28.6	

5. 급전선의 높이

종　별	높　이
도로횡단 도로면상	6[m] 이상
철도횡단 궤도면상	6.5[m] 이상
기타 장소 지표상	6[m] 이상
건널목 지표상	전차선 높이 이상(최소 5[m])
터널, 구름다리, 교량 등	부득이한 경우 3.5[m] 이상

6. 급전선의 분기선 및 분기장치

6.1 급전분기선

1) 개　념

급전선으로부터 전기를 전차선에 공급하기 위하여 급전선과 전차선, 급전선과 보조조가선을 접속하는 전선

2) 급전분기선의 설치기준

① 지하철

㉠ 선종 : Cu 200[mm^2] 이상 또는 이와 동등 이상의 전선

㉡ 급전 분기선과 전차선의 접속 : 자동장력 조정장치의 기능 저하가 없도록 시설하고, 접속금구로 조가선과 전차선을 250[m]마다 균압한다.

㉢ 분기간격 : 125[m] 이내

㉣ 전차선의 편승한도 : 최대 125[m]마다 균압

② AC 철도

㉠ 속도등급 200킬로급 이하의 급전분기선은 Cu 100[mm^2] 이상 또는 이와 동등 이상의 전선으로 운전전류가 큰 구간(수도권)은 2중으로 설치한다.

㉡ 속도등급 250킬로급 이상 절연구분장치의 중성구간에 설치된 양 전원선의 인류개소의 중간절연부분과 전차선간을 연결하는 균압선은 양측 평행개소의 중간전주 브래킷(인류측 브래킷)에 지지하여 연속균압선을 설치하여야 한다.

㉢ 급전분기선의 접속 : 스리브 또는 크램프접속으로 한다.

㉣ 급전분기선과 전차선·조가선과의 접속 : 자동장력 조정장치의 기능 저하가 없도록 시설하고 조가선과 전차선을 균압한다.

3) 직류구간의 급전분기간격

① 선로조건, 열차조건, 운행조건 등 제반 여건을 고려하여 한다.

② 집전 가능한 전류값과 전차선의 최고허용온도(90°)를 고려하여 결정한다.

4) 급전분기간격의 계산

① 방 법 : 전차선의 마모상태, 단면적에 흐르는 전류용량을 고려하여 간격 결정한다.

② 조 건 : 전차선의 최고허용온도 90[℃], 외기온도 40[℃], 온도상승허용값 50[℃]

③ 계산식

㉠ t_0초 통전 후 온도상승

$$\Theta_0 = \frac{I^2 r}{C}\left(\frac{1}{3}t_0 + \frac{A}{12C}t_0^2\right)e^{-\frac{A}{C}t_0}$$

단, Θ_0은 t_0초 통전 후 온도상승[℃], A는 전선단위길이 열방산율[W/℃] = 단위길이당 표면적×열방산계수, C는 전선단위길이의 열용량[J/cm·℃], I는 전기차의 통전전류[A], r은 전선단위길이의 저항[Ω/km], t_0은 급전시간[sec]이다.

㉡ 열차속도 V[km/h]일 때 급전분기간격 : D

$$D = \frac{V \cdot t_0}{3,600}[m]$$

단, V는 열차평균속도[km/h], t_0은 급전시간[sec]이다.

6.2 급전분기장치(Feed branch)

1) 개 념 : 급전분기선을 시설하기 위한 모든 설비를 급전분기장치라 한다.

2) 급전분기장치의 종류

① 암 식 : 주로 직류구간의 빔개소에 설치하고 절연을 위해 250[mm] 현수애자를 사용한다.

② 스팬선식 : 교류구간 빔개소의 표준방식으로 급전분기선이 밸랜선에 의한 스팬선의 신축에 적응할 수 있도록 취부한다.

③ 가동브래킷식

㉠ 주로 단독주개소에 설치하여 브래킷의 회전에 지장없게 취부한다.

㉡ 순환전류에 의한 조가선의 소선단선사고를 방지하기 위해 M-T 선간을 균압선으로 분기선 옆에 접속한다.

7. 급전선의 지지와 배열

7.1 지지와 배열기준

1) 급전선은 가공을 원칙으로 하며 가공전차선로(지지물) 에 가설한다. 다만, 부득이한 경우에는 케이블로 가설하거나 또는 콘크리트벽·천정이나 단독주에 가설할 수 있다.

2) 신설터널의 경우 급전선 : 가공으로 시설하는 것을 원칙으로 한다.

3) 급전선이 구조물과 접근되어 절연이격거리가 미달인 구간 : 급전선으로 나전선 대신 절연케이블을 지지물의 양끝에서 장력을 가하지 않고 양 지지점에 인류하여 양 단말을 급전 나전선과 접속시키되 반드시 케이블의 한쪽 단말의 동차폐층에는 접지리드선을 설치한 과전압피뢰기를 통해 접지선과 연결시켜 접지를 하여야 한다.

4) 터널 내 설치된 급전선 : 애자지지용 C찬넬에 안전이격거리 등을 확인하고 애자지지대와 절연애자를 설치하여 가선하여야 한다.

7.2 급전선의 루트

1) 내측시설 : 직류구간, 교류 AT 구간에서는 전차선과 같은 내측 시설

① 직류구간 : 일정거리마다 전차선에 분기할 경우 경제적 배선이 된다.

② AT 구간 : 전차선과 급전선 상호간 전자유도 경감 위해 전차선과 같은 루트에 설치

2) 외측 시설 : BT 구간에서 이상 섹션간에 설치시 작업안전을 고려하여 전차선과 반대측 루트에 설치한다.

7.3 급전선의 이격거리

1) 급전선 상호간 이격거리기준

① 급전선 상호간의 수평·수직 이격거리 : 경간 및 전선상호간의 장력 차이 등을 고려하여 혼촉되지 않도록 가설한다.

② 급전계통이 다른 급전선의 가압부분 상호간

㉠ DC 1.5[kV] : 600[mm]

㉡ AC 25[kV] : 1,200[mm]

③ 상호 이격거리 결정시 고려사항

바람에 의한 전선의 횡진, 하절기 고온시의 장력, 빙설 빙착에 따른 전선의 수직하중, 트리점프에 의한 전선의 진동, 부하전류에 의한 온도상승으로 이도증가

2) 바람에 의한 전선의 횡진과 이격거리

① 개 념 : 전선 2조 이상을 수평 배열시 전선의 횡진을 고려하여 수평선간 이격거리를 유지해야 한다.

② 크 기

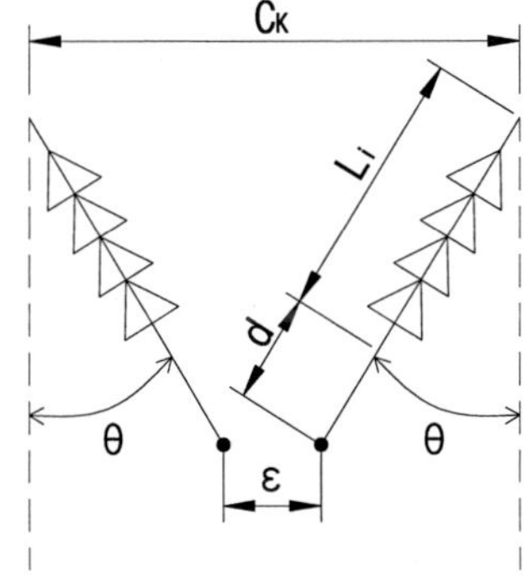

그림 4.23 수평전선간 이격거리

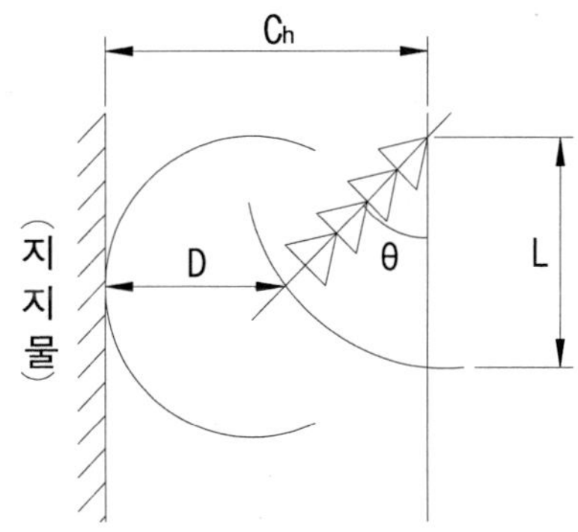

그림 4.24 전선과 지지물과의 이격거리

$$C_k \geq 2(L + d)\sin\Theta + \varepsilon$$

단, C_k 는 전선 수평선간 이격거리[m], L 은 애자의 연결거리(부속금구 포함)[m], d 는 전선의 이도[m], ε 는 최소 절연 이격거리[m], Θ 는 바람의 영향에 따라 횡진하는 각도[°] $\Theta = \tan^{-1}\frac{\omega'}{\omega}$, ω 는 전선의 단위중량[kg/m], ω′ 는 바람 영향

의 등가풍속에 따른 전선이 받는 풍압[kgf/m]이다.

3) 전선과 지지물과의 절연이격거리

① 개 념 : 전선 지지점이 풍압, 횡장력 등에 의해 지지물과 일정한 절연이격거리를 유지하도록 가선한다.

② 크 기

$$C_h = L\ \sin\Theta + D$$

단, C_h 는 전선과 지지물과의 이격거리[m], L 은 애자의 연결길이(부속금구 포함)[m], D 는 최소 절연 이격거리[m], Θ 는 풍압에 따라 횡진하는 각도[°]이다.

③ Al 200[mm²]의 경우 급전선과 지지물의 이격거리

$$C_h \geqq \text{전주 반지름} + \text{최소이격거리} + L\sin\Theta$$

$$\frac{0.35}{2} + 0.25 + 0.757 \times 0.963 \fallingdotseq 1.2[\text{m}]$$

4) 트리점프(three jump)

① 개 념

㉠ 전선에 많은 양의 빙설이 부착하여 그 빙설 탈락시 전선도약하여 선간혼촉, 용단사고 발생하는 것

㉡ 경알루미늄연선의 경우 트리점프가 커서, 혼촉방지대책이 필요하다.

② 발생조건 : 0[℃] 전후에서 눈이 많이 내리고 약한 바람이 부는 경우 발생 가능

7.4 지지점에서의 인상력

1) 지지점의 고저차에 의한 인상력(인하력)

① 개 념 : 전선을 지지할 때 그 지지점의 고저차가 순간적으로 커지면 지지점에 인상력이 작용하고, 온도변화에 따른 전선 장력의 변화로 이도 변화, 동절기(최대장력시)에 인상력이 작용한다.

② 크 기

㉠ S_1에 의한 인상력 : $P_1 = \frac{T_1 H_1}{S_1} - \frac{\omega s_1}{2}$

㉡ S_2 에 의한 인상력 : $P_2 = \frac{T_2 H_2}{S_2} - \frac{\omega s_2}{2}$

㉢ B 점에서의 수직 분력 : $P = P_1 + P_2$

㉣ $P > 0$일 때 B 점에서 인상력 작용한다.

단, P 는 B 점에서 수직 분력[kgf], $T_1 T_2$는 전선 장력[kgf], $H_1 H_2$는 지지점의 고저차[m], ω 는 전선의 단위중량[kg / m]이다.

2) 낮은 쪽 지지점에 인상력이 작용하지 않는 고저차

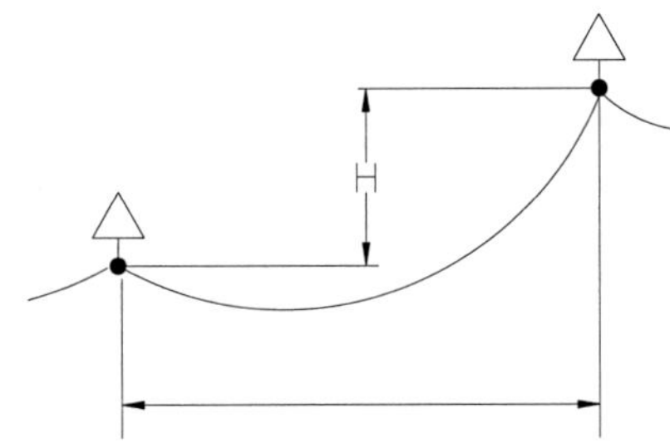

그림 4.25 지지점에서의 인상력

① 개 념 : 고저차가 양 지지점간의 이도보다 작을 때 인상력이 작용하지 않는다.

② 크 기 : $H \leq D = \frac{\omega s^2}{2T}$

단, H 는 지지점의 허용고저차[m], T 는 전선의 장력[kgf], S 는 경간[m], ω 는 전선의 단위중량[kg / m]이다.

8. 급전선의 접속

8.1 개 념

전선의 드럼에 감는 표준길이는 1,000[m] 전후이므로 급전선 가설시 전선상호를 전기적, 기계적으로 결합하는 것을 말한다.

8.2 접속기준

1) 급전선의 직선접속은 양족 전선을 인류하여 장력이 없도록 함을 원칙으로 한다. 단, 이중 스리브를 사용하는 경우에는 예외
2) 전선의 재질이 다른 급전선을 접속할 때는 양쪽의 전선을 인류하여 장력이 없도록 하고 , 이종스리브를 사용하여야 한다.

8.3 직선압축접속 슬리브를 사용한 경우 인장강도

선 종	접속 후 인장강도	비 고
경동연선(Cu)	90[%] 이상	
경알루미늄연선(Al)	90[%] 이상	중고 알루미늄연선인 경우 80 [%] 이상
강심알루미늄연선(ACSR)	95[%] 이상	

※ 재사용 경알루미늄연선의 접속은 표면에 발생한 산화피막 제거 후 보강하여 접속한다.

9. 급전선의 선종 검토

9.1 강심알루미늄 연선 및 경동연선 선종 비교검토 예

구 분	강심알루미늄 연선(ACSR)			경 동 연 선(Cu)		
	$93[mm^2]$	$288[mm^2]$	$330[mm^2]$	$75[mm^2]$	$150[mm^2]$	$200[mm^2]$
연속허용전류(A)	290	666	715	347	547	660
재 료 비	1,231	3,087	3,874	4,596	7,115	8,171
노 무 비	2,592	3,645	3,645	1,539	2,672	2,916
합 계	3,823	6,732	7,519	6,135	9,787	11,087
비 율	62[%]	68[%]	68[%]	100[%]	100[%]	100[%]
사용실적	• 수도권 전철, 호남선			• 경부선, 경춘선		
장 점	• 중량이 가벼움 • 가격이 저렴하여 경제적임 • 인장하중이 큼			• 도전율이 큼. • 염해 및 공해에 강함		
단 점	• 도전율이 적음 • 염해 및 공해에 약함			• 중량이 무거움 • 가격이 고가로 비경제적임 • 인장하중이 적음		

9.2 급전선 및 비 절연보호선의 선종 비교 예

구 분		동 선 (Cu150[mm²])	알루미늄선 (Aℓ200[mm²])
허용전류[A]		• 465	• 460
대기오염		• 부식이 적음	• 부식이 큼
특 징		• 보호피막이 형성되어 부식방지	• 부식에 대한 대책 없음
비 교	장점	• 허용전류 증대 • 내 부식성 양호	• 투자비 감소
	단점	• 투자비 증대	• 허용전류 감소 • 부식 우려

4-10. 전차선(Trolley Wire)

1. 개 요

1.1 전차선

차량의 집전장치와 습동 접촉하여 차량에 전력을 공급하는 가공전선

1.2 전차선의 요구성능

1) 가선장력에 대하여 충분히 견딜 것
2) 집전장치 통과에 지장없고 집전상태가 양호할 것 : 집전율이 높을 것, 기계적 강도(피로강도에 견딜 것), 전류용량, 내열성, 내마모성, 내부식성이 클 것
3) 접속개소의 통전상태가 양호할 것

1.3 전차선로의 절연 이격거리 기준

1) 25[kV] 또는 50[kV] 공칭 전압이 인가되는 부분에 적용하는 최소 절연 이격거리

구 분	표 준		최소이격거리(mm)	
	25[kV]	50[[kV]	25[kV]	50[[kV]
일반지구	300	550	250	500
오염지구	350	600	300	550

[주] 오염지구 : 염해의 영향이 예상되는 해안 지역 및 분진 농도가 높은 터널지역 또는 산업화 등으로 인해 오염이 심한 지역을 말한다.

다만, 속도등급 250킬로급 이상 구간의 전차선로 등의 이격거리는 열차풍의 영향을 고려하여 시설하여야 한다.

2) 차고 등 상시 팬터그래프가 승강하는 장소 : 전차선과 팬터그래프의 접은 높이와의 거리가 커티너리 가선구간은 500[mm], 강체 가선구간(이동전차선 포함)은 250[mm]이상 되어야 한다.

3) 가공전차선로의 급전계통이 다른 가압부분 상호간 : 작업상의 안전을 고려 2[m] 이상 이격한다. 기존 시설인 경우 개량시에 2[m] 이상 이격하여 시설한다.

4) 직류 가공전차선에 있어서 급전계통이 다른 가압부분 상호간 : 작업상의 안전을 위해 가능한 0.6[m] 이상 이격한다.

2. 전차선의 선종

2.1 전차선의 굵기

1) 선정시 고려사항 : 허용전류, 전압강하, 기계적 강도, 작업성, 경제성 등에 의하여 결정되어지며, 사고시 대전류로 단선의 위험이 있으므로 송·배전선보다 굵게 한다.

2) 굵 기 : 70～170[mm^2](110[mm^2], 170[mm^2] 적용)

2.2 전차선의 단면형상

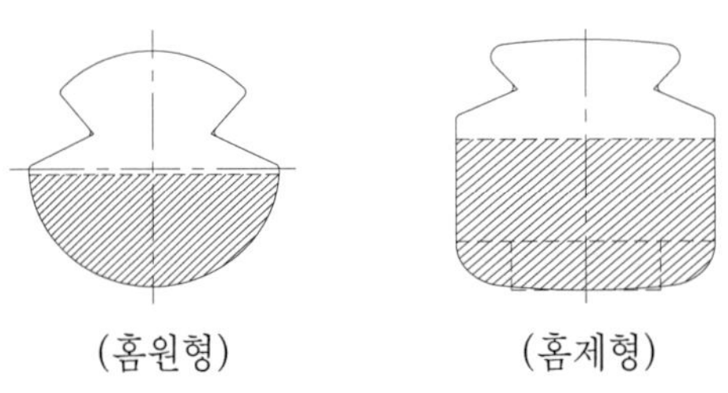

그림 4.26 전차선의 단면 형상

2.3 전차선의 재료

1) 경동선 : 전기동을 주재료로 사용하며 도전율이 높다.
2) G 합금선(은입전차선) : 미량의 은가입(약0.2[%])으로 내열성, 내피로성 우수, 사용 온도가 동의 2 배로 방재대책 개소에 사용한다.
3) Sn 합금선(주석, 동합금선) : 미량의 주석가입(0.3[%])으로 내마모성 우수

3. 전차선의 표준장력

3.1 개 념

그 지역에서 표준온도시(15[℃], 10[℃], 5[℃]) 무빙, 무풍상태의 장력을 표준장력이라 하고, 최악의 기상상태에서도 허용장력(항장력 / 안전율) 이내가 되도록 정한다.

3.2 표준장력값의 근거

1) 장력 조정할 경우

① 전차선의 허용장력

$$T = \frac{\sigma_0 A}{st}$$

단, σ_0 은 전차선의 파괴강도[kgf / mm^2], A 는 전차선의 잔존 단면적[mm^2], st 는 전차선의 안전율이다.

【예】 GT110[mm^2], 잔존단면적 67.6[mm^2](잔존지름 7.5[mm]), 안전율 2.2전차선의 허용장력

$$T = \frac{\frac{3,900}{111.1} \times 67.6}{2.2} = 1,075\,[\text{kgf}]$$

② 전차선, 조가선 일괄 자동장력조정의 경우 : 장력의 변화는 표준장력의 5[%] 이내로 허용장력의 95[%]이다.

【예】 GT110[mm^2]의 허용장력 T=1,075[kgf]

$$T_0 = T\,(1 - 0.05) = 1,075 \times 0.95 = 1,000\,[\text{kg}]$$

③ 전차선만 자동장력 조정할 경우 : 장력의 변화는 표준장력의 15[%] 이내로 허용

장력의 85[%]이다.

【예】 GT110[mm^2]의 허용장력 T=1,075[kgf]

$$T_0 = T(1-0.15) = 1,075 \times 0.85 \fallingdotseq 900[kg]$$

2) 장력조정을 하지 않은 경우 : 전차선이 최저온도가 되었을 때의 장력

$$T = \frac{A[\sigma_0 - St \cdot E \cdot \alpha(t - t_0)]}{St}$$

단, E는 전차선의 탄성계수, α는 전차선의 선팽창계수는 동 17×10-6, t는 전차선의 표준가설온도[℃] → 산업선은 5[℃], 수도권은 10[℃], t_0은 전차선의 최저가설온도[℃] → 산업선은 −30[℃], 수도권은 −25[℃]이다.

【예제 4.2】

GT110[mm^2]의 허용장력은?

☞ 해 설) $T = \frac{67.6[35 - 2.2 \times 1.2 \times 10^4 \times 17 \times 10^{-6} \times (15+10)]}{2.2}$

$= 731 \fallingdotseq 800[kg]$

3.3 전차선 및 조가선의 표준장력 기준

자동장력 조정 유무	전 차 선		조 가 선		비고
	선종[mm^2]	장력[N]	선종[mm^2]	장력[N]	
전차선, 조가선 일괄 자동조정하는 경우	Cu 110	9,800	cdcu70, CWSR65, St90	9,800	
		11,760	Bz65, CWSR65	11,760	
	Cu 170	14,700	cdcu 80	14,700	
	Cu 150	13,720	Bz65, CWSR65	13,720	
전차선, 조가선 개별 자동조정하는 경우	Cu 150	19,600	Bz 65	13,720	300킬로급
	Cu-Mg 150	25,400	Bz 116	19,600	350킬로급

※ 1kg = 9.8[N]

4. 전차선의 높이

레일면상에서 전기차가 직접 접촉하여 전기를 공급받는 전차선 하부까지를 말한다.

4.1 최저높이 결정방법

1) 방법 1 : 팬터그래프의 최소 작용 높이 + 이도변화의 여유분 50[mm]

2) 방법 2 : 팬터그래프의 접었을 때 높이 + 250[mm]

4.2 전차선의 높이 기준

1) AC철도 :

① 속도 등급에 따라 5,000~5,200[mm]를 표준으로 한다. 단 속도등급 200킬로급 이하에 대하여 해당 노선의 특수 화물 적재 높이를 고려하여 전 구간을 5,400[mm]까지 높일 수 있다.

② 제1항에도 불구하고 선로를 고속화하는 경우, 컨테이너를 2단으로 적재하여 운송하는 선로 등의 경우에는 열차안전운행이 확보되는 범위내에서 조정가능

③ 강체가선 구간 : 4,750[mm]이상, 단, 차량의 구조에 따라 조정할 수 있다.

2) 지하철 : 표준 5,200[mm](최고 5,400[mm], 최저 5,000[mm])

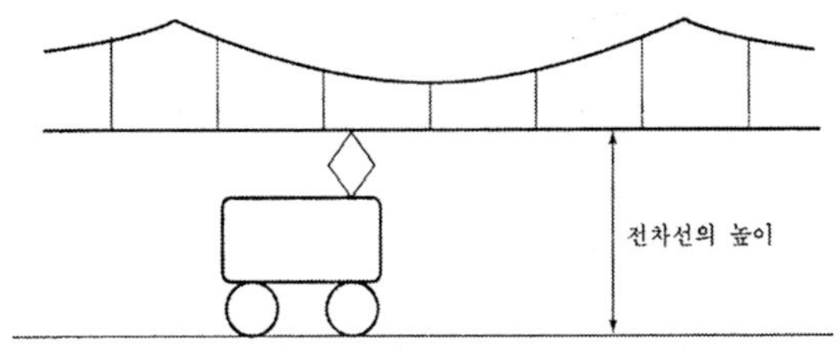

그림 4.27 전차선의 높이

5. 전차선의 편위(치우침)

집전장치가 가공전차선과 접촉하는 유효부는 약 1,000[mm]이다.

5.1 개 념

전차선의 궤도 중심면에서 수평거리를 편위라 하고, 편위가 크면 팬터그래프가 전차선에서 벗겨진다.

5.2 편위를 정하는 요소

차량 동요에 의한 팬터그라프의 편위, 풍압에 의한 전차선의 편위, 곡선로에서 전차선의 편위, 가동 브래킷, 곡선당김금구의 이동에 의한 전차선의 편위, 지지물의 변형에 의한 전차선의 편위

5.3 전차선의 편위 기준

1) 궤도중심선에서 좌우 200[mm] 이내, 단, 오버랩이나 분기구간 등 특수 구간은 제외
2) 팬터그래프 집전판의 고른 마모를 위하여 지그재그 편위를 주어야 하며, 선로의 곡선반경 및 궤도 조건, 열차 속도, 차량의 편위량, 바람과 온도의 영향 등을 반영하여 최적의 편위로 시설하여야 한다.
3) 분기구간 등 특수구간의 편위 : 최악의 운영환경에서도 전차선이 팬터그래프 집전판의 집전 범위를 벗어나지 않도록 시설하여야 한다.

6. 전차선의 구배(기울기)

6.1 개 념

1) 구배 : 2점 사이의 고저차를 수평거리로 나눈 값을 말한다.
2) 전차선의 구배변화 : 전차선을 직선으로 간주하고 실제 가선된 전차선과의 구배을 말한다.
3) 레일면에 대한 구배 : 전차선과 레일 평행면과의 구배이다.

6.2 전차선의 구배 변화점에서 이선하지 않고 집전할 수 있는 한도

팬터그래프가 어떤점을 도약해서 착점이 다음 드로퍼 안에 있을 때 이고 다음 식으로 표시

$$PL = 2gmV^2, \quad t = \frac{2m\alpha V^2}{P}$$

단, P는 팬터그라프의 상승압력(5.5[kg]), L은 도약거리 5[m], g는 가공 전차선의 구배[‰], t는 이선시간[sec], m은 팬터그라프의 질량 3.4[kg], V는 열차속도[km/h]이다. 아래는 계산결과이다

구배 g[‰]	3	5	10	15
속도 V[km/h]	110	80	57	45

6.3 전차선의 구배

1) 구배결정 근거 : 한 경간을 기준으로 위계산 결과에서

① 본선 : 3/1,000 (최고운행 속도가 110[km/h] 일 경우 3[‰]이므로)

② 측선 : 15/1,000 (측선에서 열차가 45[km/h] 정도로 주행한다고 가정 하면)

2) 전차선의 구배(기울기)기준

속 도 등 급	기울기[‰]
300,350킬로급	0
250킬로급	1
200킬로급	2
150킬로급	3
120킬로급	4
70킬로급	10

※ 단, 에어섹션, 에어조인트 또는 분기구간에는 기울기를 주지 않는다.

7. 전차선의 접속

7.1 접속방법

팬터그라프의 통과에 지장이 없도록 시설하고, 전차선 상호간은 더블이어(3 개)를 사용하여 접속, 신설시에는 본선의 전차선은 부득이한 경우 이외에는 접속하지 않는다.

7.2 접속금지범위

건널선 장치개소에서 궤도 중심선과 전차선과의 간격이 0 ~ 1,200[mm] 범위에서는 접속하지 않는다.

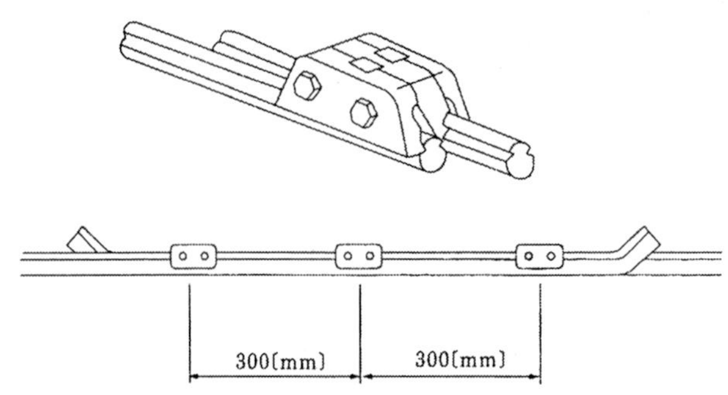

그림 4.28 더블이어를 사용한 전차선 접속

8. 전차선의 무효부분

8.1 설　치

1) 전차선의 무효부분이 여러 경간에 걸린 경우 아연도강연선(st) 등은 사용할 수 있다.
2) 전차선과 대용전차선의 접속개소는 팬터그라프 통과에 지장없는 위치에 설치한다.
3) 전차선의 무효부분 굽는 각도는 1,000[kgf]일 때 10° 이내로 한다.

8.2 무효부분 전차선의 조가선 대용

무효부분 길이가 30[m] 이상으로 팬터그라프 통과에 지장이 없는 경우 조가선으로 대체할 수 있다.

8.3 전차선의 유효부분 높낮이

전차선의 무효분분과 유효부분의 높낮이는 300[mm] 이상을 원칙으로 한다.

9. 전차선의 마모(Wear)

9.1 개　념

팬터그래프의 접동, 이선, 아크 등으로 전차선이 마모한다.

9.2 전차선 마모의 종류

1) 전기적 마모(융착 마모)

① 원　　인 : 팬터그라프와 전차선의 불완전 접촉, 이선 등으로 발생하는 아크

② 발생장소 : 전차선의 구배 변화점, 경간개소, 장력부정적개소, 습동면의 요철이 문제가 된다.

2) 기계적 마모(절삭마모)

① 원　인 : 팬터그라프의 습동판과 전차선의 마찰, 충격으로 발생한다.

② 발　생 : 압상력이 크고 습동판이 단단한 것일수록 마모가 크고, 마찰계수에 비례해서 고속일수록 마모가 크다.

9.3 전차선 마모의 일반적 경향

1) 팬터그라프의 구조 : 팬터그라프가 경량이면 추종성 좋고, 마모가 적다.
2) 팬터그라프의 개수 : 팬터그라프 개수 증가하면 기계적 마모 증가
3) 팬터그라프의 압상력 : 압상력이 크면 전기적 마모는 감소하고, 기계적 마모가 증가하여 전체적인 마모는 감소한다.
4) 접촉력의 변동 이선 : 경점부근에서 팬터그라프 통과시 접촉력이 커지면 마모가 증가하고, 이선 직전·직후부분, 이선과 접촉이 반복 발생시 마모가 증가한다.
5) 집전판의 특징 : 경도가 약하고 각이 없으며, 윤활성이 좋은 집전판이 전차선의 마모를 적게 한다.
6) 집전전류 : 마모와 큰 관계없으나 직류구간에서 이선이 많이 발생시 마모가 촉진된다.
7) 운전속도 : 저속에서는 마모가 크고, 고속시는 이선으로 국부마모가 발생한다.
8) 전차선의 온도 : 온도가 상승(90[℃])하면 전차선 표면에 산화피막생성으로 마모 증가
9) 궤도조건, 차량동요 : 궤도의 정비불량, 차량의 동요가 크면 마모가 증대한다.

9.4 전차선의 마모한도

1) 허용마모한도

마모된 전차선의 항장력 = 표준장력 × 안전율의 값에 도달했을 때 전차선의 마모량, 이때 지름을 허용 잔존지름이라 한다.

2) 마모율

$$\text{마모율} = \frac{\text{전차선의 마모량}}{\text{팬터그라프의 통과횟수 1만회}} \text{[mm/1만 팬터]}$$

3) 전차선의 마모한도

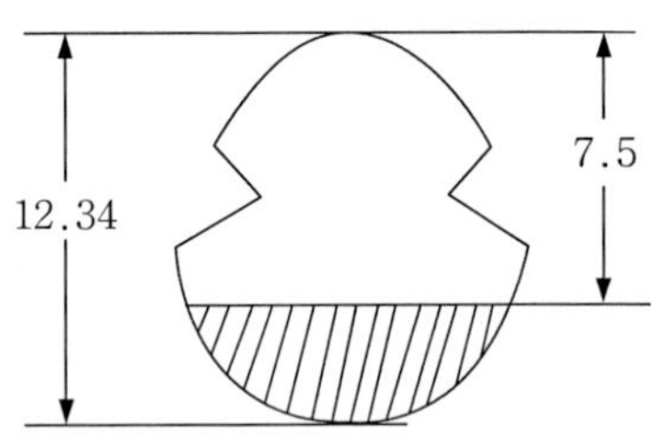

그림 4.29 110[mm²]의 잔존지름

전차선 종별	직경(신품)	마 모 한 도	
		잔존직경	잔존면적
원형 170[mm²]	15.49[mm]	8.5[mm]	87.45[mm²]
원형 110[mm²]	12.34[mm]	7.5[mm]	67.59[mm²]
제형 110[mm²]	11.7[mm]	5.0[mm]	

9.5 전차선의 경점

1) 개 념 : 전차선이 부분적으로 중량이 큰 지점을 경점이라 한다. 팬터그라프가 통과할 때 전차선으로부터 충격을 받아 이선이 발생한다.
2) 중량증가 개소 : 전차선의 접촉개소, 곡선당김금구개소, 진동방지금구개소

9.6 전차선 마모관리상 주요 개소

1) 에어 섹션, 에어 조인트, 부스터 섹션 개소 등(특히 역행개소)
2) 역행개소의 급전분기 및 더블 이어 등의 경점 개소 부근
3) 전차선 교체개소 등 자취가 남는 개소
   → 드럼에 감겨 있던 전차선을 펴서 가설해도 약간의 굴곡이 있다.

9.7 전차선의 마모경감대책

1) 일반적인 마모의 방지
   ① 내마모성 장수명 전차선을 사용한다(재질, 단면형상 개선).
      ㉠ Sn 합금 전차선(주석, 동합금선) : 미량의 주석가입(0.3[%]), 내마모성 20[%] 향상, 도전율 74.5[%]로 감소
      ㉡ TA 전차선(철, 알루미늄 복합선) : (표면은 알루미늄, 중심부는 연강), 내마모성 향상
      ㉢ 종형(수직형) 전차선 : 단면을 마모가 적은 변형단면으로 한 것, 초기 마모 저감용

② 경도가 약한 팬터그라프의 마찰판을 사용한다.

2) 국부마모의 방지 : 팬터그라프 도약이 주원인이다.

① 횡권(가로감기)전차선 사용 : 전차선의 감는 방법으로 상하굴곡에 의한 국부 마모 경감

㉠ 종권(드럼에 세로감기) : 감는 자국이 상하방향으로 굴곡이 생겨 국부 마모 발생

㉡ 횡권(드럼에 가로감기) : 국부 마모경감를 위해 많이 사용된다.

② 전차선의 경사각은 10° 이내

③ 전차선의 편위를 일정하게 한다.

㉠ 등고 : 구배와 구배변화를 줄여 전차선의 높이를 균일하게 유지한다.

㉡ 등장력 : 전차선과 조가선의 장력을 일정하게 하여 자동장력 조정장치를 사용한다.

㉢ 등요 : 전차선의 밀어올리는 힘을 균일하게 한다.

3) 전차선의 국부적 경점을 줄이기 위해 접속부분을 줄이고 금구를 경량으로 한다.

4) 편마모의 방지

지그재그가선방식을 사용하며, 직선로 및 곡선반경 1,600[m] 이상의 선로에 전주 2개 사이를 일정 주기로 좌우 교대로 200[mm]의 편위를 둔 가선방법이다.

10. 전차선의 가고

10.1 개 념

지지점에서 조가선과 전차선과의 수직중심간격을 말하며, 가고가 크면 가선금구류의 취부가 용이하게 되고, 가선특성이 좋고, 고속운전에 적합하다.

10.2 표준가고(H)의 계산

$$H = D + h$$

단, $D = WS^2/8T_0$, $W = \omega_m + \omega_t + \omega_n$, D는 조가선의 최대이도[m], h는 드로퍼의 최소 길이 0.15[m], W는 전차선로의 단위 중량[kg/m], S는 경간[m], T_0은 표준장력[kgf], ω_m, ω_t는 조가선, 전차선의 단위중량[kg/m], ω_n은 드로퍼의 전차선 단위길이당 환산중량[kg/m]이다.

【예제 4.3】

St 90[mm^2] → 0.697[kg / m], GT110[mm^2] → 0.998[kg / m] ω_n 은 0.1[kg / m]인 경우 가고는?

☞ 해 설)

1) 고정빔구간(역구내) : 경간 50[m]에 필요한 가고 H를 계산하면

$$W = \omega_m + \omega_t + \omega_n = 0.697 + 0.998 + 0.1 = 1.795 [kg/m]$$

$$D = \frac{W S^2}{8T_0} = \frac{1.795 \times 50^2}{8 \times 1000} = 0.560 [m]$$

$$\therefore H = D + h = 0.56 + 0.15 = 0.710,$$ 역구내 표준가고 710[mm]

2) 가동 브래킷 구간(역중간) : 직선 및 곡선반지름 1,600[m], 경간 60[m]에 필요한 가고 H 는

$$W = \omega_n + \omega_t + \omega_n = 0.697 + 0.998 + 0.1 = 1.795 [kg/m]$$

$$D = \frac{W S^2}{8T_0} = \frac{1.795 \times 60^2}{8 \times 1000} = 0.808 [m]$$

$$\therefore H = D + h = 0.808 + 0.15 = 0.958,$$ 역간 표준가고 960[mm]

10.3 표준가고기준

1) AC철도

속도등급	표준가고 [mm]	비 고
70~200킬로급	960	
250킬로급	1,200	
300,350킬로급	1,400	

단, 현장 여건 및 가선 시스템 특성에 따라 별도로 정할 수 있다.

2) 지하철

① 본선 가동 브래킷 구간 960[mm]

② 측선 및 기지구 내 브래킷 구간, 고정빔구간 710[mm]

단, 터널 등 특별한 개소에서는 감할 수 있다.

11. 전차선의 경사

11.1 개 념

각도가 크면 전차선이 편마모를 일으켜 수명이 단축되고, 차량 동요로 팬터그라프의 사고 발생이 예상되기 때문에 경사에 제한을 둔다.

11.2 전차선 경사기준

지지점에서 조가선과 전차선이 만드는 면과 조가선 지지점에서 내린 수직선과의 간격은 250킬로급 이상은 최대10[mm], 200킬로급 이하는 최대 50[mm]

4-11. 조가선

1. 개 요

1.1 조가선

가공전차선에서 행거를 매개로 보조조가선 및 전차선을 지지하는 전선을 말한다.

1.2 조가선의 요구 성능

1) 도전율 높을 것 : 부하전류의 일부를 부담한다.
2) 기계적 강도가 클 것 : 전차선지지, 이선방지, 고속운전 위해 인장강도가 큰 것이 좋다.
3) 내마모성이 클 것 : 기계적 진동을 받기 때문에 지지점과 드로퍼 행거 등에 의한 기계적 마모가 있다.
4) 내식성이 좋을 것 : 시가지, 공장지대, 해안지대 등에 설치되므로 아황산가스(H_2SO_4), 염수 등에 강해야 된다.
5) 선팽창계수가 적절할 것 : 선팽창계수가 적은 것이 좋다.

2. 조가선의 선종

2.1 굵 기

1) 동계 조가선: CdCu(카드뮴동연선) 70, 80[mm^2], Bz(청동연선) 65, 116[mm^2], CWSR(강심동연선) 65[mm^2]
2) 철계 조가선 : St(아연도강연선) 90[mm^2], 135[mm^2]

2.2 재 료

1) 카드뮴 동연선(CdCu) : 방식효과가 크며 대도시, 화학공장 근방에 사용된다.
2) 아연도금강연선(St) : 방식효과 낮고, 항장력이 크다(동전선에 비해).

2.3 철계와 동계 조가선의 비교

구 분	철계 조가선	동계 조가선
도전율(전류용량)	小	大
기계적 강도 (내진동피로)	大	小
내마모성	大	小
내 식 성	小 : 아연도금으로 내식성 향상	大
가 격	저 가	고가
제조방법의 문제	보 통	합금 어려움, 공해 발생

2.4 조가선 종류 비교

구 분	청동연선 (Bz65[mm²])	카드뮴 동연선 (CdCu70[mm²])	마그네슘주석 동연선 (MgSnCu70[mm²])
장 점	▪ 파괴강도가 크다. ▪ 염해 및 공해에 강함 ▪ 고속운전에 적합하다.	▪ 허용전류가 크다. ▪ 염해 및 공해에 강함	▪ 카드뮴 동연선 대체품으로 신개발품 ▪ 염해 및 공해에 강하다. ▪ 공해물질이 아님 ▪ 국산 신기술 개발 제품
단 점	▪ 카드뮴 1[%] 정도 함유	▪ 카드뮴은 공해유발 물질 생산 중단될 위기에 있음. ▪ 카드뮴 1[%]정도 함유	▪ 신개발 품으로 사용실적 이 저조
사 용 실 적	▪ 한국 고속전철 본선 구간 사용 ▪ 경부선, 호남선 시공	▪ 수도권 전철구간 ▪ 산업선구간 ▪ 도시철도 일부구간 사용	▪ 구로 전동차 기지에 일부 설치 사용 ▪ 신개발품으로 사용실적이 저조하다. ▪ 국내 개발팀해체로 생산중단

3. 조가선의 절연

3.1 절연 조가선의 시설

1) 선상역사, 구름다리 하부, 터널입출구 등 조가선 소선 단선의 위험성이 있는 개소에는 낙하물 등에 의한 조가선 소손 및 단선의 방지를 위해 절연조가선을 설치하여야 한다.

2) 에어섹션 개소에는 유도전차선과 두 전원의 평행부분에는 팬터그래프 통과시 발생할 수 있는 아크열로 인한 소선 단선의 방지를 위해 절연조가선을 설치하여야 한다.

3.2 절연방법

1) 조가선 : 애자를 삽입 하여 무가압으로 한다.
2) 행거 : 애자삽입 또는 절연 행거를 사용(균압겸용 트로퍼가 사용되기도 한다.)
3) 조가선과 전차선 접속 : 커넥터를 사용한다.

4. 조가선의 보호(Protector)

4.1 개 념

카드뮴동연선・강심동연선 및 청동연선을 사용한 조가선의 지지점에는 보호스리브, 행거이어 개소에는 보호덮개, 소선이 손상될 우려가 있는 교차장치에는 방호관을 설치하여 보호하여야 한다.

4.2 소선손상 원인

기계적 마모, 아크 용손, 이종금속접속에 의한 부식 등이 있고, 절연 보호커버를 설치한다.

4.3 보호덮개 설치 기준

1) 아연도강연선을 사용한 조가선에는 다음 각호에 의한 조가선 보호덮개를 설치하여야 한다.
   ① 직선구간은 지지점에서 양방향으로 제1행거, 곡선구간은 제2행거까지
   ② 평행설비는 그 경간의 모든 행거까지
2) 카드뮴동연선・청동연선 및 강심동연선을 사용한 행거이어 개소의 조가선에는 조가선 보호덮개를 전량 설치한다.

5. 조가선의 접속

5.1 전차선 및 조가선의 접속

1) 전차선 및 조가선의 접속은 팬터그래프 통과에 지장이 없도록 설치하여야 하며, 경간 중앙 등 낮은 곳은 피한다.

2) 조가선의 접속방법

① 와이어 클립 접속 : 와이어 클립 5개를 번갈아 사용하는 방법으로 임시 설비 이외에는 사용하지 않고 있다.

② 쐐기형 클램프법 : 전선을 구부려 그 사이에 쐐기 삽입, 카드뮴동연선을 사용하는 조가선의 접속에 많이 사용(연선이 많을 때 적용)

③ B 금구에 의한 접속(BW 접속) : 견고하게 접속하는 방법(St 조가선 접속)

④ 압축 슬리브 접속 : 슬리브에 전선을 삽입하고 압착공구로 압축(Cu, CdCu 접속)

5.2 조가선 접속기준

1) 압축접속 또는 접속금구로 접속하며, 접속금구로 접속한 경우에는 상호 균압한다.
2) 기 설치된 아연도강연선은 접속금구로 접속한다.
3) 조가선과 피복조가선의 접속 및 피복 조가선 서로간을 접속할 때는 슬리브를 사용하여 압축접속을 하여야 한다.

6. 조가선의 진동 피로 특성

6.1 개 념

1) 조가선의 경간 중앙부분에는 인장하중이 걸리고, 지지점에는 인장하중과 만곡하중이 걸린다.
2) 만곡하중(굽힘하중) : 지지점에서 팬터그라프의 통과시 진동에 의한 굴곡으로 발생한다.
3) 만곡응력 : 지지금구 접촉부의 곡률 반지름, 선재의 굽힘 강성, 사용 장력 등에 의해 결정된다.

6.2 조가선의 진동 피로

1) 팬터그래프 통과나 바람에 의한 진동으로 발생하는 응력은 대개 5~10[kg/mm^2]의 범위내로 실측된다.
2) 지지점에서 인장하중과 만곡하중이 클수록 진동피로가 크다.

6.3 지지점의 보강방법

지지점의 인장하중을 적게 하는 방법, 만곡하중을 줄이는 방법 등이 있다.

1) 지지점의 이중화

인장하중을 감소하는 방법으로 지지점을 이중화해서 각각에 장력을 걸면 장력은

1/2이 된다.

2) 지지점의 라인 가이드

만곡 응력 감소방법으로는 조가선에 라인 가이드를 직접 감아주는 방법이 있다.

3) 암로드에 의한 지지점의 이중화

지지점을 2중화하여 인장하중을 줄이는 방법으로 그림과 같이 지지점을 2중화해서 각각의 선로에 장력을 걸면 장력은 개략1/2 로 된다.

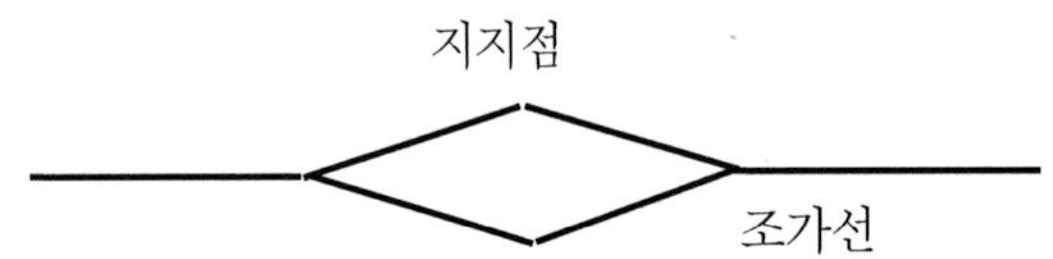

7. 보조조가선

7.1 개 념

콤파운드 카테나리선방식에서 조가선과 전차선간에 설치하고, 드로퍼에 의해 조가선에 지지되고 행거로 전차선을 조가한다.

7.2 요구되는 성능

조가선과 급전선의 일부 역할을 겸함, 전기적·기계적으로 충분한 성능이 필요하다.

7.3 기 타

선종은 경동연선 100[mm^2](19/2.6), 표준장력은 1,000[kgf]이고, 압축접속이 표준

7.4 보조조가장치 설치 기준

1) 스팬선비임 가선구간에서 흐름방지장치로부터 200[m]를 초과하는 지지점에는 조가선을 보호하기 위하여 보조조가장치를 설치하거나, 지지점에 조가선 지지도르래를 취부하여야 한다.
2) 보조조가선 설치개소의 비임하부스팬선과 조가선간에 설치하는 드롭퍼의 조가선 쪽에는 슬라이딩 드롭퍼크램프를 설치한다.

4-12. 조가선의 부식

1. 개 요

1.1 부식의 정의

에너지 준위가 높은 물질에서 낮은 화합물로 되돌아가는 과정에서 물질 자체가 변질되거나 특성이 변질되는 것

1.2 부식의 원인

1) 대기부식 : 사용환경의 영향이 크다(공업지대 크다).
2) 이종금속의 접촉부식 : 2 종류의 금속접속부분에서 전위차에 의해 발생한다.
3) 기 타 : 가선진동의 누적으로 금구가 균열, 손상되어 열화한다.

1.3 조가선으로 사용되는 아연도금강의 부식

대기부식, 이종금속 접촉부식

2. 조가선의 대기부식

2.1 개 념

아연도금강은 대기 중에서 시간의 흐름에 따라 2 단계의 부식이 진행된다.

1) 제 1 기 : 아연도금층이 소실될 때까지의 시간
2) 제 2 기 : 강선의 부식이 진행되는 시간

2.2 부식단계(부식원인)

1) 제 1 기부식(아연도금층의 부식)

① 영향 : 아연도금층의 부식으로 강선의 강도는 저하되지 않는다.
② 사용환경의 영향이 큼 : 중공업지대 > 공업지대 > 전원지대 > 내륙

㉠ 환경에 의한 아연의 부식량(개략치)

환 경	중공업지대	공업지대	해안지대	전원지대	내 륙
부식량[g/m^2·년]	50	25	14	14	6

㉡ 아연의 부식연수 : 조가선이 중공업지대에서 약 3년

③ 동일한 환경인 경우 도금의 부착량에 비례하여 내용년수가 증가한다.

2) 제2기 부식(강연선의 부식)

① 영향 : 강연선이 부식되면 강도가 저하된다.

② 사용환경의 영향이 큼 : 중공업지대 > 공업지대 > 도시지대 > 전원지대

㉠ 부식경과연수 : 조가선이 중공업지대에서 아연도금 소실 후 약 12년

2.3 전선의 내식성 비교

구 분	아황산가스	유화수소가스	3[%] 염수	염소가스
아연도금 강연선	E	B	D	E
동계전선	C	D	B	E
알루미늄계 전선	B	A	C	E

※ A : 부식되지 않는다, B : 약간 부식된다, C : 어느 정도 소실된다, D : 부식, E : 심한게 부식

3. 이종금속의 접촉 부식

3.1 개 념

1) 2종류의 금속 접촉부에 염분 등 전해질 용액이 닿으면 국부전지형성으로 전위가 낮은 쪽 금속이 양극이 되어 부식된다.

2) 국부전지작용

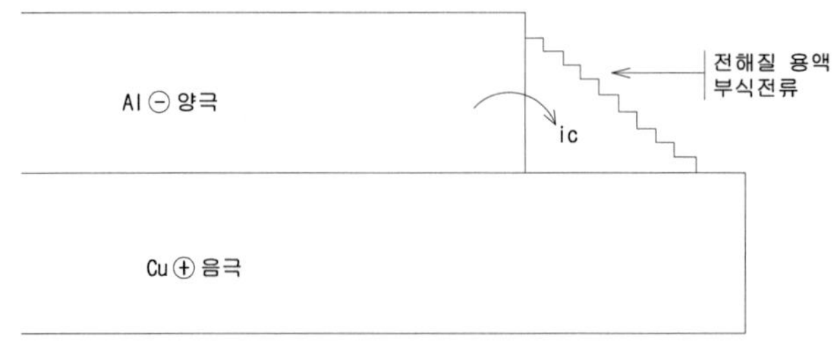

그림 4.30 국부전지작용

3) 전식량

$$M = Z_i t \, [g]$$

단, Z 는 전기화학당량[mg], i 는 통전전류, t 는 통전시간[초]이다.

4) 식염수 중에 측정된 전극 전위

금 속	마그네슘	알루미늄	카드미늄	철	주 석	동	스텐리스
전 극 전위[V]	-1.73	− 0.85	-0.82	− 0.63	− 0.49	− 0.20	-0.15

3.2 이종금속의 접촉부식요인

2종 금속이 만날 때 이온화 금속이 큰 금속이 부식

1) 수분·습도의 영향 : 접촉부 대기 중 노출로 수분부착, 온도상승하여 국부전지 작용이 발생하며 수분이 없으면 절대부식은 발생하지 않는다.
2) 부식환경의 영향 : 부착된 수분(염수, 아황산수)의 도전성에 따라 부식이 증감
3) 온도조건 : 온도상승으로 부식을 촉진하고, 온도가 20[℃] 상승하면 부식속도가 2배이다.
4) 분진의 부착 : 분진부착으로 습기를 흡수하여 부식이 발생한다.

3.3 이종금속의 접촉에 의한 부식방지 대책

1) 이종금속간을 절연하여 국부전지의 전류 차단시킴으로써 부식을 방지한다.
2) 이종금속간에 중간금속을 삽입하여 상호 전위차 경감시켜 부식을 감소시킨다.

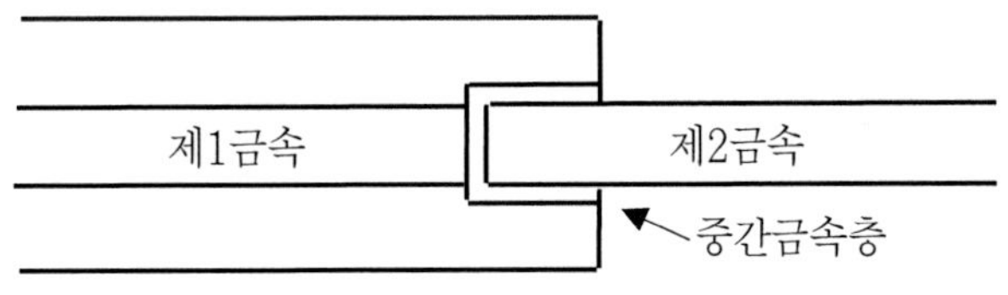

그림 4.31 중간 금속층의 삽입

3) 이종금속간에 물이 고이지 않게 한다.
4) 이종금속의 접촉면적을 적게 하며, 부식량은 전류밀도에 비례한다.

5) 이종금속간의 전위차가 적은 것을 선택한다(전위차에 비례하여 부식).

① 상대 전위차

$$\frac{V_a - V_b}{\frac{V_a + V_b}{2}} = \frac{2(V_a - V_b)}{V_a + V_b}$$

단, V_a 는 a 금속의 전위, V_b 는 b 금속의 전위이다.

② 상대 전위차에 의한 부식정도

상대 전위차[V]	부식측 금속의 부식 정도
0 ~ 0.2	거의 부식되지 않음
0.2 ~ 0.8	약간의 부식 진행
0.8 ~ 1.2	심한 부식
1.2 이상	조합 사용이 불가능

③ 이종금속의 접촉에 의한 부식 정도

접촉금속 / 피접촉금속	알루미늄	철	주 석	동
알루미늄		B	B	D
철	B		C	C
주 석	A	A		B
동	A	A	B	

※ A : 접촉금속에 의한 피접촉금속의 부식이 증가하지 않는 것
B : 접촉금속에 의한 피접촉금속의 부식이 약간 증가하는 것
C : 접촉금속에 의한 피접촉금속의 부식이 심하게 증가하는 것
D : 조합을 금하여야 할 것

4-13. 행거, 드로퍼(Dropper)

1. 개 요

1.1 행 거

1) 용 도 : 전차선을 조가선 또는 보조조가선에 묶기 위한 금구이다.

2) 구 성

① 행거바 : 대상(판상), 봉상 등이 있고, 재질은 철판, 강판, 스테인레스강봉, 인청동봉

② 이어링 : 볼트체부형(국내 적용), 고리체부형, 레바체부형 등이 있고, 재질은 알루미늄청강

3) 절연 행거

역구내 홈의 상부 개소 등 조가선의 절연이 필요한 경우에 조가선에 애자, 합성수지 등을 사용하여 절연한다.

1.2 드로퍼

1) 용 도

① 콤파운드 카테나리 전차선 : 보조조가선을 조가선에 매단다.

② 심플 카테나리 전차선 : 전차선의 무효부분을 조가선에 매단다.

2) 구 성

① 드로퍼선

㉠ 재질 : 스테인레스 강선, 아연도금 강선

㉡ 국내 적용 : CdCu 10[mm^2]

② 드로퍼 클립

㉠ 주철 : 강선에 취부

㉡ 알루미늄 청동 : 동선 또는 동합금선 취부

1.3 행거, 드로퍼의 구비조건

기계적 강도 클 것(진동에 느슨함이 없을 것), 경량일 것, 내식성이 좋을 것, 유지·보수가 용이할 것(단시간 교체 가능할 것)

1.4 행거 드로퍼비교

구 분	행 거	드 로 퍼
형 태	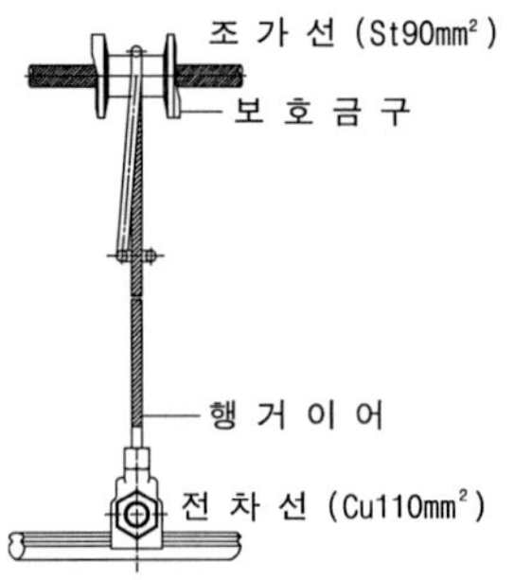 조 가 선 (St90mm²) 보 호 금 구 행 거 이 어 전 차 선 (Cu110mm²)	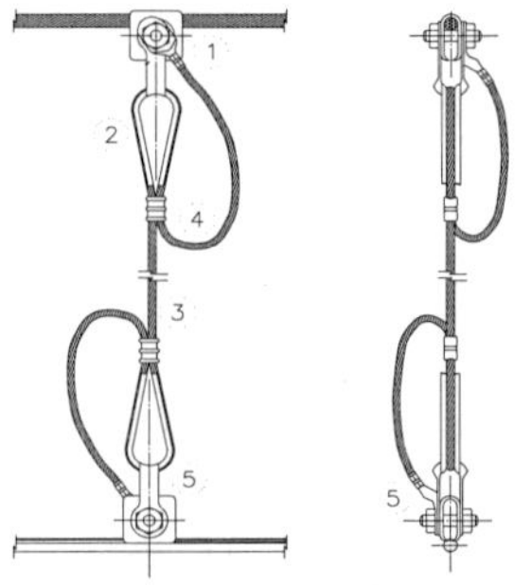 1 2 3 4 5
구 성	보호금구, 행거, 행거이어	① 드로퍼클램프, ② 심블, ③ 드로퍼선 ④ 슬리이브, ⑤ 터미널
설치간격	5[m]	5[m], 10[m]
장 점	• 시공이 간편 • 간단한 구조	• 전차선 압상에 따른 전선의 소선 단선 방지 • 균압선 작용(동일 합성전차선에서)
단 점	• 조가선 보호금구 이탈시 전위차로 인한 전기적 손상 우려됨 • 기계적 마찰 및 전위차에 의한 조가선 단선우려	• 시공이 번잡 • 구조가 복잡

2. 행거·드로퍼의 설치

2.1 드롭퍼 설치 기준

1) 다음 표를 기준으로 하되 가선시스템에 따라 조정할 수 있다.

속 도 등 급	설 치 간 격 [m]	비 고
300~350킬로급	4.5~6.75	
250킬로급	3~4.5~5	
150~200킬로급	2.5~5	
70~120킬로급	2.5~5	행거이어 사용 가능

2) 기존 산업선 구간(BT방식)의 드롭퍼간격 : 10[m]

3) 교차장치에서 본선과 교차되는선의 드로퍼(행거이어 포함)는 서로 접촉되지 않도록 설치한다

2.2 드로퍼 간격 계산(일본 전기학회 연구회 자료에 제시된 드로퍼 간격 계산식)

1) 계산식

$$L = \frac{2 \times F \times Tm}{Wt \times (Tm + Tt)}$$

L : 드로퍼 간격 F : 압상력

Tm: 조가선의 장력 Tt : 전차선의 장력

Wt: 전차선의 단위길이당 중량

2) 계산예

① 조건 : 압상력(6), 조가선 및 전차선의 장력(1,000), 전차선의 단위길이당 중량 (0.9877) 일 경우

② 계산 결과

$$L = \frac{2 \times 6 \times 1{,}000}{0.9877 \times (1{,}000 + 1{,}000)} = 6.07[m]$$

2.3 행거길이 : 최소길이 150[mm]

경간 60[m]에서 동적압상량 124[mm] + 이어길이 20 ~ 30[mm] = 150 [mm]

2.4 절연행거

직류구간에서 조가선을 무가압으로 하는 경우(조가선과 전차선 사이), 행거에 100[mm] 현수애자를 삽입하며 간격이 좁아 애자삽입이 곤란할 때 절연행거를 사용한다.

3. 행거·드로퍼의 길이 계산

3.1 길이 선정

1) 계산에 의한 방법 : 조가선의 카테나리 곡선에 일치하는 수치로 제작

2) table 에 의한 방법 : 미리 계산해 놓은 table 이용(많이 사용됨)

3.2 이도계산의 기본식

1) 일반적으로 전선이 가요성을 갖고 재질이 균등하여 신축하지 않는다고 가정하고 이 전선을 장력 T 로 가설한 경우 다음 미분방정식이 성립한다.

$$T = \frac{d^2y}{dx^2} + \frac{dy}{dx} \cdot \frac{dT}{dx} - Fy\sqrt{1+\left(\frac{dy}{dx}\right)^2} = 0 \quad \cdots\cdots (3.1)$$

단, Fy 는 단위길이당 더해지는 y 방향의 힘이다.

2) 장력 T 가 일정하다면 $dT/dx = 0$, Fy 는 전선의 단위중량(ω)만 고려하면 $Fy = \omega$ 이므로 (3.1) 식은

$$T = \frac{d^2y}{dx^2} = \omega\sqrt{1+\left(\frac{dy^2}{dx}\right)} \quad \cdots\cdots (3.2)$$

(3.2) 식은 구배 dy/dx 의 변화분 d^2y/dx^2 에 T 를 곱한 것으로 평행조건을 표시한 것이다(길이 변화에 따라 중량의 변화분이 같음).

$$ds = \sqrt{1+\left(\frac{dy}{dx}\right)^2} \cdot dx$$

3) 식 (3.2)에서 $dy/dx \ll 1 \rightarrow dy/dx \fallingdotseq 0$ 로 보면 $T = d^2y/dx^2 = \omega$ 가 된다. 그러므로 이 식을 풀면

$$y = \frac{\omega}{2T} \cdot x^2 + Ax + B$$

단, A, B 는 원의 위치에 따라 결정되는 상수이다.

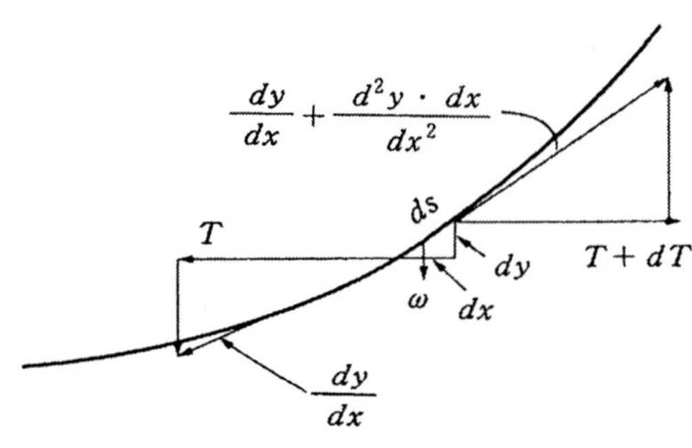

그림 4.32 길이변화량

3.3 양단의 가고가 같고 전차선이 수평인 경우

$L = H - D + R$ 에서 $x = S/2$

$$D = \frac{\omega}{2T}x^2 = \frac{\omega}{2T}\cdot\left(\frac{S}{2}\right)^2 = \frac{\omega s^2}{8T},\quad R = \frac{\omega}{2T}x^2$$

$$\therefore L = H - \frac{\omega}{8T}S^2 + \frac{\omega}{2T}x^2$$

단, L 은 구하고자 하는 행거길이[m], H 는 가고[m], T 는 표준온도에서 조가선의 장력[kgf], ω 는 합성전차선(조가선, 전차선, 행거 포함)의 단위중량[kg/m], S 는 경간[m], x 는 경간 중앙에서 행거까지의 거리[m]이다.

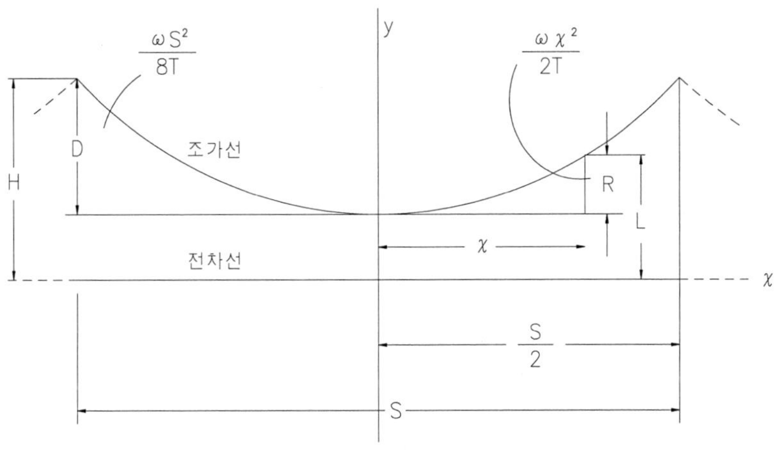

그림 4.33 양단가고가 같고 전차선이 수평일 때

【예제 4.4】

양단 가고가 같고 전차선이 수평인 경우S=50[m], H=960[mm] = 0.96[m], T=1000[kgf], ω = 1.745[kg/m], 조가선(st90[mm^2])의 단위중량 = 0.697[kg/m], 행거의 평균중량 = 0.06[kg/m], 전차선(GT110[mm^2]의 단위중량 = 0.988[kg/m]

☞ 해 설)

1) 행거(드롭바) 길이 계산

① 경간중앙에서 이도

$$D = \frac{\omega s^2}{8T} = \frac{1.745 \times 50^2}{8 \times 1000} \fallingdotseq 0.545[m] = 545[mm]$$

② 행거위치의 이도

$$R_1 = R_{10} = \frac{\omega}{2T} \cdot x_1^2 = 1.745 \times \frac{22.5^2}{2 \times 1000} \fallingdotseq 0.441[m] = 441[mm]$$

$$R2 = R_9 = \frac{\omega}{2T} \cdot x_2^2 = 1.745 \times \frac{17.5^2}{2 \times 1000} \fallingdotseq 0.2672 = 267[mm]$$

$$R_3 = R_8 = \frac{\omega}{2T} \cdot x_3^2 = 1.745 \times \frac{12.5^2}{2 \times 1000} \fallingdotseq 0.136[m] = 136[mm]$$

$$R_4 = R_7 = \frac{\omega}{2T} \cdot x_4^2 = 1.745 \times \frac{7.5^2}{2 \times 1000} \fallingdotseq 0.049[m] = 49[mm]$$

$$R_5 = R_6 = \frac{\omega}{2T} \cdot x_5^2 = 1.745 \times \frac{2.5^2}{2 \times 1000} \fallingdotseq 0.005[m] = 5[mm]$$

2) 행거(드롭바)의 길이

$$L = H - D + R = H - \frac{\omega s^2}{8T} + \frac{\omega x^2}{2T}$$

$$L_1 = L_{10} = 960 - 545 + 441 = 856 \fallingdotseq 855[mm]$$

$$L_2 = L_9 = 960 - 545 + 267 = 682 \fallingdotseq 680[mm]$$

$$L_3 = L_8 = 960 - 545 + 136 = 551 \fallingdotseq 550[mm]$$

$$L_4 = L_7 = 960 - 545 + 49 = 464 \fallingdotseq 465[mm]$$

$$L_5 = L_6 = 960 - 545 + 5 = 420 \fallingdotseq 420[mm]$$

3.4 양단의 가고가 다르고 전차선이 수평인 경우

1) 일반식 $y = \frac{\omega}{2T}x^2 + Ax + B$ 에서 $x = 0$일 때 $B = H$, $x = S$ 일때 $y = h$

$$\therefore h = \frac{\omega}{2T}s^2 + A \cdot S + H$$

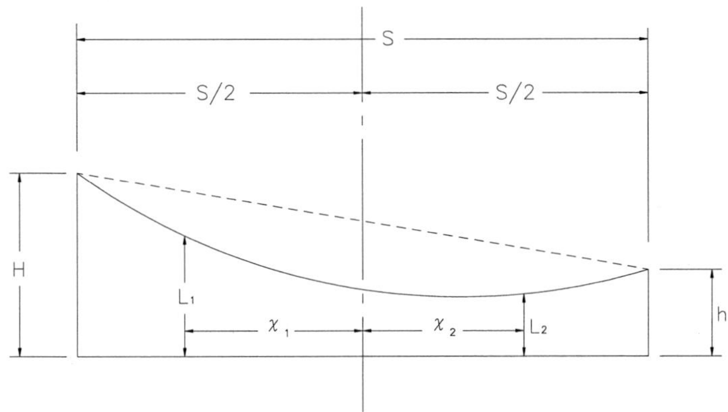

그림 4.34 양단의 가고가 다르고 전차선이 수평인 경우

$A = \frac{h-H}{S} - \frac{\omega}{2T}S$ 가 된다. 따라서

$$L = \frac{\omega x^2}{2T} + \left(\frac{h-H}{S} - \frac{\omega s}{2T}\right)x + H$$

2) 축을 $S/2$ 위치로 이동시키면

$$L = \frac{\omega}{2T}\left(x + \frac{S}{2}\right)^2 + \left(\frac{h-H}{S} - \frac{\omega s}{2T}\right)\cdot\left(x + \frac{S}{2}\right) + H$$

$$= H - \frac{\omega s^2}{8T} + \frac{\omega}{2T}x^2 - \frac{H-h}{S}\left(\frac{S}{2} + x\right)$$

여기서 x 대신 경간 중앙에서 좌측은 $-x_1$, 우측은 x_2를 대입하면

좌측 $L_1 = H - \frac{\omega s^2}{8T} + \frac{\omega}{2T}x_1^2 - \frac{H-h}{S}\left(\frac{S}{2} - x_1\right)$

우측 $L_2 = H - \frac{\omega s^2}{8T} + \frac{\omega}{2T}x_2^2 - \frac{H-h}{S}\left(\frac{S}{2} + x_2\right)$

【예제 4.5】

양단의 가고가 다르고 전차선이 수평인 경우 S=35[m], H=960[mm] = 0.96[m], h=500[mm] = 0.5[m], 조가선장력 T=1000[kgf], 전차선 단위중량 ω = 1.745[kg / m], 조가선(st90[mm^2])의 단위중량 =0.697[kg / m], 전차선(GT110[mm^2]의 단위중량 = 0.988[kg / m], 행거의 평균중량 = 0.06[kg / m]행거간격 = 5[m], 행거길이는 ?

☞ 해 설)

1) 행거길이 계산

$$D = \frac{\omega s^2}{8T} = \frac{1.745 \times 35^2}{8 \times 1000} \fallingdotseq 0.267[m] = 267[mm]$$

$$R = \frac{\omega}{2T} x_1{}^2 = \frac{\omega}{2T} x_7^2 = \frac{1.745 \times 15^2}{2 \times 1000} \fallingdotseq 0.196[m] = 196[mm]$$

$$\frac{\omega}{2T} x_2{}^2 = \frac{\omega}{2T} x_6{}^2 = \frac{1.745 \times 10^2}{2 \times 1000} \fallingdotseq 0.087[m] = 87[mm]$$

$$\frac{\omega}{2T} x_3{}^2 = \frac{\omega}{2T} x_5{}^2 = \frac{1.745 \times 5^2}{2 \times 1000} \fallingdotseq 0.022[m] = 22[mm]$$

$$\frac{\omega}{2T} x_4{}^2 = \frac{1.745 \times 0^2}{2 \times 1000} \fallingdotseq 0[m] = 0[mm]$$

① 경간중심 좌측

$$\frac{H-h}{S}\left(\frac{S}{2} - x_1\right) = \frac{0.96-0.5}{35}\left(\frac{35}{2} - 15\right) \fallingdotseq 0.333[m] = 33[mm]$$

$$= \frac{0.96-0.5}{35}\left(\frac{35}{2} - 10\right) \fallingdotseq 0.099[m] = 99[mm]$$

$$= \frac{0.96-0.5}{35}\left(\frac{35}{2} - 5\right) \fallingdotseq 0.164[m] = 164[mm]$$

$$= \frac{0.96-0.5}{35}\left(\frac{35}{2} - 0\right) \fallingdotseq 0.230[m] = 230[mm]$$

② 경간중심 우측

$$\frac{H-h}{S}\left(\frac{S}{2} + x_2\right) = \frac{0.96-0.5}{35}\left(\frac{35}{2} + 5\right) \fallingdotseq 0.296[m] = 296[mm]$$

$$= \frac{0.96 - 0.5}{35}\left(\frac{35}{2} + 10\right) \fallingdotseq 0.361\,[\text{m}] = 361\,[\text{mm}]$$

$$= \frac{0.96 - 0.5}{35}\left(\frac{35}{2} + 15\right) \fallingdotseq 0.427\,[\text{m}] = 427\,[\text{mm}]$$

2) 행거의 길이

$$L = H - \frac{\omega s^2}{8T} + \frac{\omega x^2}{2T} - \frac{H - h}{S}\left(\frac{S}{2} \mp x\right)$$

$$L_1 = 960 - 267 + 196 - 33 = 856 \fallingdotseq 855\,[\text{mm}]$$

$$L_2 = 960 - 267 + 87 - 99 = 681 \fallingdotseq 680\,[\text{mm}]$$

$$L_3 = 960 - 267 + 22 - 164 = 551 \fallingdotseq 550\,[\text{mm}]$$

$$L_4 = 960 - 267 + 0 - 230 = 463 \fallingdotseq 465\,[\text{mm}]$$

$$L_5 = 960 - 267 + 22 - 296 = 419 \fallingdotseq 420\,[\text{mm}]$$

$$L_6 = 960 - 267 + 87 - 361 = 419 \fallingdotseq 420\,[\text{mm}]$$

$$L_7 = 960 - 267 + 196 - 427 = 462 \fallingdotseq 460\,[\text{mm}]$$

3.5 양단의 가고가 다르고 전차선이 기울기(구배)가 있는 경우

1) 3.4의 식에서 전차선의 기울기만 빼주게 되면 $S/2$ 지점의 기준은 $-x_1$, $+x_2$ 이다.

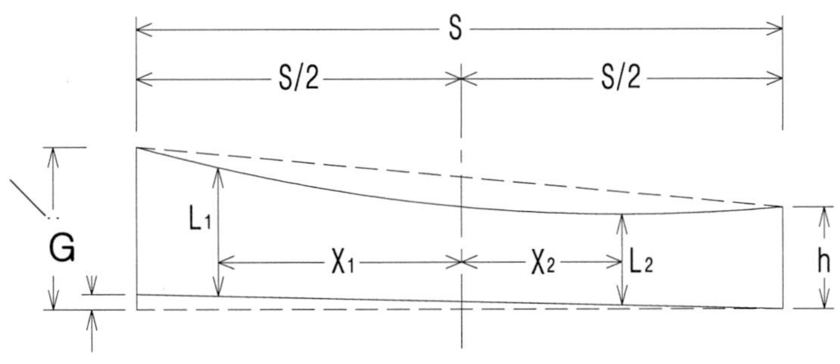

그림 4.35 양단의 가고가 다르고 전차선이 기울기가 있는 경우

2) 전차선의 기울기 $Y = -\frac{G}{S}x + G$

3) y 축을 S/2 지점으로 이동시키면

$$Y = -\frac{G}{S}\left(x + \frac{S}{2}\right) + G = -\frac{G}{S}x - \frac{G}{2} + G$$

$$= -\frac{G}{S}x + \frac{G}{2} = \frac{G}{S}\left(\frac{S}{2} - x\right)$$

4) 여기서 x 대신에 경간 중앙에서 좌측은 $-x_1$, 우측은 x_2를 대입하면

$$Y_1 = \frac{G}{S}\left(\frac{S}{2} + x_1\right)$$

$$Y_2 = \frac{G}{S}\left(\frac{S}{2} - x_2\right)$$

$$L_1 = H - \frac{\omega s^2}{8T} + \frac{\omega}{2T}x_1^{\,2} - \frac{H-h}{S}\left(\frac{S}{2} - x_1\right) - \frac{G}{S}\left(\frac{S}{2} + x_1\right)$$

$$L_2 = H - \frac{\omega s^2}{8T} + \frac{\omega}{2T}x_2^{\,2} - \frac{H-h}{S}\left(\frac{S}{2} + x_2\right) - \frac{G}{S}\left(\frac{S}{2} - 1x_2\right)$$

3.6 에어 섹션 평행개소의 경우

A ~ B 간 : $L = \frac{P}{2T}x^2 + Ax + H$

B ~ C 간 : $L = \frac{q}{2T}x^2 + Bx + C - R'$

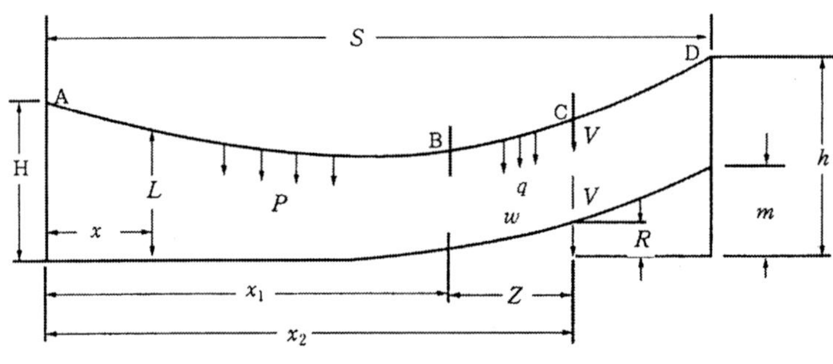

그림 4.36 에어섹션 평행개소의 경우

C~D간 : $L = \dfrac{q}{2T}x^2 + Dx + E - Q - R$

단 , $A = B - \dfrac{x_1}{T}(P-q)$, $B = D - \dfrac{V}{T}$, $C = H - \dfrac{{x_1}^2}{2T}(P-q)$,

$D = \dfrac{h-E}{S} - \dfrac{q \cdot S}{2T}$, $E = C - \dfrac{V}{T}x_2$, $R = \dfrac{P}{2T_1}(x_2 - x_1)^2$,

$R' = \dfrac{\omega}{2T_1}(x - x_1)^2$, $Q = \dfrac{V(x - x_2)}{T_1}$,

$x_1 = S - \sqrt{\dfrac{2T_1}{\omega}\left[m - \dfrac{V}{T_1}(S - x_2)\right]}$, $B = C$, $E = C \therefore V = 0$

4. 행거 드로퍼 경간별 길이 및 배치방법

4.1 지지점 높이가 같을 경우 드로퍼 길이 예

경간	행가NO	1	2	3	4	5	6	7	8	9		
15[m]	간격[m]	2.5	5.0	5.0	2.5							
	길이[mm]	682	660	682								
20[m]	간격[m]	2.5	5.0	5.0	5.0	2.5						
	길이[mm]	671	628	628	671							
25[m]	간격[m]	2.5	5.0	5.0	5.0	5.0	2.5					
	길이[mm]	660	595	573	595	660						
30[m]	간격[m]	2.5	5.0	5.0	5.0	5.0	5.0	2.5				
	길이[mm]	649	562	518	518	562	649					
35[m]	간격[m]	2.5	5.0	5.0	5.0	5.0	5.0	5.0	2.5			
	길이[mm]	639	529	464	442	464	529	639				
40[m]	간격[m]	2.5	5.0	5.0	5.0	5.0	5.0	5.0	5.0	2.5		
	길이[mm]	628	497	409	366	366	409	497	628			
45[m]	간격[m]	2.5	5.0	5.0	5.0	5.0	5.0	5.0	5.0	5.0	2.5	
	길이[mm]	617	464	355	289	267	289	355	464	617		
50[m]	간격[m]	2.5	5.0	5.0	5.0	5.0	5.0	5.0	5.0	5.0	5.0	2.5
	길이[mm]	606	431	300	213	169	169	213	300	431	606	

4.2 전주경간별 드로퍼 배치 예

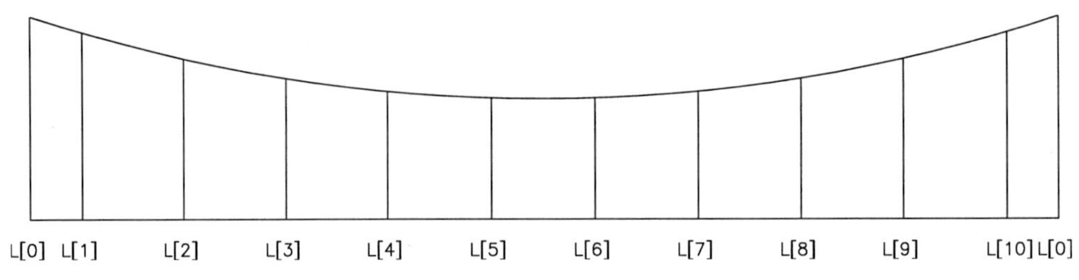

그림 4.37 전주의 경간이 50[m]인 경우 배치

4-14. 진동방지, 곡선당김장치

1. 개 요

1.1 진동방지, 곡선당김장치의 설치 목적 : 전차선의 편위를 유지한다.

1) 전차선의 동요, 풍압에 의한 진동의 억제
2) 전차선을 소정의 위치에 가선하므로써 팬터그라프의 양호한 집전상태를 유지

1.2 진동방지장치

1) 용 도

① 전차선, 보조조가선의 횡진방지장치
② 직선로 및 R=1,600[m]이상의 곡선로에서 전차선의 지그재그 편위 유지 위해사용

2) 구 성

진동방지 스팬선(SS41 지름 13[mm] 아연도금 또는 아연도금강연선 55[mm^2]
진동방지금구로 구성된다.

1.3 곡선당김장치

1) 용 도

① 곡선로에서 전차선은 곡선 횡장력에 의해 곡선 내측으로 끌려온다.

② 전차선을 외측으로 당겨 전차선의 편위를 유지시키는 장치를 말한다.

2) 구 성

① 일반 : 곡선당김금구, 구수선, 애자

② 가동 브래킷 구간 : 곡선 당김금구를 지지금구 이용하여 진지 파이프에 부착

2. 장치의 적용

2.1 진동방지금구

진동방지장치의 일부로 전차선과 보조조가선에 부착하는 금구이다.

2.2 곡선당김금구

곡선당김장치의 일부로서 전차선과 보조조가선을 곡선로의 외측으로 당기기 위한 금구

2.3 곡선당김, 진동방지금구의 종류

구 분	진동방지 금구 종별	비 고
본 선	궁형(L=900[mm])	가동 브래킷, 가동 파이프식, 가압빔
측 선	직선 형(L=425[mm])	스팬로드식 정차장 구내설비가 많아 여유가 없는개소

3. 장치의 설치방법

3.1 설치간격

1) 진동방지장치 : 직선로 및 곡선 반경 1,600[m] 이상의 곡선로에 각 지지점마다 설치한다.

장 소	본 선	측 선	비 고
고정빔 및 고정 브래킷의 경우	각 지지점	4경간마다	전차선이 밀집하는 각 부분에서 팬터그라프 통과에 지장 없을 것
가동 브래킷의 경우	각 지지점		
강풍 구간	각 지지점		

2) 곡선당김장치 : 곡선 반경 1,600[m] 미만의 곡선로에 각 지지점마다 설치

3.2 곡선당김 장치 설치기준

1) 합성전차선의 가동브래킷 등 각지지점에 다음과 같이 곡선당김금구를 설치한다.

① 속도등급 200킬로급 이하 가동브래킷 곡선당김금구의 설치 각도는 곡선당김금구의 레일면에 대한 표준설치각도 : 궁형 11°, 직선형 15°로 하고, 풍속 30[m/s] 이하에서 팬터그라프 통과에 지장 없을 것

② 궁형 곡선당김금구의 설치 : 팬터그라프 통과에 지장 없게 한다.

③ 자동장력 조정하는 경우 : 곡선당김장치의 억제 저항을 가능한 적게 한다.

④ 빔하스팬선에 취부하는 경우 : 이종 금속 접촉으로 인하여 부식, 단선을 없게 하고, 동일 스팬선에 2조 이상 병설하는 경우 순환전류에 의한 손상없게 한다.

⑤ 전차선과 가동브래키트의 수평파이프 수직중심간의 거리는 다음표를 표준으로 하며 허용오차의 한계를 초과하여 시설할 수 없다. 다만, 교차개소와 분기개소 등의 일부 득수개소에서는 예외로 한다.

속도등급	전차선-수평파이프 중심간 거리(표준)
200킬로급 이하	350[mm]
250킬로급	420[mm]
300킬로급 이상	600[mm]

2) 공통사항

① 분기기 부근 등에서 중간편위의 규정치 확보가 곤란한 지점 : 합성전차선 또는 조가선에 별도의 곡선당김장치를 시설한다. 합성전차선의 무효부분도 또한 같다.

② 곡선당김금구를 취부할 수 없는 경우 : 직접 조가방식 등 적당한 방법으로 합성전차선을 지지할 수 있다. 다만, 자동장력조정장치를 설치한 구간(Section)에서는 장력조정에 대한 억제저항이 증가하지 않도록 한다.

4-15. 균압장치, 건널선(교차)장치

1. 개 요

1.1 건널선장치(Overhead Crossing)

선로가 교차하는 장소에서는 전차선도 교차해야 하고, 선로의 분기장소에서 전차선을 교차시켜 팬터그라프의 집전이 가능하게 한 장치이며 건넘선 창치라고 한다.

1.2 건널선장치의 설치목적

교차하는 전차선의 레일면상 높이를 같은 높이로 유지하여 팬터그라프가 전차선에 끼여드는 사고를 방지한다.

1.3 건널선장치의 구성

교차금구, 커넥터, 보호커버, 권부클립(행거방식) 등

1.4 전차선의 교차개소

건널선장치개소, 무효부분의 전선상호교차개소등

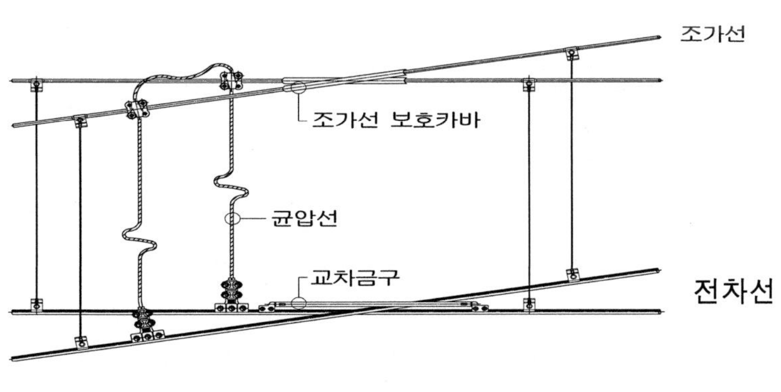

그림 4.38 건널선장치

2. Connector 금구(균압장치)

2.1 커넥터의 용도 및 구성

조가선 · 전차선 상호간에 전위차가 생기지 않게 균압하고, 조가선 · 보조조가선에서 전차선의 급전전류를 분기하며, 이어, 클램프, 리드선로 구성한다.

2.2 커넥터의 종류

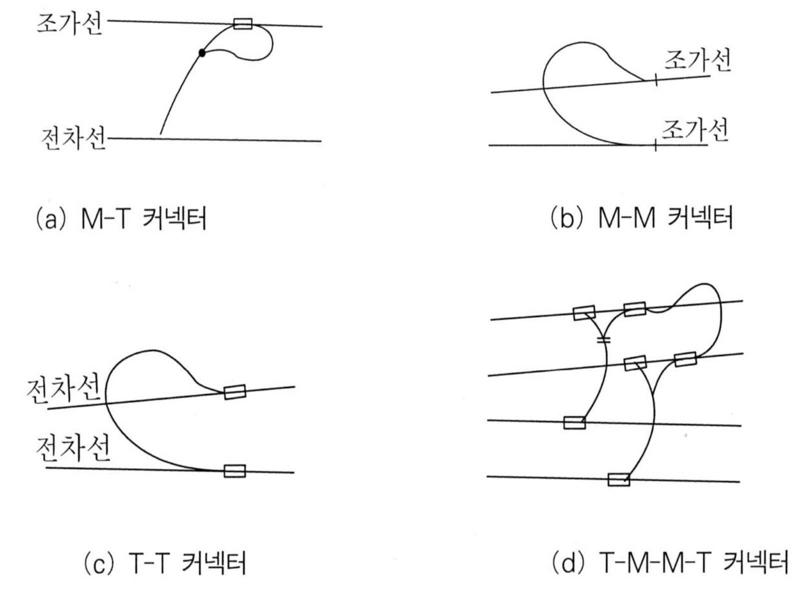

(a) M-T 커넥터 (b) M-M 커넥터

(c) T-T 커넥터 (d) T-M-M-T 커넥터

그림 4.39 커넥터의 종류

2.3 균압설비의 종별 사용기준

1)속도 등급 250킬로급 이상 철도의 균압설비

① 경간 중앙 드로퍼에 설치되는 M-T 균압선의 설치간격 : 최대 200[m], 균압선의 선종은 26[mm^2]의 연동연선, 경간의 중간 부근의 드로퍼선에 클램프로 지지시켜 설치하여야 한다. 단, 균압용 드로퍼 설치구간은 예외

② 에어조인트(비절연구분)개소 : 무효전차선 부분 드로퍼지점에 연속균압선을 설치하여야 한다.

③ 구분장치(에어섹션, 절연구분장치)개소의 절연된 인류단말부 : 중간전주의 인류용 브래킷에 전차선과 전기적으로 균압하여야 한다.

④ 가압부분과 절연된 인류단말개소 : 전차선과 조가선을 전기적으로 균압하여야

한다.

⑤ 분기개소 : 연속균압선을 설치하여야 한다.

2) 속도 등급 200킬로급 이하 철도의 균압설비

① 종별 및 사용구분

㉠ 카드뮴동연선(CdCu), 청동연선(Bz), 강심동연선(CWSR) 조가선 사용시

사용구분	종 별	사용전선[mm²]	길 이	비 고
일반 설비	T-M-T형	Cu 70, Cdcu 70, Bz 65, CWSR65	소요량	장력, 인류, 구분장치 양단 및 일정 거리 균압(장력, 인류는 M-T형으로 가능)
	M-T형	Cu 70, Cdcu 70, Bz 65, CWSR65	소요량	
	M-M-M형	Cu 50, Cdcu 70, Bz 65, CWSR65	소요량	--- 〃 --- 무효부분 전차선을 조가선 대용
평행설비 및 교차장치	T-M-M-T형	Cu 95 (가요연동연선)	소요량	부득이할 경우 Cu 100[㎟] 연동연선 사용
	T-M-M-M형	Cu 95 (가요연동연선)	소요량	부득이할 경우 Cu 100[㎟] 연동연선 사용
빔하스 팬선	M-S-T형	Cu 50, Cdcu 70, Bz 65, CWSR65	소요량	대운전전류 구간 하스팬선의 각 지지점마다
터널·구름다리	T-M형	Cdcu 70 Bz 65, CWSR65	소요량	조가선 단선시 이탈방지용

㉡ 아연도강연선(St) 조가선 사용할 때

사용구분	종별	사용전선[mm²]	길이[mm] (장력조정장치 유무별)		
			유-유	유-무	무-무
평행설비	T-T용	Cu 100	800 ~ 1,000		
	M-M용	St 55	1,200	1,000	800
교차장치	M-T용	Cu 100	800	600	600
	M-M용	St 55	800	600	600
	M-T용	Cu 50	800	600	600
일반구간	M-T용	Cu 50	800~1,000		
	M-M용	St 55	1,200		

② 균압 겸용 드로퍼를 사용하는 구간을 제외하고는 조가선과 전차선은 250~300[m]마다 T-M-T형으로 균압함을 표준으로 한다. 이 경우 교차장치의 균압, 흐름방지장치 등도 균압설비로 간주한다. 다만, 운전전류가 큰 구간(수도

권)은 균압구간을 2분의 1 이하로 단축한다.

③ 전기차가 상시 정차 출발하는 곳에는 반드시 균압설비를 하여야 한다.

④ 터널 입·출구 및 구름다리 양쪽에는 T-M형의 균압장치를 한다.

3. 건널선장치(교차장치)의 설치

3.1 교차장치의 설치기준

1) 평면 교차방식의 설치

① 속도등급 200킬로급 이상 선로의 교차방식은 평면교차방식으로 시설하여야 한다.

② 정밀 시공한다 : 전주위치, 경간, 가고, 편위, 전차선의 인상 높이, 선간이격거리 및 상호 절연이격거리 등에 차질이 없도록 정밀하게 설치

③ 교차개소에서 팬터그래프의 본선 통과시 측선 전차선과의 측면접촉을 피할 수 있는 설비로 시설하여야 한다.

2) 상하교차방식의 설치

① 운전 빈도가 높은 전차선을 하부로 한다.

② 전차선이 교차하는 위치에는 교차철물을 설치하고 조가선 상호간 및 전차선 상호간 또는 조가선과 전차선을 일괄 균압한다.

③ 교차철물은 전차선의 이동에 따라서 교차한 전차선·곡선당김철물 등과 경합해서 팬터그래프의 통과에 지장을 주지 않도록 시설한다.

④ 건넘선장치에서 곡선당김철물은 상대되는 전선의 외측에 설치한다.

⑤ 교차철물의 표준길이

분기번호	표준길이	비 고
12번 분기 이하	1,400[mm] (기설 1,200[mm])	단, 산업선의 2,000[mm]는 개량시까지 계속 사용
15번 분기 이상	1,800[mm]	

⑥ 건넘선장치에서 본선과 부본선 공히 상대측 궤도중심에서 전차선까지 거리의 300[mm] 되는 지점은 수평을 유지하여야 하고, 900[mm]되는 지점은 부본선 전차선이 본선의 전차선 보다 30[mm] 높게 설치되어야 한다.

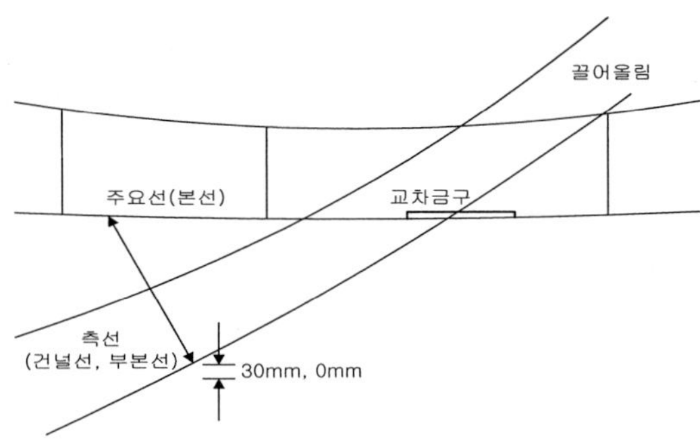

그림 4.40 기준점에서 전차선높이차

⑦ 조가선은 상호 접촉에 의한 마찰 등으로 소선이 손상되지 않도록 분리한다.

⑧ 건넘선장치 교차점에서 본선측 궤도중심과 측선측 전차선간의 간격이 1,200[mm]가 되는 지점까지는 곡선당김철물 등 일체의 크램프를 설치해서는 안 된다.

3) 합성전차선의 교차기준

① 무효부분에서의 전차선 및 조가선 건넘선장치는 교차철물을 설치하지 않는다.

② 조가선 및 전차선의 무효부분 교차는 되도록 접촉되지 않도록 한다. 접촉 우려가 있는 장소에는 마찰 및 순환전류에 의한 손상이 없도록 보호설비 및 균압설비를 한다.

3.2 건널선장치에 설치금지설비

1) 전차선의 접속개소

건널선장치에서 레일 중심선과 전차선의 간격이 0~1,200[mm] 범위에는 전차선의 접속을 금지한다.

2) 곡선당김금구(곡선인 금구)

① 고정빔 아래에 지지하지 않는 경우 : 건널선장치에서 각각의 레일 중심선과 전차선 간격 300~1,200[mm]의 범위에는 곡선당김금구를 설치하지 않는다.

② 고정빔 아래에 지지하는 경우 : 각각 레일 중심선과 전차선 간격 300~1,000[mm] 범위는 설치금지

3.3 설치 및 관리시 주의점

교차금구 부착위는 전차선의 이동량, 밸런서의 작동상태에 주의하며, 교차금구 부착부를 팬터그라프가 고속으로 통과하면 전차선의 반복 응력에 의해 피로파단할 가능이

있다. 전차선의 교차부분은 전차선 이동시 경점이 되기 쉽고, 마모도가 크므로 관리에 주의해야 한다.

4-16. 구분장치

1. 개 요

1.1 구분장치 정의

고장, 보수작업시 전차선을 국부적으로 구분해서 정전시키는 절연장치로써 팬터그라프의 습동에 지장을 주지 않으며, 전차선을 전기적으로 구분하는 장치이다.

1.2 구분장치의 종별과 사용구분

종 별		세 목	사용구분		속 도 [km/h]	비 고
			직 류	교 류		
전기적 구 분 장 치	에어섹션	삽입물없음	본선 구분용	동상의 본선 구분, 흡상변압기 및 직렬 콘덴서용	120 300(고속)	공기절연
	애자 섹션 (Section Insulator)	현수애자	역구내 상하선 및 측선 구분용	동상의 상하선 및 측선 구분용	45	
		장간애자	〃	〃	85	
		FRP제	〃	〃	120	
	사구분장치 (Dead Section)	FRP	본선 구분용	이상구분, 교직구분용	120	
		PIFE	-	이상구분	180	
		이중에어섹숀	-	이상구분	-	
	비상용 섹션		-	사고시 긴급 구분용	120	상시는 전기적으로 접속
기계적 구 분 장 치	에어 조인트	본선 구분	합성 전차선의 평행개소 구분		-	
	R-bar 및 T-bar조인트	본선 구분	합성 전차선의 평행개소 구분		160	

1.3 구분장치의 요구 조건(전기적, 기계적 강도가 충분할 것)

1) 전기적 절연성이 클 것 : 완전 절연, 아크 완전 소멸, 아크에 의한 절연파괴가 없을 것
2) 팬터그라프 통과에 지장 없을 것 : 가볍고(경점이 되지 않아야 함), 동요가 적고, 적정한 압상력을 가질 것
3) 가볍고, 기계적 강도가 클 것 : 열차의 운전속도에 대응할 수 있을 것

2. 구분장치의 설치 위치

2.1 전기적으로 계통 분리가 필요한 곳

1) 운전계통별, 상·하선별, 방면별로 구분한다.
2) 주요 역구내에서는 타 급전계통으로부터 연장 급전 가능하게 분리한다.
3) 주요 역구내의 본선과 측선을 분리한다.
4) 전동차고 및 전기기관 차고 구내의 본선과 분리한다.
5) 보수작업구간을 설정하기 쉽도록 구분한다.
6) 보호계전기의 동작범위 내가 되게 구분한다.

※ 역구내에서는 역행시 부하가 크기 때문에 아크가 발생하므로 가능한 섹션을 설치하지 않는 것이 좋다.

2.2 신호기와의 관계를 고려한 설치(차량이 섹션 내 정지하지 않게 한다.)

1) 복선구간의 장내 신호기 부근 : 장내 신호기와 일치 또는 그 내측에 설치한다.

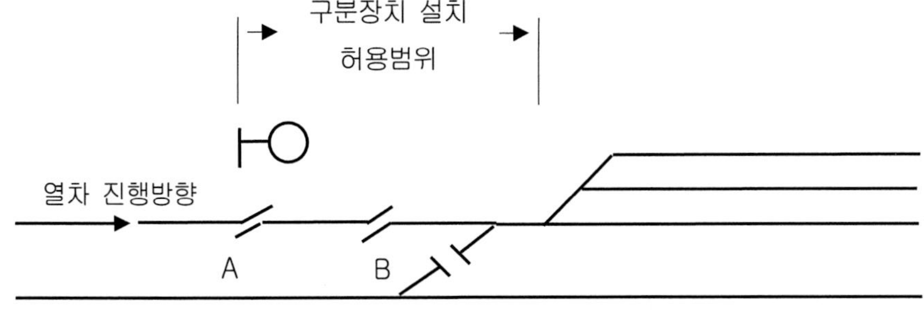

2) 복선구간의 출발 신호기 부근

① 입환을 행하는 역 끝단의 분기기에서 열차길이 + 50[m] 이상 이격한 위치

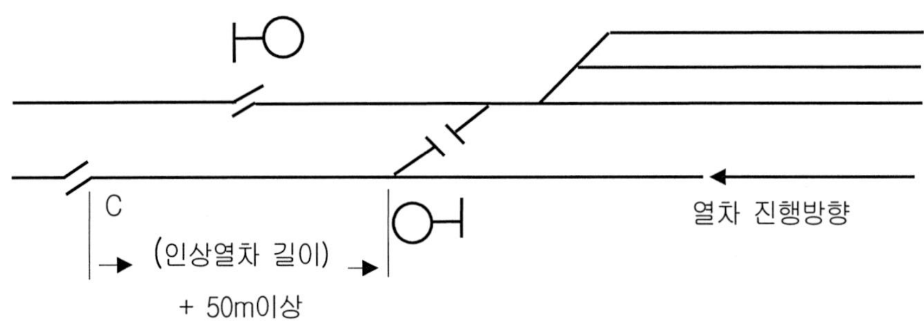

② ① 의 이격거리를 택한 구분장치와 그 전방 폐색신호기까지 거리가 당해 선로를 운행하는 전차 집전장치간 길이(최대의 것) + 50[m] 이하일 때에는 전방 폐색신호기 내측에 설치한다.

3) 단선구간의 장내 신호기 부근

장내 신호기 외측에 당해 선로를 운행하는 전차집전장치간 길이+50[m] 이상 이격한 위치

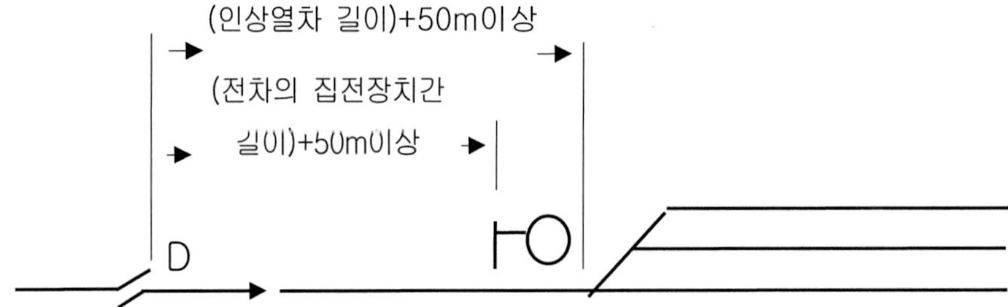

4) 역중간 폐색 신호기 부근

폐색신호기 위치와 일치시킨다. 단, 단선구간에서 상 ·하 폐색신호기의 외측이 중복되는 경우 대향의 신호기 어느 것에서 당해 선로를 운행하는 전차집전장치간 길이(최대의 것)+50[m] 이상 이격한 위치

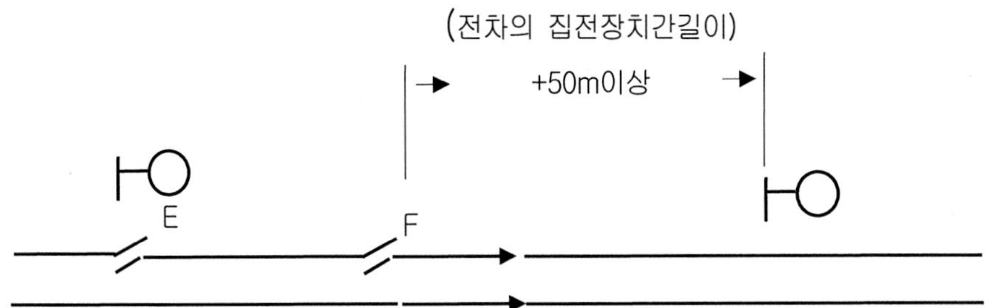

5) 입·출고선에 위치

차량정지 표시로부터 전방 20[m] 이격한 위치에 설치

2.3 Dead Section 설치위치

1) 변전소앞 및 구분소앞 : R=800[m] 이상, 상구배 G=5[‰] 이하에 설치하는 것을 원칙으로 한다.단, 부득이한 경우 급전 조건 ·차량의 성능·신호기 위치 및 열차운전 조건을 관련부서 관계자와 협의 후 선정한다.
2) 교류 이상 구분용(이상 단락방지) : 변전소 급전인출구, 급전분기소
3) 교·직 구분용(교·직 단락방지) : 교류구간과 직류구간의 접속개소
4) 기타 : 열차의 노치취급, 팬터그라프 간격, 차상기기의 절환소요시간 등을 고려하여 운전상 지장없는 위치에 설치하며, 구분장치 통과시 열차 운전조건은 노치 오프가 원칙이다.

3. Air Section

3.1 개 념

전차선에 절연물을 삽입하지 않고 전차선 상호 평행부분를 일정 간격 유지하여 공기의 절연을 이용, 구분하는 방식이다.

3.2 특 징

1) 전기적 구분장치 중 가장 간단하고, 전기적 절연성이 좋다.
2) 전차선을 평행해서 길게(250 ~ 300[mm]) 가설해야 한다.
3) 직류, 교류구간에 넓게 사용된다.
4) 팬터그라프 통과시 전류차단이 없고 전기적으로 연속하여 집전된다.

5) 집전상 경점이 되지 않기 때문에 고속운전에 적합하다.

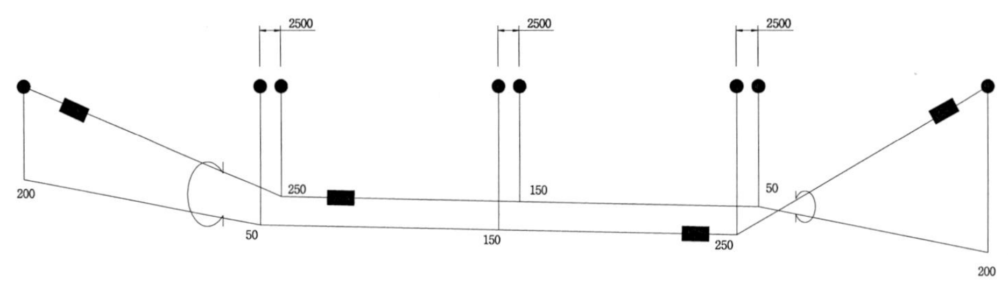

그림 4.41 에어섹션예

3.3 본선 구분용

1) 방 법

전차선 상호 평행부분을 일정간격으로 유지하여 공기의 절연을 이용하여 구분하며, 팬터그라프가 한쪽 전차선에 습동하고 섹션 중앙에서 두 전차선을 습동하여 반대편 전차선으로 옮겨가도록 구성되어 있다.

2) AC철도 에어섹숀 설치기준

① 두 개의 평행한 전차선 상호간의 이격거리는 다음표와 같이 확보하여야 한다.

속도등급	이격거리[mm]	비 고
250킬로급 이상	500	
200킬로급 이하	300	부득이 한 경우 250[mm]까지 단축할 수 있음

② 무가압 부분의 전차선과 조가선 및 이에 근접하는 가압부분의 조가선도 상호 균압한다.

③ 경간과 편위, 가고는 기본도에 의해 설치하여야 하며 중심전주의 쌍브래킷개소 전후에서 평행 등고 구간이 이루어지도록 한다.

④ 구분용 애자의 하단 : 전차선의 압상량, 가선의 이도 등을 고려하여 본선 전차선 높이에서 200[mm] 이상 올린다.(팬터그라프에 의한 전차선 최대 압상력 150[mm] + 여유 50[mm] = 200[mm])

⑤ 평행부분에서 양전차선의 레일면 높이 : 등고부분이 500[mm]이상 되게 한다.

3.4 흡상용 에어섹션(Booster Section)

1) 개 념

흡상 변압기를 전차선 회로에 삽입하기 위한 섹션이며, 일반 에어 섹션과 다른 점은 구분용 애자로 현수애자 180[mm] 1 개를 사용하는 점이다.

2) Arc 발생

흡상 변압기용 섹션을 전기차가 역행 운전할 때 section 부분에서 아크가 발생한다.

3) Arc 대책

① 콘덴서 섹션방식 : NF 회로에 직렬 콘덴서(1.8 ~ 2.5[Ω] 정도) 삽입시켜 부하전류의 차단전류를 NF 회로에 많이 분류시켜 차단전류를 감소하게 하는 방식이다.

② 저항 섹션방식 : 전차선 회로에 아크를 방지하기 위한 소호용 저항기(10[Ω])를 직렬로 삽입하여 차단전류를 억제하는 방식이다.

4. 섹션 인슐레이터(Section Insulator)

4.1 개 념

역 구내의 상·하선간 및 측선 등에 사용되며, 사고나 작업으로 인한 정전시 열차 운전의 영향을 최소구간에 한정시키기 위한 장치이다.

4.2 절연재의 구비 조건

절연내력, 항장력이 크고, 내아크성·내트래킹성이 좋으며, 노화와 마모 및 절삭이 적고, 습기를 함유하지 않으며, 열에 대한 영향이 적고, 중량이 가벼울 것

4.3 설 치

1) 건널선, 측선에 설치하는 경우 : 본선 궤도 중심에서 가능한 멀리 설치
2) 합성전차선 또는 전차선의 장력을 자동 조절하는 경우 : 변형되지 않게 설치
3) 섹션 인슐레이터 양 끝의 조가선과 전차선은 커넥터로 접속한다.

4.4 목재섹션

1) 방 법 : 천연의 견고한 재질의 목재를 사용한 섹션이다.
2) 특 징 : 구조가 간단하며 시공·보수가 용이하며, 풍우로 인한 절연열화가 되기

쉽고, 아크 발생시 목재부(절연부) 손상이 쉬우며, 열차 허용속도는 95[km/h] 이하로 되어 있다.

4.5 애자형 섹션

1) 현수애자형(동상용 애자 section)

① 방 법 : 현수애자를 절연재로 섹션의 양측에 슬라이더를 취부하여 팬터그라프가 역행으로 습동할 수 있게 한 섹션으로 궤도 중심에 수평으로 설치한다.

② 특 징 : 구조가 복잡하고, 조정이 어려우며, 중량이 커서 팬터그라프의 이선을 발생한다. 허용 열차 속도는 45[km/h] 이하, 구분용 애자는 250[mm] 현수애자 4개(2연)가 표준이다.

③ 사 용 : 초기 국내전철에 교류 20[kV] 구간의 상·하선 구분, 본선측선 구분 및 구내 측선 구분용으로 사용 하였으나 최근에는 사용 않함

2) 장간애자형

① 방 법 : 장간애자를 절연재로 사용한 애자형 섹션이다.

② 특 징

㉠ 열차속도 : 85[km/h] 이하인 측선 및 건널선의 구분을 목적으로 사용한다.

㉡ 구조상 Y형태로 방향성이 있으나 역행하여도 습동에 큰 지장없다.

㉢ 전차선의 어느 개소나 필요한 곳에 설치할 수 있다.

㉣ 전차선의 온도변화에도 원형의 변화없이 장치 전체가 균형이 되어 이행하는 추종성이 우수한 구조로 되어 있다.

㉤ 전차선의 단말처리부와 슬라이더간의 높이차는 7[mm]가 표준이다.

㉥ 본체가 경사되었을 때 조정은 수평기를 사용하여 현조장치에 있는 2개의 턴버클과 본체에 있는 볼트 등으로 조정한다.

3) 설 치

① 건널선 및 측선에 설치하는 애자형 섹션은 본선을 통과하는 열차의 팬터그라프에 지장이 없도록 본선의 궤도 중심면에서 가능한 멀리 설치한다.

② 합성전차선 또는 전차선의 장력을 자동 조절할 경우 변형되지 않게 설치하고, 애자 섹션 양단 동일 급전계통의 전차선과 조가선 사이는 각각 상호 균압한다.

4.6 수지제 섹션

1) 직류 1,500[V] 용 : 상하선 및 측선 구분용

① 방 법 : 절연본체로 수지재료(FRP)를 사용한 섹션

② 특 징 : 열차허용 속도가 95[km/h] 이하이고, 무가압상태의 습동이 아니므로 아킹혼은 원칙적으로 취부하지 않는다. 단, 전차고의 입·출고선에서와 같이 저속으로 대전류를 단속하는 곳에 아킹혼(R 형)을 취부할 필요가 있다.

③ 특수 내열 자기 섹션(세라믹 섹션) : 최근에 개발되었으며, 기계적 강도가 크고, 내절연성·내열성(내아크성)·내기후성이 좋다.

2) 교류 25[kV]용 : 동상의 상하선 및 측선 구분용이다.

① 방 법 : 절연본체로 수지재료(FRP)를 사용한 섹션

② 특 징 : 동상용 FRP 섹션, 열차속도 85[km/h]이하

※ FRP(Fiber Reinforced Plastics) Section : 유리섬유 적층 성형수지품 섹션

㉠ 제 조 : 폴리에스텔, 실리콘, 에폭시 등의 합성수지에 유리섬유 등과 결합

㉡ 특 징 : 실리콘계 FRP는 기계적 강도가 크고, 내절연성·내열성(내아크성)·내기후성에 좋으며, 에폭시계 FRP는 전차선 관계에 적용을 하지 않는다.

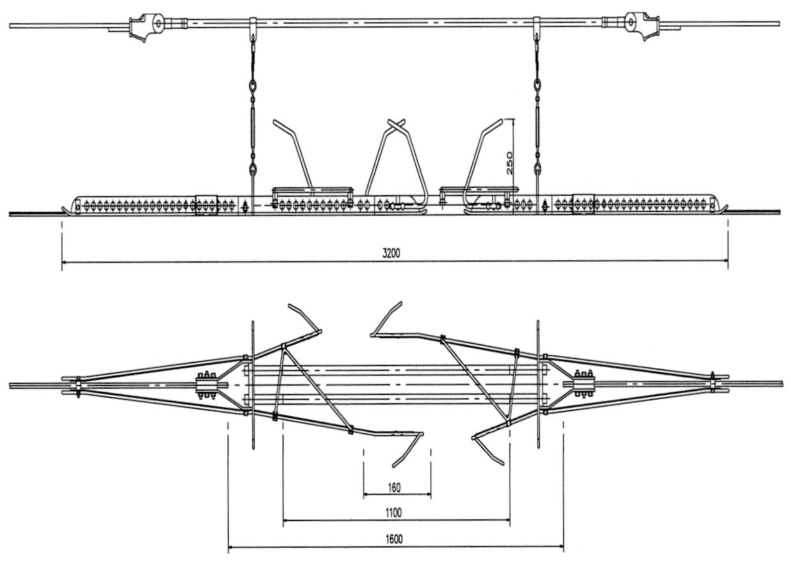

그림 4.42 합성수지제(FRP제) 절연구분 장치 약도

4.7 이상용 절연방식 비교

구 분	FRP 절연방식	이중 절연방식	PTFE 방식
개 요	절연체인 FRP 22[m]사용 (2[m]인 절연체의 조합)	AS-중성구간-AS로 구성되며 중성구간은 무가압으로 교체 섹숀형 차단기가 필요	중성구간에 알루미늄 합금제사용으로 maintenance free
구 조	단 순	복 잡	보 통
집전특성	▪ 유연성이 부족하여 경점으로 작용 ▪ 집전특성 불량 ▪ 팬터그래프 마모 및 손상 ▪ FRP 표면에 카본 부착으로 인한 통전	▪ 집전특성 양호 ▪ 팬터그래프 습동판 보호	▪ 집전특성 양호 ▪ 아크 소호특성 양호(1초)
운행속도	감속운전 필요	고속운행	고속운행(300km/h)
유지보수성	보통	유리	유리
경제성	100[%]	135[%]	110[%]
사용실적	수도권, 일본	유럽, 경부고속철도	러시아, 호주, 이탈리아

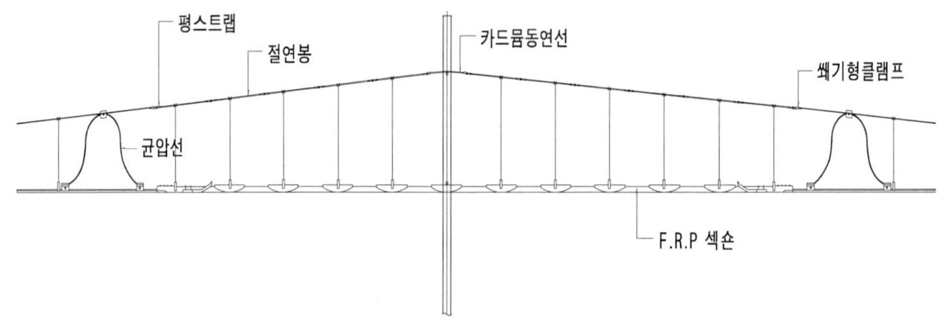

그림 4.43 FRP 구분장치 설치 예(기존 구간 사용)

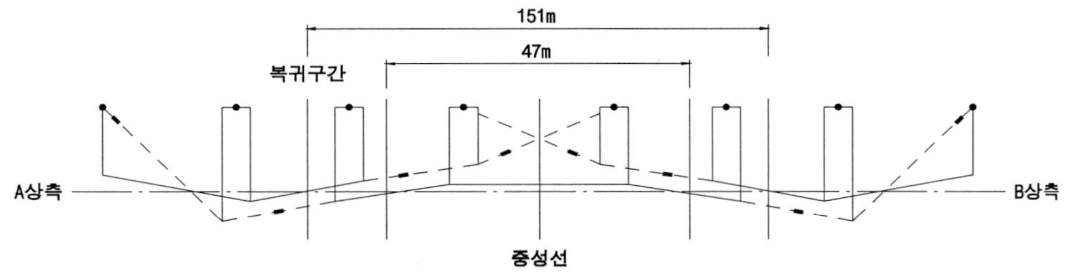

그림 4.44 이중절연방식(고속철도)

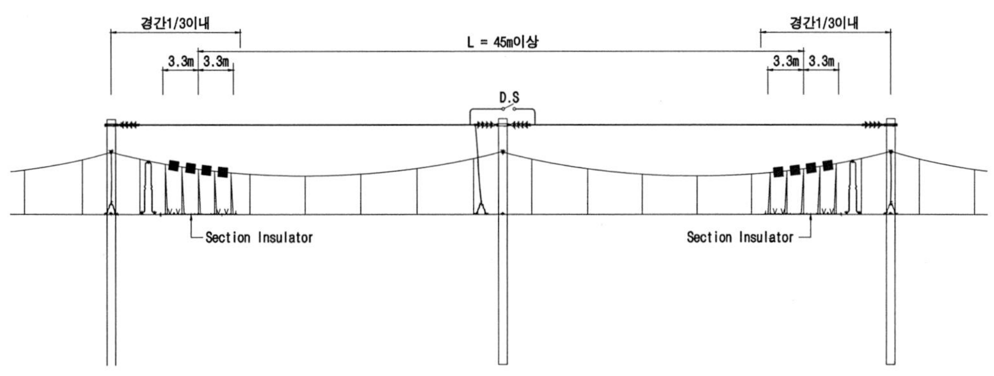

그림 4.45 AC 이상용 절연방식 설치 예

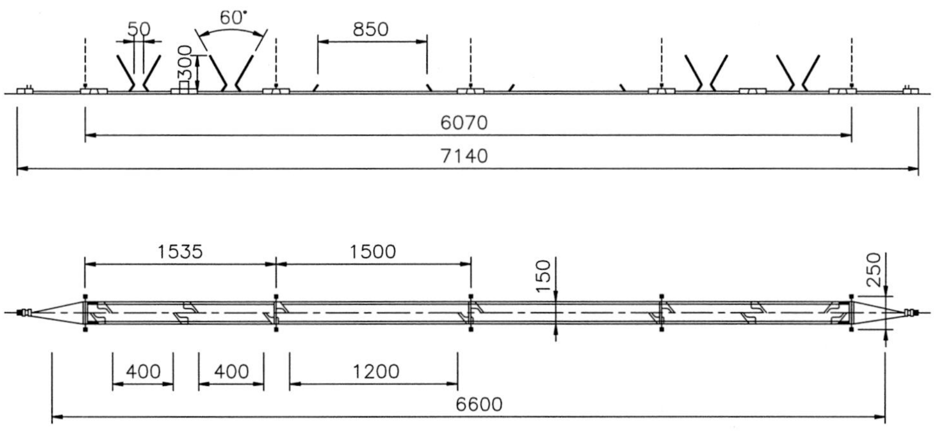

그림 4.46 PTFE type 절연방식 예

5. 데드 섹션(Neutral Section, Dead Section, 사구간, 절연구간)

5.1 개 념

교류에서 위상이 다른 곳(M상, T상), 전기방식이 다른 곳(교류와 직류가 만나는 곳)에 일정한 길이만큼 전기가 통하지 않게 한 장치

5.2 설치기준

1) 절연구분장치의 길이는 당해선구를 운행하는 전기차의 속도·팬터그래프의 성능 및 설치간격·지형조건 등을 고려하여 선정한다.
   ① 운행될 열차의 최대 길이와 그 열차의 팬터그래프 사이 거리(동일 회로로 연결되는 팬터그래프간 거리) 등을 고려하여 급전구분 구간 사이를 전기적으로 단락시키지 않을 길이 이상으로 설치하여야 한다.
   ② 절연구간 내 전기차가 정차하여 자력으로 이동할 수 없는 구간은 자력 이동이 가능하도록 전원을 투입할 수 있는 개폐설비를 하여야 한다.

2) 절연체를 사용하는 구분창치의 설치
   ① 절연구간을 갖는 인류구간의 길이 : 600[m] 이하로 하고 활차식 자동장력 조정에 의한 일단 조정을 한다.
   ③ 절연구분장치 양단의 조가선과 전차선은 상호 규압하다.
   ④ 사구분장치 구간의 조가선 : 팬터그라프 통과시 생기는 아크에 손상이 없게 시설한다.

3) 이중에어섹션 설치(고속철도)
   ① 절연구분장치는 기본도에 따라 각 경간, 편위, 가고를 정확하고 차질이 없도록 설치하여야 한다.
   ② 절연구분장치는 상이 다른 두 개의 전원 사이에 무가압의 중성구간을 만들기 위해 2중의 에어섹숀으로 구성되며, 에어섹숀의 평행구간을 정확하게 설치하여 두 전원이 완전이 절연 구분되도록 설치하여야 한다.
   ③ 중성구간 양측에 설치된 에어섹숀의 인류주 앞쪽 중간전주 중심에서 절연구간측으로 2.5[m] 이상 이격된 위치에 설치되는 합성수지 애자 사이와 또한 두 전원의 에어섹숀개소인 평행구간 조가선(중성구간 측 중간전주 쪽은 전주중심에서 2.5[m], 반대측 즉, 절연구간 끝 쪽의 중간전주의 중심으로부터 1.5[m]

이격된 위치간)은 보호조가선으로 설치하여야 한다.

4) 강체구간의 절연구분장치

에어갭(Air Gap)식 또는 FRP식, 이중절연방식으로 할 수 있으며 강체는 고정한다.

5.3 교류 이상 구분용

1) 방 법

교류 전철화 구간의 변전소의 급전 인출구, 급전 구분소 등에서 이상 단락방지를 위해 설치하고, 절연본체로 FRP(22[m])를 사용한다.

2) 아크에 의한 손상방지

① 종 래 : 스테인레스의 아킹혼(각형)을 사용한다.

② 최 근 : 동제(GT110[mm^2])의 아킹혼(R 형) 사용으로 아크에 강하고 팬터그라프의 할입 우려가 없다.

5.4 교·직류 구분용

1) 방 법

교류구간과 직류구간의 접속 개소에서 교・직류 단락방지를 위해 설치하며, 절연본체는 교류 이상 구분용과 같은 FRP 를 사용한다.

2) 적용 예

철도청(AC 25[kV]) 구간과 서울 지하철(DC 1.5[kV]) 구간의 접속부분과 1 호선(서울역에서 남영, 청량리에서 회기), 과천선(남태령에서 선바위) 등에 설치되어 있다.

5.5 데드섹션의 길이(예)

1) 데드섹션 길이 계산시 고려사항

차량이 절연구간 통과시의 아크 길이, 팬터그래프 간격, 팬터그라프의 수

2) 교, 직 구분용

① 선정방법

차종, 속도, 주행 방향 등에 따라 달라지며, 다음식으로 선정한다.

$$유효길이[m] = \frac{총동작시간}{운전속도(km/h)}$$

$$= \frac{1,410 \times 10^{-3} \times 110 \times 10^{3}}{3,600} = 43.08[\mathrm{m}]$$

∴ 총 동작 시간은 =A+B+C+D

단, A : 아크시간[ms] : 200[ms]적용

→ 아크의 지속시간이며, 차량의 시험 결과에 여유를 두어 선정한다

B : 전압계전기 동작시간[ms] : 900[ms]적용

→ 차량이 데드섹숀에 진입하여 무전압을 감지하여 계전기 동작 시간

→ 짧을수록 좋으나, 오동작 방지를 위해 약간의 동작 지연시간을 둔다

C : 차단기의 차단시간[ms] : 210[ms]적용

D : 여유[ms] : 100[ms]적용

E : 운전속도 : 110[km/h]적용

② 계산결과(수도권 전동차의 예)

항 목	전동차(VVVF)	비 고
A+B+C+D	1,410[ms]	
최고 운전 속도시 유효 섹숀길이	43.08[m]	110[km/h] 일경우
판타그라프의 간격	14.05[m]	
소요 섹숀길이	57.13≒60[m]	

60[m]에 여유 6[m]를 두어 66[m]를 표준으로 하여 설치하고 있다

㉠ 직류로부터 교류로 진입하는 경우 : 45~60[m](60[m])

∵ 최고 운전속도(110[km/h])시 유효 섹숀길이(43.08)+판타그라프 간격(14.05) ≒ 60[m]

㉡ 교류로부터 직류로 진입하는 경우 : 20~25m(20[m])

∵ 전기적 절연거리(8m)+판타그라프 간격(14.05)≒20[m]

3) 교류 이상 구분용

차량 운전시 제약을 주지 않게 하기 위하여 아크가 소멸되는데 필요한 길이 : 8[m]

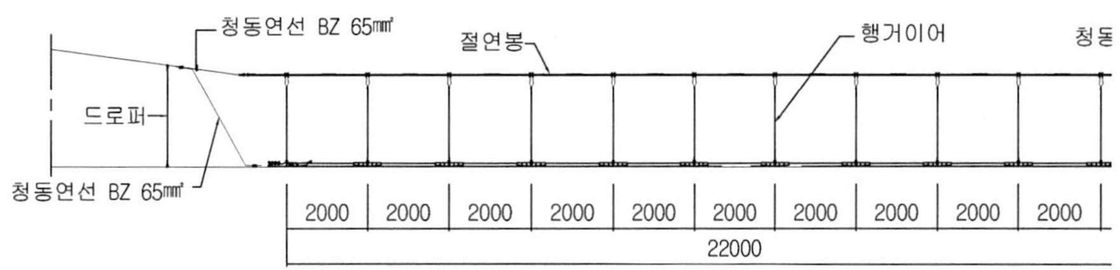

그림 4.47 FRP 절연 구분장치 22[m]용(기존 구간사용예)

6. 에어조인트(Air Joint)

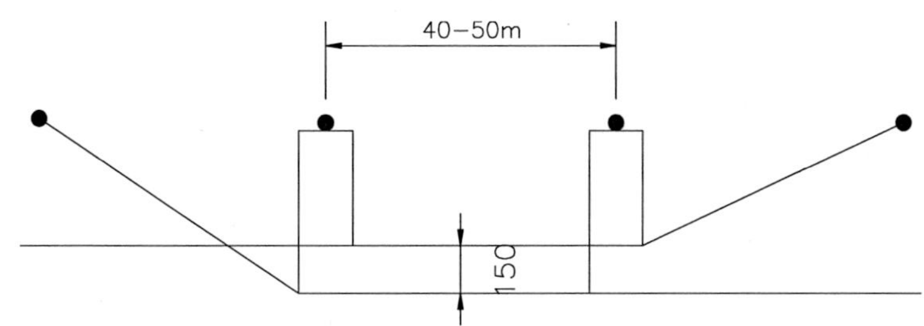

그림 4.48 에어죠인트 약도 예(한경간)

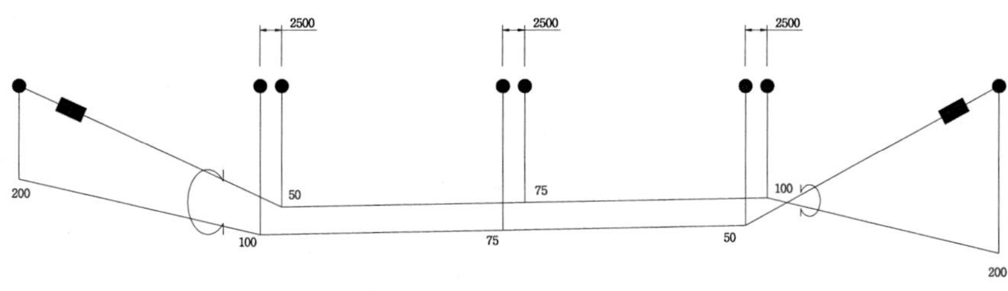

그림 4.49 에어죠인트 약도 예(2경간)

6.1 개 념

온도변화에 의한 전차선의 신축을 조정하기 위하여, 전차선을 일정한 길이로 인류하는 기계적 구분장치이다.

6.2 구 성

전차선 상호간을 평행으로 일정 간격 유지하고, 팬터그라프가 한쪽 전차선에서 양쪽 전차선을 습동하여 다른 전차선으로 옮기게 한다.

6.3 조 건

전기적으로 완전하게 접속시키고, 연속하여 집전 가능하며, 집전상 경점이 되지 않을 것

6.4 설치기준

1) 평행부분에서 전차선 상호간격은 다음표와 같이 설치한다.

속도등급	간 격	비 고
200킬로급 이하	표준 : 150[mm] 최대 : 250[mm]	단, 부득이한 경우 100[mm]까지 할 수 있다
250킬로급 이상	200[mm]	

2) 속도등급 200킬로급 이하에서는 평행부분 양단에서 조가선 상호간·전차선 상호간 및 조가선과 전차선간을 일괄 균압하고, 속도등급 250킬로급 이상에서는 두 전차선이 교차되는 중간전주의 브래킷에 균압설비를 설치하여 전기적으로 완전한 접속이 이루어지도록 설치한다.
3) 지지점에서 전차선의 인상 높이 : 교류 300[mm] 이상
4) 평행부분의 경간은 2경간 이상으로 설치함을 원칙으로 한다. 단, 속도등급 200킬로급 이하는 경간이 40[m]이상에서는 1경간으로 설치할 수 있다.
5) 평행부분에서는 단독주에 평행틀 설치를 원칙으로 하고 필요한 경우 복주를 설치할 수 있다.
6) 평행틀, 브래킷 설치, 가고 등은 에어섹션 설치기준과 같다.

7. 비상용 Section

에어섹션 + 에어 조인트(균압선)

7.1 개 념

기계적 구분장치인 Air Joint에 구분애자를 삽입하여 전기적으로 접속하고, 커넥터를 빼면 전기적 구분장치가 되어 사고시 한정구분용으로 사용한다.

7.2 설치기준

1) 재해 또는 사고시에 합성전차선을 전기적으로 구분할 필요가 예상되는 곳에 설치한다.
2) 정거장간의 비상용섹숀 : 부스타섹숀 또는 에어섹숀에 준하여 시설
3) 정거장구내의 비상용섹숀 : 애자구분장치(Section Insulator)에 준하여 시설

4-17. 인류장치, 장력조정장치

1. 개 요

전차선은 온도변화로 신축하거나 경년 및 전차선의 마모로 탄성신장이 발생하여 장력이 변한다. 장력변화를 방지하기 위해 일정길이마다 끌어당기며, 끌어당긴 전차선 말단에 끌어당김을 지지하는 장치를 인류장치라 한다.

1.1 인류장치의 종류

- 고정식 : 한쪽에서 지지물에 잡아맨 것
- 조정식
  - 자동식 : 활차식(WTB), 스프링식(STB), 터널용 텐션 밸런서(TTB), 레버식(LTB), 유압식(OTB)
  - 수동식 : 와이어턴버클식, 조정용 스트랩

1.2 인류방식

1) 단독인류방식 : 전차선과 조가선을 각각 단독으로 끌어당긴다(고속구간)
2) 일괄인류방식 : 전차선과 조가선을 일괄해서 끌어당긴다(저속구간).

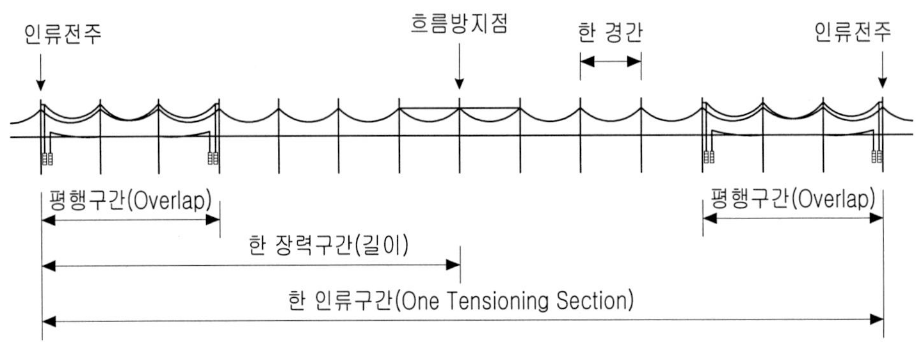

그림 4.50 인류구간길이 및 인류 전주 예

☞ **고정식을 인류장치, 조정식은 장력조장 장치로 하여 설명하면 다음과 같다.**

2. 인류장치의 설치

2.1 인류구간과 장력구간 기준

1) 가공전차선로의 최대 인류길이 : 1,600[m]이며, 장력조정장치의 동작범위 및 표준 장력거리[m]에 따라 인류길이를 적용하여야 한다.
2) 강체 가선구간의 최대 인류길이 : 교류 400~600[m], 직류150~300[m]
3) 가공전차선의 장력구간은 인류구간의 1/2을 표준으로 한다.
4) 전차선 무효부분 및 인류선로의 굽힘각도는 10도 이내로 한다.

2.2 인류장치 설치 기준

1) 전차선・조가선의 인류장치는 인류구간이 800[m] 이하일 때에는 일단에 설치 단, 터널 내에서 자동장력조정장치를 설치하지 아니한 경우는 양단에 인류장치를 설치할 수 있다.
2) 지지물에 견고하게 설치. 단, 부득이한 경우에는 콘크리트 옹벽 등에 시설할 수 있다.
3) 인류전용주는 가선종단주 이외에는 별도로 시설하지 아니 함을 원칙으로 한다.
4) 급전선・부급전선 및 보호선은 직선접속을 원칙으로 하며 인류장치는 선로횡단, 터널입구등 취약 지점이나 보수상 필요한 곳, 횡장력이 심해(R=300[mm] 이하) 장력 분할 필요한 곳에 설치.

3. 장력조정장치

3.1 개 념

전차선, 조가선은 온도에 의해 장력이 변화하여 단선, 늘어남이 생기므로 장력을 일정하게 유지하고 집전 상태를 양호하게 하기 위해 설치한다.

3.2 장력조정장치의 요구조건

1) 전차선의 장력에 견딜 수 있는 기계적 강도를 가질것
2) 금구·애자 등의 접속개소는 열차, 풍압 등에 의한 기계적 동요, 진동에 견딜 수 있를 것
3) 전기적 절연내력이 있을 것

3.3 장력조정장치 종류

1) 장력조정장치의 종별 사용구분

<table>
<tr><th colspan="2">종 별</th><th>사 용 구 분</th><th>비 고</th></tr>
<tr><td rowspan="4">자동장력
조정장치</td><td>활 차 식
(WTB)</td><td>▪본선의 전차선
▪본선과 교차하는 전차선
▪중요 측선의 전차선</td><td>▪인류구간 800[m] 이하 : 편측 설치
▪800[m] 이상 : 양측 설치</td></tr>
<tr><td>스프링식
(STB)</td><td>▪본선 교차 건널선의 전차선
▪빔하 스팬선
▪WTB를 설치 곤란하거나 유지보수가 곤란한곳</td><td>▪인류구간 800[m] 이하 : 편측 설치
▪800[m] 이상 : 양측 설치</td></tr>
<tr><td>레버식</td><td></td><td>▪지렛대 원리 응용</td></tr>
<tr><td>유압식</td><td></td><td>▪온도변화에 따른 기름의 체적변화 이용</td></tr>
<tr><td rowspan="2">수동장력
조정장치</td><td>턴버클식</td><td rowspan="2">▪일반 측선의 전차선
▪빔하 스팬선</td><td rowspan="2">▪자동장력조정장치가 필요없는 경우</td></tr>
<tr><td>조 정 용
스 트 랩</td></tr>
</table>

2) 장력조정방식 종류

구 분	일 괄 식	개 별 식
형 상	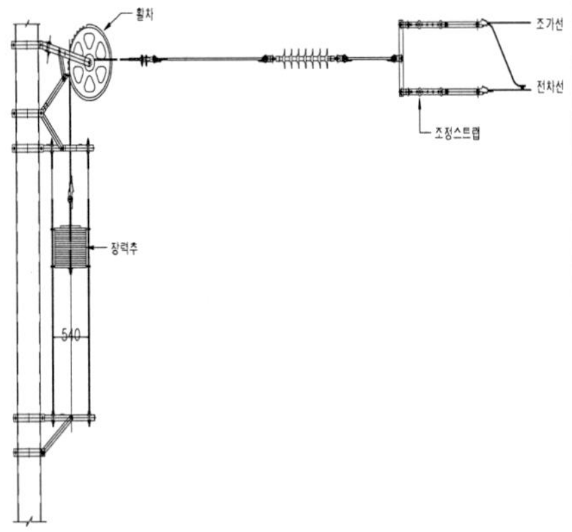	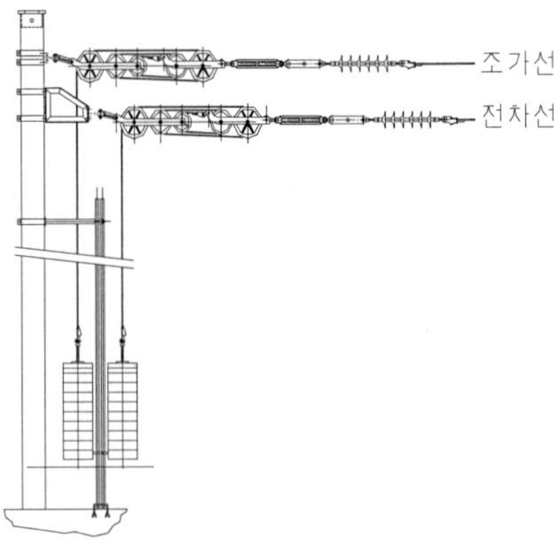
속도특성	220(km/h)	350(km/h)
파동전파속도	358km/h	393km/h
설치비용	약100[%]	약200[%]
전차선	Cu 110[mm^2]	Cu 110[mm^2]
조가선	카드뮴 동연선 CdCu 70[mm^2]	청동연선Bz 65[mm^2]
표준장력	1,200[kgf](조가선, 전차선)	1,200[kgf](조가선, 전차선)
사용개소	수도권, 신업선, 도시철도	경부고속전철, 프랑스, 유럽
장 점	▪ 설치가 간단하고, 유지보수가 편리 ▪ 국내 다년간 사용 실적이 있음 ▪ 저렴 ▪ 국내생산 가능	▪ 파동전파속도가 커서 고속구간에 적합 ▪ 전차선 단선시 조가선에 파급이 없음 ▪ 온도 급변시 전차선과 조가선의 이도를 일정하게 유지
단 점	▪ 온도급변 시 전차선과 조가선이도 불균형 ▪ 파동전파속도가 적어 고속전철에 부적합	▪ 설치가 복잡하다. ▪ 설치비 증대 ▪ 외국에서 수입

3.4 장력조정 장치의 설치 기준(자동장력 조정장치 설치)

1) 전차선·조가선 및 빔하스팬선의 온도변화에 따른 장력변화는 자동장력조정장치에 의하여 조정함을 원칙으로 한다.

2) 자동장력조정장치는 온도변화·조정거리·설치장소 등을 고려하여 선정한다.

3) 자동장력조정장치의 사용구분은 다음 각목에 의한다.

① 활차식 및 스프링식은 인류구간의 길이가 800[m]이하인 경우는 한쪽에 800[m]를 넘는 경우는 양쪽에 설치한다.

② 도르래식 자동장력조정장치는 인류구간의 길이가 750[m] 이하인 경우는 한쪽에, 750[m]를 넘고 1,500[m] 이하인 경우는 양쪽에 설치하여야 한다.

③ 빔하스팬선용 스프링바란사는 빔하스팬선의 한쪽에 설치한다. 다만, 빔하스팬선을 2본 이상 연속하여 시설할 때는 스프링바란사의 설치위치는 지그재그로 설치하고, 차고·차량기지 등에서 4선 이하인 경우는 턴버클로 할 수 있다.

4) 자동장력조정장치의 설치는 다음 각 목에 의한다

① 인류구간의 한쪽에 자동 장력장치를 설치할 경우에는 구배가 낮은쪽에 설치한다.

② 조가선 및 전차선은 억제저항이 적게 되도록 시설한다.

③ 활차식과 도르래식은 표준장력 〔kN〕 에 맞는 활차비와 종류를 선택하고, 스프링식은 표준장력 〔kN〕 및 표준장력거리 〔m〕 에 맞는 종류를 선택한다.

3.5 활차식 자동장력조정장치(WTB : Wheel Tension Balancer)

1) 방 법

① 활차의 원리를 이용 : 소활차는 전차선 인류, 대활차는 추를 달아맨다.

② 활차비 : 3 : 1(독일제), 4 : 1(수도권), 5 : 1 등이 있다.

2) WTB 의 요구조건

① 지지물에 설치가 용이하고, 동작상태가 원활할 것

② 전차선에 흐름방지기구를 갖을 것

③ 전차선의 인류방향 추종이 용이할 것

④ 경년에 의해 로프의 단선, 파단이 없을 것

⑤ 와이어 로프 교환이 용이하고, 급유부가 적고 급유가 용이할 것

3) WTB 의 조정거리 : 800[m]가 적당

① 영향 요소 : 전차선의 억제저항, 전차선의 편위변화량, 중추의 동작범위 및 밸런서의 효율

② 직선개소에서 WTB 의 조정거리 (L)

$$X = C \cdot L \cdot \triangle t \rightarrow L = \frac{X}{C} \cdot \triangle t$$

단, X 는 전차선의 신장길이 $\sqrt{g^2-\ell^2}$, C는 전차선의 선팽창 계수, $\triangle t$ 는 온도변화, L 은 조정거리, g 는 게이지, ℓ은 가동브래킷의 회전 가능한 유도이다.

③ 장력추 취부용 지지대 간격에 따라 허용되는 전차선 길이 (L′)

$$I \geq C \cdot L' \cdot \Delta t \rightarrow L' \leq \frac{I}{C \cdot \Delta t}$$

단, L′ 은 전차선 길이, I 는 신축허용범위, △t 는 최고·최저 온도차 ±30° → 60°이다.

【예제 4.6】

직선로만 있는 경우 자동장력조정장치의 동작에 따라 가선의 이동이 가장 큰 over lap 구간의 가동브래킷의 회전에 따라 가선편 위에 의한 조정거리를 구하여라

☞ 해 설)

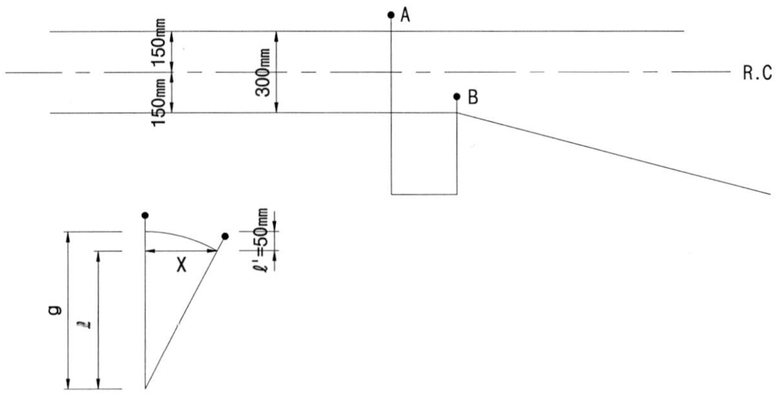

① 상기 그림에서 가선상호간을 300[mm]로 하였을 때 전차선 편위를 200[mm]로 하면, 가선의 이동에 따라 B점의 가동브래킷이 회전할 수 있는 범위는

ℓ'=200-150=50[mm]

따라서 ℓ=g-50[mm]이 된다.

가선의 신장되는 길이 $X = \sqrt{g^2 - \ell^2}$

② g=2.8[m]인 경우(가동브래킷 G 3.0인 경우)

ℓ'=2.8-0.05=2.75[m]

$X = \sqrt{(2.8)^2 - (2.75)^2} \fallingdotseq 0.53[m]$

가선연장 L[m]의 경우 가선의 신장 X를 구하면 전차선의 선팽창계수

$C = 1.7 \times 10^{-5}$ 표준온도에 대한 온도변화 t = 30[℃]일 때,

$X = C \cdot L \cdot t$에서

$$L = \frac{X}{C \cdot t} = \frac{0.53}{1.7 \times 10^{-5} \times 30} = 1{,}039[m]$$

③ g = 1.9[m]의 경우(가동브래킷 G 2.1인 경우)

$$\ell = 1.9 - 0.05 = 1.85\ [m]$$

$$X = \sqrt{(1.9)^2 - (1.85)^2} \fallingdotseq 0.43[m]$$

$$L = \frac{X}{C \cdot t} = \frac{0.43}{1.7 \times 10^{-5} \times 30} = 843[m]$$

∴ 역간 단독지지물을 사용한 건식게이지 3.0[m]인 개소는 편위를 고려해 g=2.8[m]로 할 경우 전차선 조정거리를 1,039[m]까지 가능하며, 역구내 터널개소 등 하수강을 사용하는 개소는 g=1.9[m]로 할 경우 전차선 조정거리는 843[m]까지 가능하다.

【예제 4.7】

WTB는 중추취부용 상·하부 진동 방지 브래킷 간격에 의해 중추의 동작범위가 결정되므로 추 유도봉 지지대 간격 5,000[mm]일 경우 중추 취부용 진동방지 브래킷 간격에 따라 허용되는 전차선 길이는?

☞ 해 설)

① 장력추 길이 : $I_1 =$ 콘크리트 개수 + 여유 $= 110 \times 12 + 85 = 1{,}405$[mm]

② 장력후의 유효동작범위 : $I_2 = 5{,}000 - 1{,}405 = 3{,}595$[mm]

③ 활차비 1 : 4 인 경우 전차선 신축 허용범위 : $I = \frac{3{,}595}{4} = 899[mm]$

$$\therefore L' \leqq \frac{I}{C \cdot \triangle t} = \frac{899 \times 10^{-3}}{1.7 \times 10^{-5} \times 60} \fallingdotseq 881[m]$$

④ 이상과 같은 결과로부터 일반적인 WTB의 조정거리는 800[m]로 한다.

4) 온도에 따른 전차선의 신축량 및 장력추의 변위량 계산

① 조 건

㉠ 온도 변화를 10[℃]±30[℃]로 하면 연간 60[℃]의 온도 변화를 받아, 1일의 온도 변화는 최고, 최저로 20[℃]~25[℃]의 변화가 있는 것으로 추정된다.

㉡ 이 온도 변화에 의한 전차선의 신축은 800[m]의 전차선인 경우 연간 60[℃]의 온도 변화인 경우

② 신축량

$$\sigma = a \times t \times L = 1.7 \times 10^{-5} \times 60 \times 800 \times 10^{3} = 816[mm]$$

단, σ: 전차선의 신축량(mm)

a : 선팽창 계수 (전차선 : 1.7 $\times 10^{-5}$/[℃], 조가선 : 1.2 $\times 10^{-5}$/[℃], 경알루미늄연선 : 2.3 $\times 10^{-5}$/[℃])

t : 온도 변화[℃]

L : 전선의 길이[mm]

③ 변위량 : 1일 25[℃]의 온도 변화의 경우

$\sigma = a \times t \times L = 1.7 \times 10^{-5} \times 25 \times 800 \times 10^{-5} = 340$[mm]의 신축이 있다.

∴ 장력추의 변위량은 0.34×3=1.02[m](3은 활차비.)

※ 긍장에서 흐름방지장치가 있으면 장력추에서 흐름방지장치까지로 계산한다.

3.6 스프링식 자동장력조정장치(STB : Spring Tension Balancer)

1) 방 법 : 스프링의 탄성을 이용하여 장력을 조정(STB, TTB)한다.

2) 스프링식 자동장력조정장치(STB : Spring Tension Balancer)

① 방 법 : 스프링의 신축을 피스톤운동과 연관시켜 장력을 조정한다.

② 특 징

㉠ 구조, 외관이 간단하며, 스프링의 탄성으로는 일정 장력 유지하는데 곤란하다 (장력 변동률 ±15[%]).

㉡ 역구내에서와 같이 전차선의 이동에 대해서 억제저항이 큰 개소에 적합하다.

㉢ STB의 조정거리 600[m] 이하로 역구내의 상・하 건널선 및 측선에 사용한다.

3) 터널용 자동장력조정장치(TTB : Tunnel Tension Balancer)

① 방 법 : 인류가선과 스프링간에 원형구조를 조합하여 장력을 조정한다.

② 특 징

㉠ 장력 조정거리의 한계가 있다.

㉡ 활차식보다 소형이다.

㉢ 터널 내 단면적이 적어 활차식(WTB) 적용이 곤란한 곳에 적용한다.

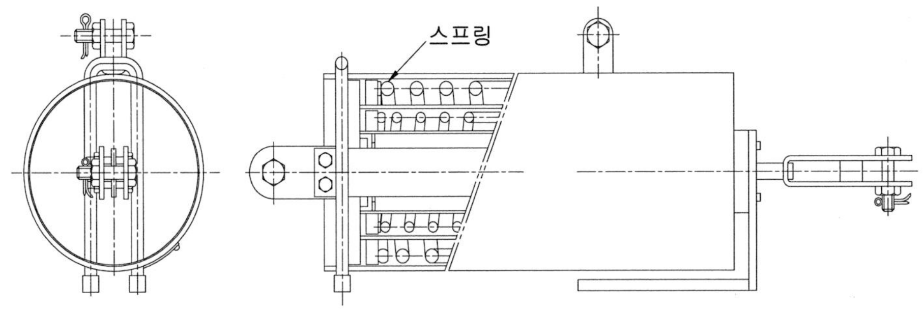

그림 4.51 스프링식 자동장력조정장치

표 4.3 활차식 장력조정장치와 스프링식 장력조정장치 비교

구 분	활 차 식	스 프 링 식
형 상		
설치비용	약100[%]	약270[%]
경 제 성	약450[%]-유지보수포함	약100[%]-유지보수포함
유지보수성	불 리	양 호
시 공 성	불 리	양 호
사용실적	수도권전철, 호남선, 경부선	일본, 대불공단선, 최근의 일부노선

장 점	• 국내 사용실적이 많음. • 설치비가 저렴하여 경제적임.	• 대기노출 부속설비가 없으므로 무보수화에 기여함 • 베어링, 와이어로프 교환, 주유등 불필요로 유지보수비 절감 • 설비가 간단하여 고신뢰성 확보 • 장애요인 없어 정시운행확보 • 순회점검, 주상작업 불필요로 안전사고 발생 없음.
단 점	• 유지보수에 인력이 많이 소요됨. • 시설이 복잡함. • 부속설비가 많이 유지보수가 어려움.	• 초기투자비 과다로 비경제적임. • 국내지상구간 사용실적이 적음.

3.7 레버식(LTB : Lever Tension Balancer)

지렛대 원리를 응용한 것으로 온도변화로 전차선의 장력이 변화하면 레버가 이동한다.

3.8 유압식(OTB : Oil Tension Balancer)

온도의 변화에 따른 기름의 체적이 변화는 것을 피스톤 운동으로 전환하여 전차선의 장력을 조정한다.

3.9 수동식 장력조정장치

역 구내 등의 측선에서 간이 조정용으로 사용된다.

1) 와이어 턴버클(Wire Turn Buckle)

① 방 법 : 나사의 원리를 이용(외통이 너트, 내통이 볼트)

② 특 징 : 인위적으로 내통을 신축시켜 전차선을 파선없이 조정하고, 자동장력조정장치와 조합하여 사용한다(보수 경감을 위해).

③ 설치기준 : 자동장력조정장치를 필요로 하지 아니하는 합성전차선 또는 전차선에 사용한다.

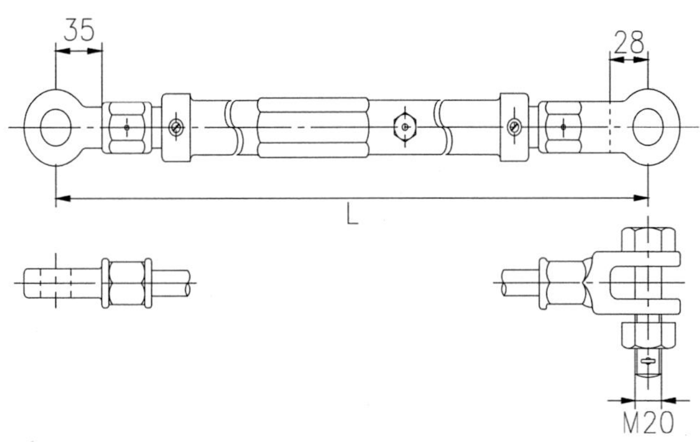

그림 4.52 와이어 턴버클식

2) 조정용 스트랩(Adaptable Strap)

① 방 법 : 평강에 구멍을 뚫어 가공한 것을 조합시켜 그 중복을 변화시켜 조정하는 것이다.

② 특 징 : 무장력인 상태로 조정하며, 미세 조정이 불가능하여 비교적 큰 조정을 한다.

③ 설치기준 : 활차식에 보조용으로 사용한다.

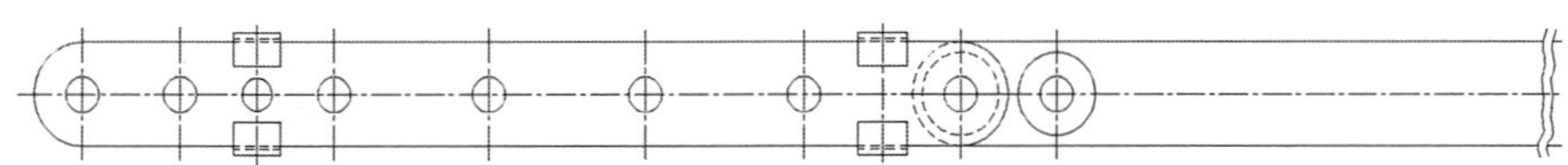

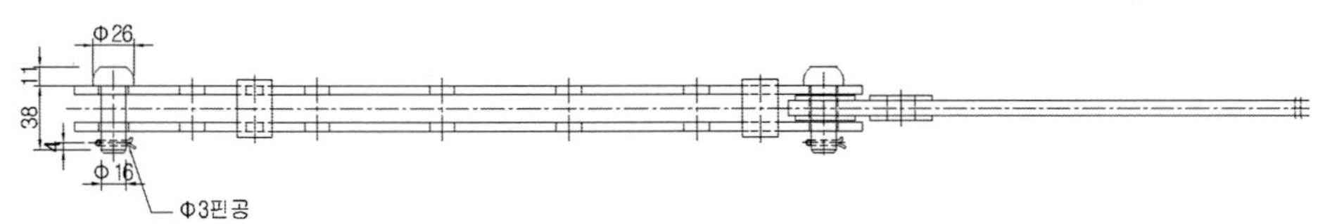

그림 4.53 와이어 턴버클식

4-18. 흐름방지장치 (Anticreeping Device)

1. 개 요

1.1 전차선의 흐름

전차선의 인류구간의 양측에 활차식 자동장력조정장치를 사용하면 풍압, 팬터그라프 습동, 신축 등으로 전차선이 한쪽 방향으로만 흐른다.

1.2 흐름방지장치의 설치목적

전차선이 한쪽방향으로만 흐르는 것을 방지하고, 전차선 단선사고시 전차선이 한쪽으로 흐르는 구간을 1/2로 줄인다(사고확대 축소).

2. 흐름방지장치의 설치

2.1 조가선의 흐름방지장치 설치기준

1) 인류구간의 양쪽에 활차식 또는 도르레식 자동장력조정장치를 사용한 경우 다음 각호에 의한 흐름방지장치를 시설한다.
   ① 인류구간의 중앙점에 흐름방지장치를 시설한다.
   ② 흐름방지는 전선의 처짐·강하 등으로 열차운전에 지장이 없도록 전선의 이도·가고 등을 조정하고 급전선과의 이격거리는 충분히 고려하여야 한다.
   ③ 흐름방지장치가 설치되는 주축전주의 브래키트는 항상 선로에 대해 수직이 되게 설치하여야 한다.
   ④ 흐름방지장치의 양 인류전선은 해당 선로의 조가선과 동일한 전선으로 하며 인류전선의 인장력은 현지 온도에 따라 설치해야 하며 흐름방지장치의 인류를 하기 전에 지선을 먼저 설치하여야 한다.
2) 강체 가선구간에서는 인류구간(섹숀)중앙점에 흐름방지장치를 시설한다.
3) 인류구간의 양쪽에 스프링식 자동장력조정장치를 사용할 경우 흐름방지방치를 설치하지 아니 한다.

2.2 설치시 주의점

1) 브래킷을 고정하는 흐름방지선이 늘어짐에 의해 팬터그라프 통과에 지장없게 설치하며, 양단(A″, C″) 전주에 고정시킬 때 브래킷 상부 밴드보다 높게 설치한다.
2) AT 방식에서 흐름방지선을 너무 높게 하여 상부 급전선과 이격거리 확보가 곤란하지 않도록 한다.

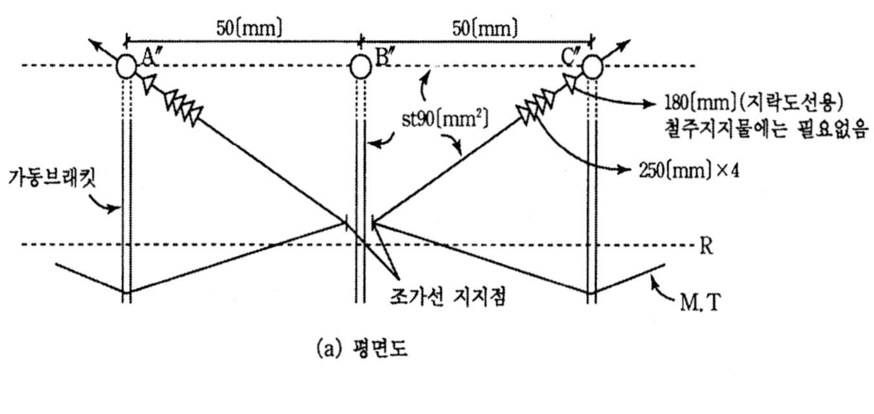

(a) 평면도

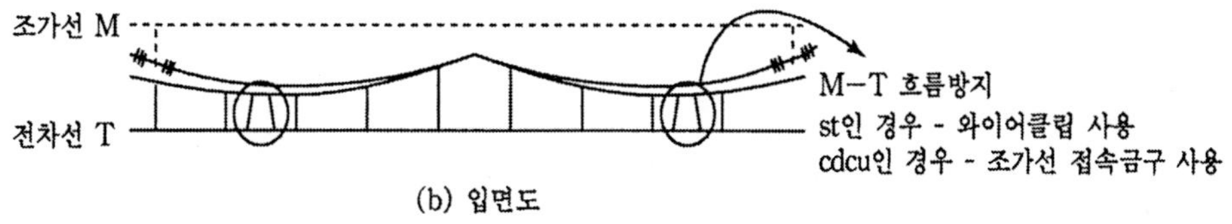

(b) 입면도

그림 4.54 전차선의 흐름방지 장치

2.3 중앙점 선정

1) 실제 적용 : 계산에 의한 방법이 있으나 실제 업무에 적용시에는 여러 가지 이유로 인하여 적당한 중간부분을 중간점하는 경우도 있다.
2) 계산방식 : 다음 관계식으로 밸런스 조정거리 (L)를 구한다.

$$aF \geq \sum R + \frac{L}{R} \cdot f + r \pm R_0$$

단, a는 장력변동률(일괄조정 5[%], 전차선만 조정 10[%]), F는 전차선 장력[kgf], $\sum R$은 곡선로의 내부저항[kgf](전차선 일괄 조정하는 경우 곡선로의 억제저항 $\sum R = 0.68 \times D \cdot x / G \cdot g$, D는 곡선로의 길이[m], x는 고정점에서 곡선중심까지 거리[m], G는 곡선 반지름[m], g는 가동 브래킷 게이지[m]) L은 밸런스의 조정거리[m], f는 가동 브래킷 1개당 억제 저항[kgf]→약 3, r은 밸런스의 내부저항[kgf]→약 20, R_0은 과선저항[kgf]→구하기 어렵고 영향 적어 실제 적용시 생략한다.

3. 전차선의 흐름 요인

3.1 전차선의 흐름을 조장하는 요인

1) 활차식 밸런스 장력추 중량의 불균형 : 중량차(거의 발생하지 않음)
2) 선로조건 : 선로의 구배, 곡선
3) 가동 브래킷의 종류 : O형, I형이 정해져 연속하는 경우
4) 기상조건 : 풍향, 풍압
5) 복선인 경우 열차의 진행방향 : 팬터그라프의 압상력

3.2 선로조건에 따른 전차선의 외력

1) 선로구배

① 개 념

㉠ 선로에 구배가 있는 경우 자체 중량으로 인하여 외력이 상시 가해지며, 구배구간의 외력은 소성 구간에 대하여 양측 밸런스의 높이차에 의해 결정된다.

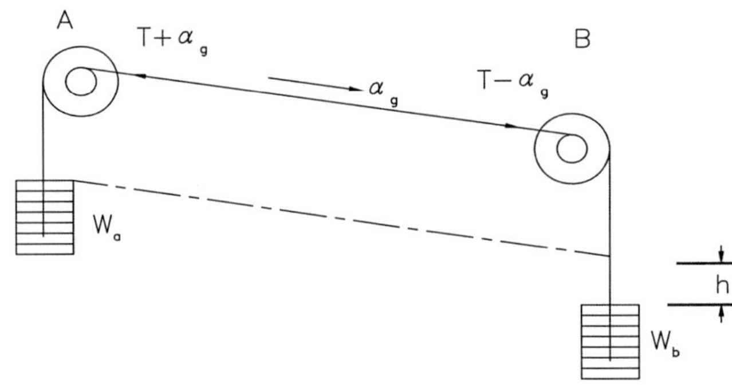

㉡ 그림에서A쪽의 장력이 T+αg이고 B쪽의 장력이 T-αg로 되어 A쪽의 중추는 B쪽의 중추에 대해서 h만큼 위치가 높고 전차선은 B쪽으로 흐르게 된다

② 선로구배에 의한 외력

$$a_g = \omega(g_1x_1 - g_2x_2 \cdots + g_nx_n)$$

단, ω 는 전차선의 단위중량[kg / m], g 는 선로구배[‰], x 는 선로구배 연장[m]이다.

【예제 4.8】

ω : 2[kgf / m](심플 카테나리 가선의 일괄조정의 경우), G : 15 / 1,000, x : 1,500[m], a_g 는?

☞ 해 설) $a_g = W(g_1x_1) = 2.0 \times \dfrac{15}{1,000} \times 1,500 = 45$ [kgf]

2) 선로곡선부

① 개 념

㉠ 곡선로의 경우 온도변화 등으로 전차선이 이동하면 반대방향으로 작용하는 힘이 발생하여 전차선의 신축에 따른 이동을 방해한다.

㉡ 이 때문에 곡선부분은 한쪽으로 치우쳐 있고, 직선부분에서는 장력추가 위나 아래로 치우친다.

㉢ 대책 : 조정구간을 표준보다 짧게 하여 전차선의 이동량을 작게 할 필요가 있다.

② 고정빔 구간의 억제저항

$$r = P\ \tan^{-1}\frac{X}{G-\delta}\ [\text{kgf}]$$

단, r 은 전차선의 이동에 따라 발생하는 전차선 방향의 분력[kgf], P 는 전차선의 횡장력[kgf], X 는 전차선의 이동량[m], G 는 게이지[m], δ 는 전차선의 편위[m]이다.

③ 가동 브래킷의 구간 : O 형과 I 형이 혼재하는 경우는 문제가 없고, O 형 또는 I 형이 연속 집중시 문제가 있다.

㉠ 곡선 O 형 : 전차선의 이동량을 늘리는 방향의 분력으로 된다(기온 상승시

중추가 내려 가고 기온하강시 중추상승).

$$r = P\ \tan\Theta \times \frac{S}{R} \times \frac{x}{G+\delta}$$

단, Θ는 가동 브래킷과 선로 직각선과 이루는 각도, S는 경간[m], R은 곡선반경[m]이다.

【예제 4.9】

T=2,000[kgf], S=40[m], R=600[m], G=3.2[m], $\delta = 0.3$[m], r 은 ?

☞ 해 설) $r = \frac{2,000 \times 40}{600} \times \frac{0.3}{3.2+0.2} \fallingdotseq 11.8$〔kgf〕

㉡ 곡선 I 형 : 전차선의 이동에 대하여 역방향의 힘으로 작용한다.

4. 영구신장조성(Pre-Stretch)

4.1 개 념

1) 진차신은 초기에 드림 자춰가 있으므로 힙싱 진차신을 징싱직으로 인류하기 진에 합성전차선에 영구신장이 생기도록 미리 과장력(약 150 ~ 200[%])을 단시간 가하는 것
2) 커티너리 가선방식에서 열차운행속도 향상을 위하여 운행속도 및 차량제원에 따라 경간/1,000 또는 경간/2000의 사전이도(Pre-Sag)를 줄 수 있다.

4.2 영구신장신 장력과 시간

구 분	선종[mm^2]	표준장력[kgf]	과장력[kgf]	시간[분]
전 차 선	Cu 170	1,500(cdcu 80, 1,300)	2,500	30
	Cu 110	1,000	2,000	
조 가 선	St 135	1,500	3,000	10
	St 90	1,000	1,600	
	cdcu 70 ~ 80	1,000, 1,300	1,500	

4.3 주의사항

프리스트레치 시간은 표준 이상으로 시행하고, 인류장치 · 지선 · 전주 등 지지물은 설계하중 이상의 장력을 가해주기 때문에 강도에 주의해야 된다.

4-19. 직류 강체 전차선로방식(T-bar)

1. 개 요

1.1 강체전차선의 구조

터널 천장 또는 벽체에 단브래킷이나 지지애자로 절연, 알루미늄 R-bar, T-bar로 전차선 고정

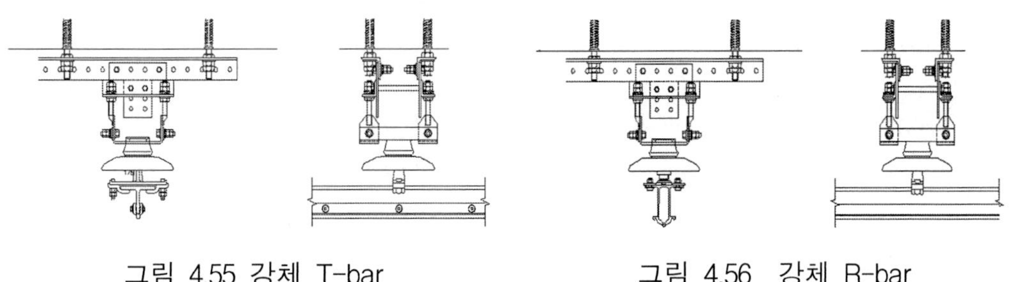

그림 4.55 강체 T-bar　　그림 4.56 강체 R-bar

1.2 강체 전차선의 특징

1) 장 점

① 터널높이를 낮게 할 수 있고, 전차선과 지지애자 간격이 좁으며, 건설비를 절감하고, 장력장치, 진동방지장치, 곡선당감장치 등이 불필요하다.

② 전차선에 장력이 안걸리므로 단선의 염려가 없다.

③ 부속장치가 적어, 유지 · 보수가 쉽다(설비가 간단).

④ 직류급전방식에서는 강체전차선의 용량이 충분하므로 별도의 급전선이 필요 없다.

2) 단 점

집전특성이 나빠서 운행속도에 한계가 있으며, 유연한 가요성이 없어 전차선 마모가 크고, 팬터그라프 습동판의 손상이 크며, 높은 시공 정밀도가 요구되어 레일면에 대한 등고성이 필요하다.

1.3 R-bar 와 T-bar 의 특성 비교

구 분		R-bar	T-bar	비 교
형태	단면형태			
	구 조	간 단	복 잡	
	단 면 적	2,214[mm^2]	2,642[mm^2] (본체 + 이어 = 2,100 +542)	
	단위중량	5.8[kg / m]	5.6[kg / m]	
	허용응력	16[kg · f / mm^2]	11[kg · f / mm^2]	
설치	유지보수, 시공	쉬 움	어려움	
	전차선 지지방식	R-bar 에 직접 지지	롱이어 부착지지	
	전차선 가선방법	자동가선(1 일 15[km] 이상)	수동가선(1 일 5[km])	
	강체 지지간격	10[m]	5[m]	
	강체연결	12[m]마다 특수판 연결	10[m]마다 아르곤 용접	
	평행개소	400[m](최대 500[m])	200[m](최대 250[m])	1 구간
	곡선로 강체 구부리기	R=120[m]까지 자동굴곡	특수 공구 사용 굴곡	
기타	허용속도	160[km / h]	80[km / h]	
	국내 적용	(지하교류구간) 과천선,분당선,공항철도	(지하직류구간) 서울,인천,대전,대구,광주	
	향후 전망	특성이 좋으므로 널리 사용을 적극 검토		

2. 급전선(Feeder Line)

2.1 개 념

직류강체방식에서는 별도로 급전선을 가설하지 않고, 변전소에서 강체전차선까지 급전 케이블을 포설하며, 케이블은 터널 천장에 지지하고 애자로 절연하며 T-bar의 T형 슬리브에 아르곤을 용접하여 접속한다.

2.2 급전선로

1) 용 량 : AL T-bar는 급전선을 겸하므로 충분한 용량을 가질 것

2) 종 류 : 최근에는 저독성 난연케이블을 사용한다

① 정급전선 : 변전소에서 전차선까지 급전 케이블(트러후에 설치하는 방법, 구조물에 따라 설치하는 방법), 3.3[kV] HFCO 케이블 400[mm2] × 2 ~ 4조 중에 시뮬레이션 후 선정

② 부급전선 : 변전소 부극 단로기 2차측 단자로부터 임피던스 본드 중성단자까지, 600[V] IV 전선 500[mm^2] × 4조

2.3 급전선의 지지와 배열

1) 정급전선의 접속

HSCB의 부하측 단로기 2차 부스바에 동압축 단자로 접속하고 압축단자 접속시 황동 및 스텐레스강볼트를 사용한다.

2) 케이블의 레일 횡단방법

① 터널상면에 크리트 배선 : 크리트 간격 750[mm] 이하로서 상부에는 T-bar 외에는 설치 못하므로 사용을 하지 않는다.

② 아래 콘크리트 트라 후 내 포설 : 선로에 직각으로 하고, 배수구 횡단은 산형강으로 지지한다.

3) 케이블과 휘드 브렌치와 접속 : 압축 접속

4) 휘드 브렌치와 AL T-bar의 접속 : 비틀림이 없게 용접하며 아르곤으로 용접한다.

5) 휘드 브렌치는 온도변화에 따른 AL T-bar의 신축에 충분히 응할 수 있을 것

3. 강체전차선(Rigid Bar Trolley Wire)

3.1 개　념

전차선을 T-bar에 밀착시켜 일체시키며, 매립전에 절연체를 넣어 지지물에 지지하고, 절연애자로 강체와 구조물을 절연한다.

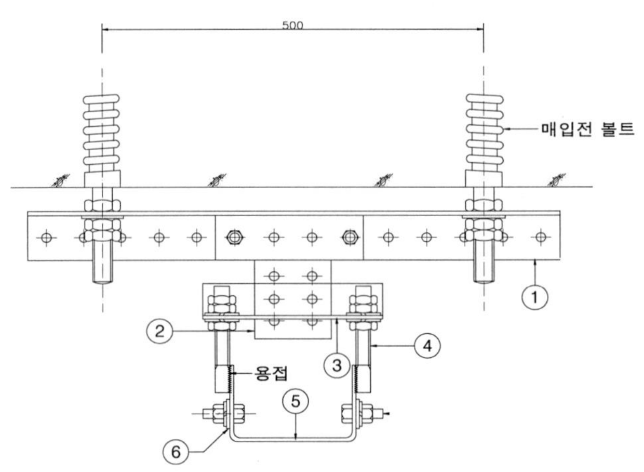

① Angle　: L65×65×6t-700L　② St. Plate　: 6t-L
③ Angle　: L50×50×6t-250　④ Long Bolt : M16×130
⑤ Flat Bar　: FB70×6t-318　⑥ Flat Bar　: FB38×4t-274

그림 4.57 강체전차선의 지지방식예(T바)

3.2 설　치

1) 강체전차선의 구성 : 전차선(110[mm^2), AL T - bar(2,100[mm^2]), 롱이어, 지지물(매입전, 지지금구, 애자)
2) 강체전차선로의 절연저항 : 누설전류는 궤도연장 1[km]에 10[mA] 이내

3.3 전차선

1) 선　종 : 제형 구부 경동선(홈붙이제형) 또는 홈붙이 제형 경동선, 110[mm^2]를 주로 사용하였으나 최근 일부 지하철에서 170[mm^2]로 교체
2) 인장강도 : 3,900[kg] 이상
3) 신　율 : 250[m]마다 3.0[%] 이상
4) 취　부 : 정직기를 사용하여 비틀림없이 가설한 후 롱이어를 취부하고, 이어는 롱이어 사용, 교차개소 및 곡선반경이 적은 곡선부는 롱이어를 절단하여 고정하

고, END APPROACH 부의 전차선은 엔드 어프로치에 정확히 붙여 훅크볼트로 T-bar 를 고정하며, 전차선과 AL T-bar 의 접속하는 곳은 전식방지를 위해 방식도료 1 회 이상 도포한다.

3.4 T 형제(AL T-bar) : 급전선과 조가선의 역할

1) 재 질, 형상 : T 형 알루미늄 합금제, 단면적 2,100[mm^2], 이어 542[mm^2]
2) 길 이 : AL T-bar 1 개 길이는 10[m]이며 아르곤 용접(휨, 비트림없을 것)
3) 구 조 : 붙임쇠에 롱이어를 붙여 전차선을 밀착하고 롱이어볼트로 조이며, 250[mm]마다 11[mm]의 롱이어 구멍이 있고 폭은 120[mm]이다.
4) AL T-bar 의 취부 : 비틀림이나 손상이 없게 취부하고 비트림이 발생하면 가선 전에 교정하며, 반드시 2 점 이상에서 조가하고 용접전까지는 목판 등으로 가접속한다. 곡선부에서는 R=600[m] 이하에 한해 레일곡선에 따라 구부린 후 설치한다.
5) AL T-bar 용접 : 아르곤 용접을 하고, 용접봉은 모재에 적응하는 재질을 사용하며, 용접 후 무색의 방식도료를 1 회 이상 도포한다.

3.5 롱이어(Long ear)

1) 용 도 : 전차선을 T-bar 에 밀착시키면서 연속적으로 고정시키는 연결 금구
2) 구 성 : 2 개 1 조로 롱이어, 볼트, 너트, 스프링 와셔, 평와셔로 구성하고, T-bar 와 전차선을 일체화시켜 복합 강체전차선을 구성한다.
3) 재 질 : AL T-bar 와 동일하며, 이종 금속간의 부식을 고려하여 한다.
4) 치 수 : 단면적(271mm^2), 길이(998mm)

3.6 절연 매입전

1) 용 도 : 전차선을 구조물에 지지하는 부품, 콘크리트 타설시 레일 중앙점에 설치한다.
2) 구 성 : 매입전 너트 외부는 수지제 절연물이고 매입전간은 스프링으로 연결하여 2 개가 1 조를 이루고 2 조를 설치한다.

3.7 지지금물

1) 용 도 : 매입전 볼트와 애자를 연결하여 강체전차선을 일정 높이로 유지(4,750 [mm])하여 강체전차선을 탈락, 변형이 않되게 지지한다.
2) 구 성 : 기본 앵글과 지지앵글을 조합하여 볼트너트로 조립하며, 기본 앵글은

100[mm] 간격으로 구멍을 내어 전차선 편위에 순응한다.

3.8 애자(Insulator) : 250[mm] 애자사용

1) 용 도 : 전차선을 구조물과 절연시키고, T-bar를 잡아준다.
2) 구 성 : 백색 자기부와 갭, 베이스, 누름 금구, 볼트 너트, 분할핀
3) 지지애자 성능

구 분	T-bar(250[mm])	R-bar
건조섬락 전압	60[kV]	275[kV]
주수섬락 전압	30[kV]	125[kV]
50[%] 충격섬락 전압	100[kV]	100[kV]
과전압파괴 전압	500[kV]	500[kV]
누설거리	290[mm]	991[mm]
상용 주파 유중파괴전압	140[kV]	140[kV]

3.9 강체전차선의 지지방법

1) 지지간격 : 5[m]가 표준
2) 높 이 : 최저높이 4,750[mm]
3) 매입전설비의 설치 : 전차선을 구조물에 지지하는 부품으로 air section, expension, join, 건널선 및 강체전차선 지지개소에 순응하여 설치하며, 위치는 직선구간에서는 궤도중심, 곡선구간에서는 캔트를 고려하여 설치한다.
4) 지지금구 : 좌우 200[mm] 이상 조정 가능해야 하며, 용융 아연 도금 강재를 사용한다.
5) 애 자 : 254[mm]지지애자를 사용하고, 온도변화에 의한 강체전차선 신축에 지장 없으며, 전기적·기계적 강도가 크고, 절연은 1,000[V] 메가로 2,000[MΩ] 이상이다.

4. 기타 장치

4.1 익스팬션 조인트(Expension Joint)

1) 용 도

강체전차선의 연결부분에서 온도에 신축이 발생하므로 신축를 흡수하기 위해 200[m]마다 한 스팬씩 설치한다.

2) 익스팬션 조인트의 설치

① 익스팬션 조인트 간격(1 섹션 길이): 200[m]~250[m]

② 전차선 상호간격 : 200[mm]

③ 양전차선의 등고부분 길이 : 200[mm] 이상

④ 잠바선

㉠ 터미널은 아르곤 용접 : AL T-bar 에 비틀림이 없도록 용접한다.

㉡ Cu 200[mm^2] × 4 조를 설치한다(전류용량에 따라 증감이 가능).

4.2 에어섹션(Air Section)

1) 용도(급전구분)

변전소 급전구분 지점, 건널선, 유치선 등에 설치하여 급전구분한다.

2) 에어섹션의 설치

① 위 치 : 변전소로부터 급전된 인출구에 가장 가까운 곳에 설치, 상시 정차하는 곳은 피하고, 편위는 0 이다.

② 전차선 상호간격 : 250[mm]가 표준이다.

③ AL T-bar 의 평행부분 길이 : 200[mm]가 표준(최소온도 15[℃]에서)이다.

4.3 흐름방지장치(Anchoring)

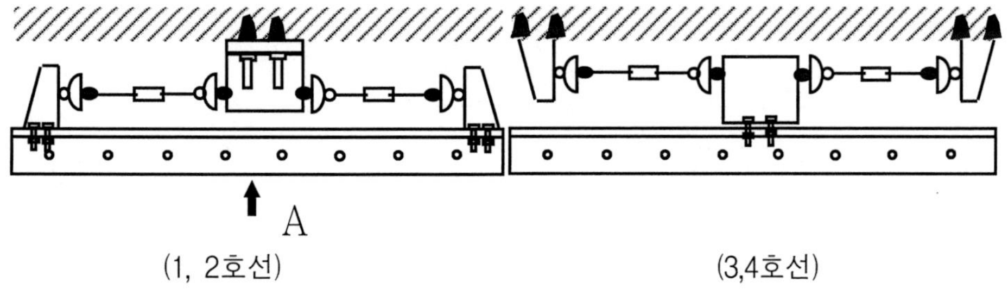

그림 4.58 흐름방지 장치 예

1) 용 도

전차선의 이동방지를 위해 설치하고 한스팬(200[m]) 중앙의 최대 편위지점에 흐름방지장치를 설치한다.

2) 종 류

마름모꼴 흐름방지장치는 터널내에 설치하고, 특수 흐름방지장치는 역승강장에 미관을 고려하여 설치한다.

3) 흐름방지장치의 설치

① 설치위치 : 강체전차선의 한스팬 중앙부근

② 간 격 : 표준 200[m], 최대 500[m]

③ 앤커링 : 전차선이 레일 중심에 대하여 좌 · 우 200[mm](최대 250[mm]) 지그재그 편위가 되도록 설치하며 승강장 내에는 미관을 고려하여 스페셜 앤커링을 사용한다.

4) 시공시 주의할 점

현수애자와 팬터그라프간의 이격거리를 충분히하고, 앤커링 굴곡개소에 굴곡이 되어 팬터그라프가 통과할 때 아크가 발생되지 않도록 한다.

4.4 건널선장치(Overhead Cross)

1) 용 도

선로분기장소에서 전차선을 교차시켜 팬터그라프의 집전이 가능하게 한 장치이다.

2) 종 류

① 교차 건널선(diamond cross over) : 분기선단에는 엔드어프로치하여 설치하고, 점퍼선 200[mm] 1 조를 아르곤 용접접속하여, 에어섹션길이 5[m], T-bar 의 간격 25[mm]이다.

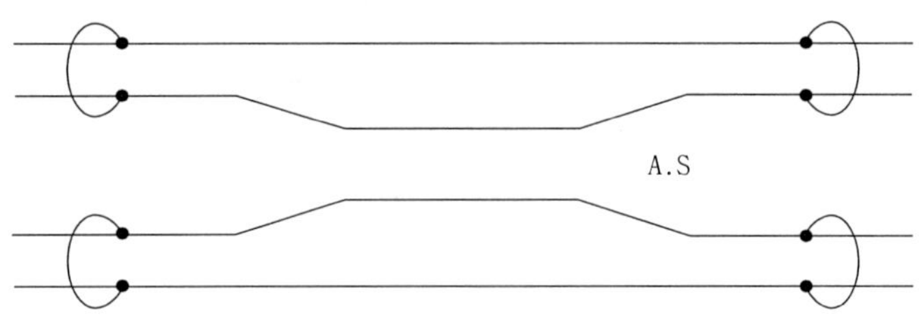

② 편건널선(I 형 cross over)

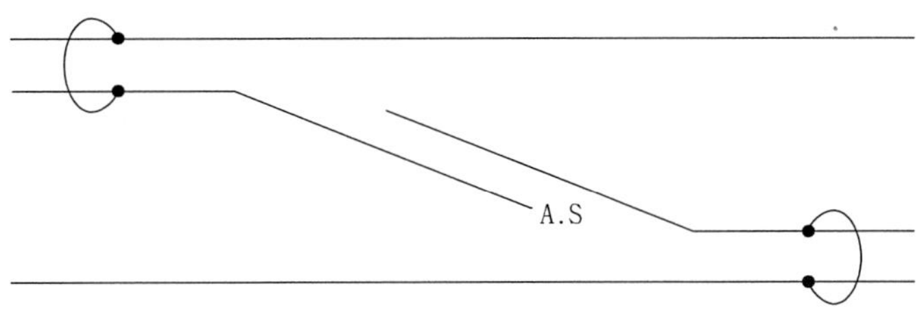

③ Y 건널선(Y 형 cross over) : 분기선단에 엔드러프로치하여 설치하고, 분기선이 본선의 전차선보다 10[mm] 높게 한다.

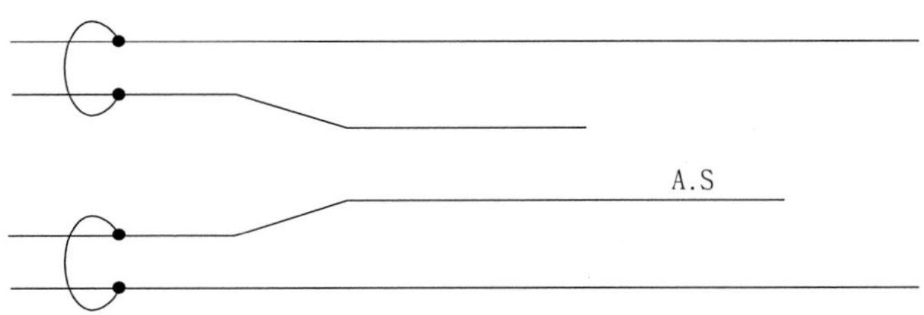

4.5 지상부 이행장치

1) 용 도

지상부 가공전차선이 터널 내에서 전차선으로 바뀌는 부분에서 팬터그라프가 원활하게 습동하게 한 장치이다.

2) 지상부전차선

더블 심플 카테나리 가선방식으로 시설하고 병행 습동 후 터널 상부에 인류한다.

3) 강체와 가공전차선이 병설될 경우

① 강체의 시단 : 엔드 어프로치하여 설치한다.

② 강체의 지지금구 : 800 형 지지금물 사용하여 강체와 가공전차선의 현수애자를 동시에 지지해 준다.

4) 강체 전차선과 카테나리 전차선과의 이행구간

① 구 조 : 팬터그라프가 원활하게 습동할 수 있는 구조이어야 한다.

② 강체 전차선 말단 : 카테나리 전차선로의 전차선 압상력을 고려하여 카테나리 전차선보다 100[mm] 높게 취부한다.

4-20. 교류 강체 전차선로방식(R-bar)

1. 개 요

1.1 강체전차선의 가선방식 : 전차선 지지바의 형상에 따라 R-bar, T-bar로 분류

1) T-bar : 직류구간(지하철)에서 주로 사용되며 R-bar 보다 특성이 떨어진다.
2) R-bar : 교류구간(과천선, 분당선, 공항철도)에서 사용되며 특성이 좋다.
3) 향후 전망 : R-bar의 특성이 좋으므로 직류 구간도 여러 가지 상황을 고려하여 R-bar 방식으로 하는 것을 고려할 수 있다.

1.2 R-bar의 특징

지지간격이 T-bar의 2배이고(10[m]), 시공・유지보수가 좋고, 별도의 이어가 필요없어 접속이 용이하며 가설이 쉽다.

2. 급전선 및 비절연보호선

2.1 급전선

급전방식은 AT 급전방식과 같고, 선종은 Cu-OC 200[mm^2]을 사용 했다.

2.2 비절연보호선(FPW)

1) 용 도 : 단권변압기방식의 지하전철구간에서 섬락보호를 위해 철재, 지지물을 연접하여 귀선레일에 접속하는 가공전선으로 대지에 대해 절연하지 않는 전선이다.
2) 선 종 : 경동연선 75[mm^2]×2조를 설치한다.

3. 강체전차선

3.1 개 념

전차선을 AL R-bar에 끼워 가선하고, 전차선과 R-bar 사이에는 이종금속에 의한 부식을 방지하기 위해 부식방지효과가 있고 카본성분이 있는 구리스를 도포한다.

3.2 설 치

1) 절연이격 : 차고 등 상시 팬터그라프가 승강하는 장소에서 전차선과 팬터그라프의 접는 높이와의 거리는 카터나리 가선 구간 500[mm], 강체가선구간 250[mm]이다.
2) 강체전차선의 처짐 : 지지점 중앙의 이도는 지지점 간격의 1/100 이하로 한다.
3) 강체전차선의 높이 : 레일면상 4,750[mm] 이상으로 차량에 따라 조정이 가능하다.

3.3 전차선

1) 굵 기 : 110[mm^2]
2) 형 상 : 원형, 홈원형, 홈제형, 모두 사용된다.
3) 재 료 : 경동선
4) 단위 중량 : 9.69[N/ m]

3.4 R-bar(Rigid-bar) : 전차선과 조가선을 합친 역할을 한다.

1) 재질, 형상 : R 형 알루미늄 합금제, 단면적 2,214[mm^2], 폭 85[mm]
2) 길 이 : 1 본 길이 12[m]로 특수판을 사용하여 연결한다.
3) 구 조
   ① 4 개의 환기구멍 : 용해가스, 유해요소 등 농축물 방지
   ② 부식방식용 커버(플라스틱) 취부 : 터널입구나 습지인 경우 R-bar 부식을 방지하기 위해 두께 2[mm] 길이 10[m]의 PVC 커버 설치
   ③ 양끝 부분을 지지대 위에 얹어놓은 상태에서 중앙부의 처짐이 70[mm]를 초과하지 않을 것

3.5 연결 금구(Interlocking Joint)

1) 용 도 : R-bar 상호를 연결하는 금구로 R-bar 와 동일한 합금으로 물리적 성질도 같다.
2) 구 조 : 2 개를 1 조로 접속개소의 R-bar 내부양측에 집어넣어 외부에서 볼트로 채운다.

4. R-bar 의 지지

4.1 개 념

지하구간의 천장, 벽면에 지지주를 설치하여 브래킷을 지지하여 R-bar를 취부한다.

4.2 지지주(Suspension Pole)

1) 용 도 : 지하구간의 천장, 벽면에 설치하여 브래킷을 지지한다.
2) 구 조 : H형강(125×125[mm])과 용접판으로 제작하고, 고정은 M16×240의 앵커볼트 4개로 고정, 18[mm]의 접착 카트리지를 사용한다.

4.3 브래킷(Bracket)

1) 용 도 : 지지주에 설치하여 R-bar 취부한다.

2) 브래킷 종류

① 가동형 : 강체전차선의 신축에 대응되도록 브래킷이 가동(가장 많이 사용).
② 고정형 : 중성구간에서 강체전차선의 신축이 불필요한 개소에 고정점으로 사용된다.
③ 단축형 : 에어갭을 따라 설치되며 길이가 짧은 Ahead 브래킷이 사용되는 type이다.

3) 브래킷 부품의 구성

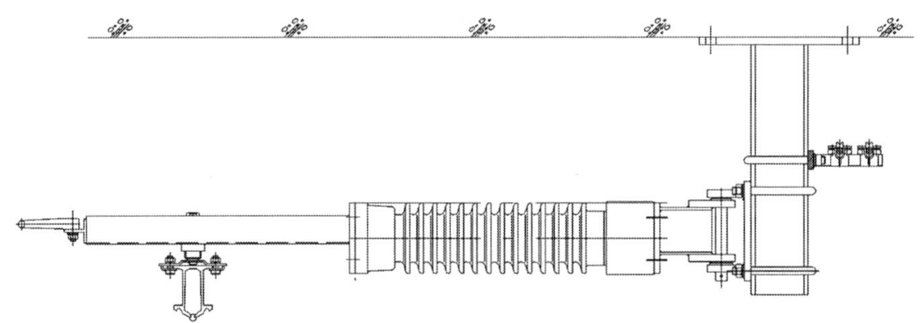

그림 4.59 R-bar브라켓 구조

① 꼬리금구 : R-bar의 세로축 움직임에 대응하도록 하기 위한 금구
② 머리금구 : 편위조정을 위해 R-bar의 위치를 변경할 수 있게 한 금구
③ 회전금구 : R-bar의 섬세한 높이조정과 고정을 위한 금구
④ 접지봉 연결금구 : 접지봉을 연결하기 위한 금구
⑤ 애 자 : 전차선을 구조물과 절연, R-bar를 붙들어 주는 역할

4) 최대허용하중

브래킷 치수는R-bar에 의한 고장점 최대하중을 고려한 것이나 가장 취약한 부분은 애자이며, 최대 하중이 가해질 때 3정도의 안전요소를 지니고 작동한다.

5. 기타 장치

5.1 확장장치(Expension Device)

1) 용 도 : 강체전차선의 연결부분에서 온도에 신축하므로 500[m]마다 한 스팬씩 설치한다.

2) 설 치 : 확장장치간격(1섹션길이)은 400~600[m]이며 500[m]를 적용하고, 움직이는 2개의 시팅콘택트 웨어가 R-bar의 두 지지점을 조이고, 두 부분 상호간격은 최대 500[mm]이며, 가능한 직선구간에 설치한다.

5.2 구분장치

1) 용도(급전구분)

변전소 급전구분지점, 건널선, 유치선 등에 설치하여 급전구분

2) 애자형 섹션

① 위 치 : 건널선이나 유치선 등에 설치하며 구분절연체와 두 면의 러너로 구성한다.

② 설 치 : 러너의 끝부분은 열차통과시 아크 소호를 위한 혼설치를 하며, 양끝은 장치의 비틀림을 방지하기 위하여 완전 일직선상에 설치한다.

3) 에어섹션

① 위 치 : 급전구분지점에 설치한다.

② 설 치 : 전차선 상호간격은 300[mm]로 이격하여 전기적으로 구분하며, 끝부분을 위로 올림으로 다른 전차선으로 옮겨갈 때 양호한 집전을 한다.

5.3 고정점(Fixed Point)

1) 용 도 : 전차선의 이동을 방지하며, 가공전차선의 흐름방지장치와 같다.

2) 설 치 : 두 개의 확장장치 사이의 중앙에 설치하고(한섹션 400~600[m]), 중간 고정판, 앵커 로프, 종단 턴버클, 애자로 구성되며 R-bar 수직하중 7[kN]까지 지지한다.

5.4 제한점(End Point)

1) 용 도 : R-bar로 들어오는 전차선 작용을 흡수하는 장치로 가공전차선의 인류장치와 같다.
2) 설 치 : 전체적인 구조는 전차선에 대한 최대강도 1.5[kN]에 견딜 것

5.5 직접 유도장치(Direct Lead-in Device)

1) 용 도 : 이행구간에 가공전차선과 강체전차선의 강도 차이를 점진적으로 같게 하여 직접 팬터그라프가 통과할 수 있게 한다.
2) 설 치 : 6개의 요철로 되어 있고, 간격은 480[mm]이며 폭은 420[mm]이며, 요철에는 길이 3.5[m]의 플라스틱보호 커버를 설치하여 수분 유입방지를 한다.

4-21. 강체전차선로의 설계

1. 개 요

1.1 전차선로 설계시 고려사항

선로조건, 차량조건, 운전조건, 전기공급조건

1.2 강체 전차선로 설계시 중요 고려사항

노선의 최대속도는 최대허용이도, 지지점 간격, 지지점간 최대허용 높이차, 최대경사차 등으로 최대 속도 결정

1.3 강체형재의 구비조건

1) 지지하기 쉬울 것, 전차선 취부가 용이할 것
2) 중간굴곡이 적을 것, 지지간격 T-bar는 5[m], R-bar는 10[m]이다.
3) 강체형재와 전차선이 일치할 것, 전기용량이 클 것(급전선 역할)

4) 집전용량에 응하는 조수의 전차선 취부가 가능할 것

2. 강체전차선로 설치기준

2.1 표준길이(경간 250[m]), 직류방식(200[m]) : 온도차에 의한 경간 길이

온도차	20[℃]	30[℃]	40[℃]	50[℃]	60[℃]	70[℃]
경 간	955[m]	640[m]	480[m]	385[m]	320[m]	270[m]

2.2 높 이

팬터그라프 접은 높이 + 250[mm]로써 최저높이 4,750[mm]

2.3 편 위

1) 정 의 : 전차선의 궤도 중심면에서 수평거리를 말하며 sin 곡선의 형태이다.
2) 영 향 : 편위가 크면 팬터그라프가 전차선에서 벗어진다.
3) 크 기 : 표준 200[mm], 최대 250[mm]

속 도	스 팬	편 위	간 격	지지점 수
80[km/h] 이하	12[m]	200[mm]	120[m]	10
120[km/h] 이하	10[m]	200[mm]	200[m]	20

2.4 구 배

적을수록 이선이 적고, 1/1,000 이하이다.

속 도	경 간	경간 최대구배 증가	최대 최종 구배	구배 변경 경간수
80[km/h] 이하	12[m]	0.8[‰]	5.0[‰]	5
120[km/h] 이하	10[m]	0.7[‰]	3.5[‰]	4

2.5 강체전차선과 구조물의 이격거리

250[mm] 이상으로 터널 안의 습동면과 지지물과의 이격거리도 고려해야 한다.

2.6 이행구간의 길이 : 36 [m] ~ 50[m]

2.7 강체전차선의 처짐

지지점 중앙의 이도는 지지점 간격(경간)의 1,000분의 1 이하로 하여야 한다.

2.8 확장장치와 인접 지지점간 거리

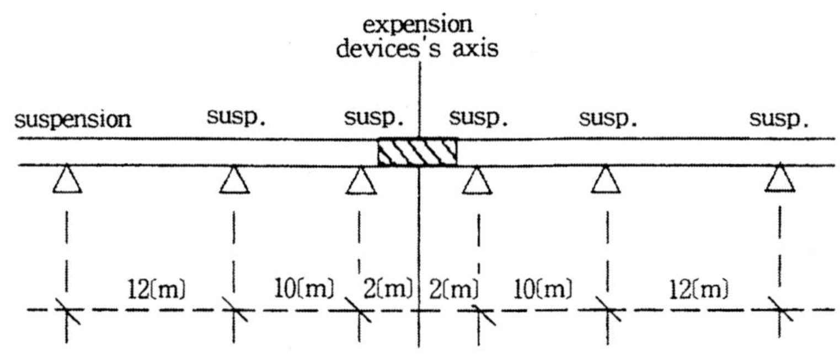

(a) 80(km/h)일 때

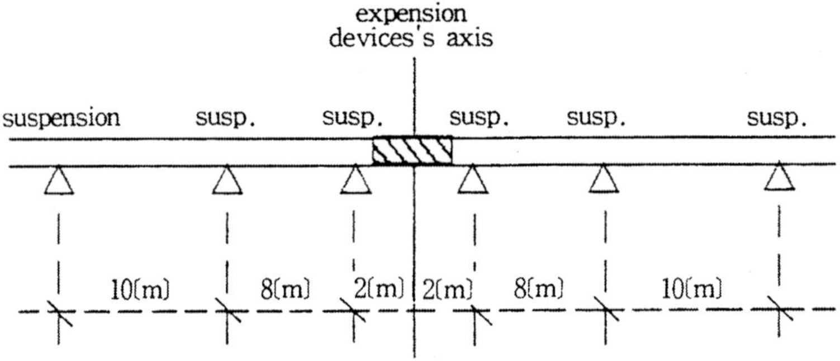

(b) 120(km/h)일 때

그림 4.60 확장장치와 인접 지지점간의 거리

2.9 두 지지점간의 고저차

속 도	최대 고저차	허용구배, 경간
80[km/h] 이하	±10[mm]	0.8[‰], 12[m]
120[km/h] 이하	± 7[mm]	0.7[‰], 10[m]

2.10 브래킷의 간격 : 전기차 속도에 의해 결정된다.

1) 브래킷 최대 허용간격

속 도	최대 허용이도	최대 허용간격
80[km/h] 이하	a/750	12[m]
120[km/h] 이하	a/1,300	10[m]

2) 브래킷의 경간조정

첫 번째 경간	두 번째 경간	세 번째 경간	최대 경간
8[m]	10[m]	10[m]	10[m]
8[m]	11[m]	12[m]	12[m]

2.11 브래킷과 조인트간 간격

특별히 정해진 것 없으나 강체 전차선의 교체시를 위해 브래킷 위에 설치하는 것은 좋지 않다.

2.12 분기개소의 설치 : 두 개의 강체 전차선이 기계적으로 서로 독립된 것이다.

1) 세로방향

① 측선의 첫 번째 지지점과 그 옆의 본선 지지점 사이는 1[m] 이하이다.

② 측선의 첫 번째 지지점과 두 번째 지지점 사이 2[m]

③ 평행부분의 길이는 2[m] 정도로 측선부분의 압상력을 고려한다.

④ 분기부분 지지점의 지나친 이동을 막기 위해 양 트랙에 분기부분과 고정점간에 적당한 거리를 유지한다.

2) 가로방향 : 강체전차선의 평행부분은 200[mm] 이상 이격한다.

3) 수직방향 : 양 강체전차선은 레일면상 같은 높이를 유지하여야 하며, 측선이 가능한 조금 높아야 하나 낮아서는 절대 안되고, 측선 강체전차선의 끝부분은 위로 구부러져야 한다.

2.13 AL T-BAR의 DEFLECTION 검토

1) 계산조건

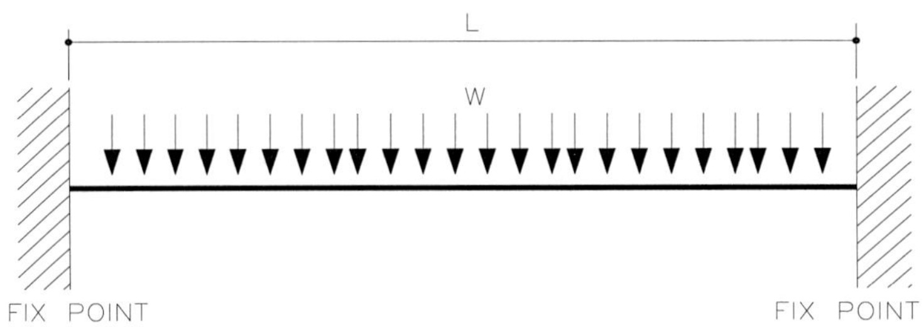

2) 적용공식(양단 Rigid 시)

$$Df = \frac{W \times L^4}{384 \times E \times I}[m]$$

Df : Deflection

W : 강체 전차선 단위 중량 (Kg/Cm)

구 분	A5083S	A6063S
Al T-BAR (Al 2,100mm^2)	0.056	0.057
TROLLEY WIRE (Gt 170mm^2)	0.01511	0.01511
LONG EAT (271mm^2 x 2)	0.015	0.012
TOTAL	0.08611 (Kg/Cm)	0.08711 (Kg/Cm)

L : Al의 지지점 간격 → 500 (Cm)

E : Al의 탄성계수 → A5083S 720,000 (Kg/Cm^2)

I : Al T-BAR의 관성 MOMENT→ A6083S 700,000 (Kg/Cm^2)

3) Df 계산.

$$Df = \frac{0.08611 \times 500^4}{384 \times 720,000 \times 108.55}$$

$$Df = 0.181[\mathrm{cm}]$$

$$Df = \frac{0.08711 \times 500^4}{384 \times 700,000 \times 108.55}$$

$$Df = 0.188[\mathrm{cm}]$$

4) 검토결과

5[m]의 지지점이 고정된 경우라고 생각하면 지하 구간의 허용 편차 1/1,000[‰] 인

2.5[mm] 보다 적은 값으로 만족한다.
지하부 편차 2.5[mm] > 1.88[mm] ---------- O.K (지지점간 중앙부 기준)

4-22. 귀선로

1. 개 요

1.1 귀 선

전기차에 공급된 운전용 전력을 변전소로 되돌아가는데 사용된 도체을 말한다.

1.2 귀선로

귀선 및 이를 지지, 보장하는 설비를 총괄한다.

1.3 귀선로의 구성

1) 직류용 : 운전용 레일, 레일본드, 보조귀선, 변전소의 인입선
2) 교류용 : 부급전선, 흡상선, 흡상변압기, 중성선, AT 보호선, 지지물

1.4 귀선경로

1) 직류방식 : 차륜 → 레일 → 임피던스본드 → 귀선 케이블 → 변전소의 부극
2) 교류 BT 방식 : 차륜 → 레일 → 임피던스본드 → 흡상선 → 부급전선 → 변전소
3) 교류 AT 방식 : 차륜 → 레일 → 임피던스본드 → 중성선 → 급전선 → 변전소

1.5 귀선로의 요구성능

1) 누설전류가 작고 전식, 통신유도장해, 레일전위 상승을 경감시킬 수 있을 것
2) 전류용량, 기계적 강도, 내식성이 클 것
3) 임피던스 본드 등의 단자, 가공전선의 지지는 탈락, 손상이 없을 것
4) 교직방식의 접속점에서는 귀선전류 흐름으로 회로지장, 자기교란 형상이 없을 것

1.6 귀선로의 저항

직류전차선에서 귀선로의 저항이 크면 전압강하가 크고, 레일의 전위가 상승으로 전류누설증가로 직류식은 전식, 교류방식은 통신선의 유도장해가 발생한다.

1.7 귀선레일

가공단선식 전차선로에서 주행 레일을 귀선으로 사용한다.

2. 누설전류 및 레일 전위

2.1 누설전류

1) 개 념 : 가공단선식 전차선로에서 ⊖측은 주행레일을 이용하고, 주행레일은 대지와 완전절연하기 어려워 전류가 누설된다.
2) 감소대책 : rail bond, 보조귀선

2.2 레일전위

1) 레일전위 분포

변전소 부근은 ⊖, 변전소보다 먼지점은 ⊕, 변전소와 부하간의 레일과 대지 사이는 등전위점(중심점)이 된다.

2) 전 류

전류유출은 ⊕레일과 중심점 사이에서 레일에서 대지로 전류를 유출하고, 전류귀환유입은 ⊖ 레일과 중심점 사이에서 된다.

3) 레일전위 크기

① 부하전류, 레일의 고유저항, 레일의 대지절연 저항에 비례한다.
② 부하점에서 변전소, 흡상선과의 거리에 비례한다.
③ 교류구간과 직류구간의 레일전위는 비슷하다. 교류구간의 전압이 직류의 약 10배, 귀선전류는 1/10, 레일 임피던스 10배이다.
④ 귀선전류의 교류구간은 50[%], 직류구간은 100[%]가 레일전위에 영향을 준다.

2.3 레일전위에 대한 방호

1) 개 념

레일전위는 대개 30[V] 전후로 큰 문제없으나 때로 50[V] 이상이 발생하고, 50[V] 이상시에는 레일전위 억제대책이 필요하다.

2) 상승원인

열차가 역에 정차시 타 열차가 역행으로 통과하면 정차 중인 열차의 레일 전위가 상승하여 홈과 차체간 전위차 발생으로 승객이 위험해지고, 접지사고시 레일전위가 급격히 상승한다.

3) 레일전위 억제대책

역구내에서 레일전위의 저감

3. 본 드

3.1 개 념

귀선로의 전기저항이 높아지면 누설전류가 많아져 전식, 통신유도장해가 생겨 전기저항을 낮추기 위해 rail 연결부의를 bond로 접속한다.

3.2 레일본드(귀선본드)

1) 개 념

귀선으로 이용하고 있는 레일의 계목부를 전기적으로 접속하여 전기저항을 적게 하기 위한 도체이다.

2) 접촉저항값

레일 본드를 취부한 레일길이 5[m]의 저항값 이하되게 한다.

3) 종 류

① 용접본드

㉠ 저온용접본드 : 레일, 본드의 손상이 적다(300[℃] 이하 저온으로 용접하므로). 적용범위이 넓다(보통 레일, 경두레일, 망간레일). 취부위치는 레일의 두부, 복부, 저부에 설치한다.

㉡ 고온용접본드 : 접착강도, 궤도손상이 크고, 취부작업이 위험하다.

② 압축본드 : 볼트식 단자본드는 레일구멍에 단자를 끼워 넣고 TAPER 볼트를 조여 밀착하고, 압착식 단자본드는 레일구멍에 단자를 끼워 넣고 본드 압축기로 압축한다.

3.3 크로스 본드

1) 개 념

양측 레일 사이를 전기적으로 접속하는 도체이며, 자동신호 구간에는 임피던스 본드를 사용하는 경우도 있다.

2) 특 징

신호전류는 통과시키지 않고 전차선 전류만을 통과시키는 장치이며, 귀선전류를 평형시킴으로 인하여 종합저항을 감소시키고, 양레일 중 한쪽 본드가 접촉 불량, 단선되는 경우 귀선의 전기저항이 증가되므로 이를 방지하기 위해 크로스본드 설치한다. 복선 이상의 구간에서는 레일 상호간을 크로스본드로 접속한다.

4. 부급전선(NF : Negative Feeder)

4.1 개 념

1) 직류방식 : 귀선레일과 변전소 정류기 ⊖측 단자에 연결되는 전선이다.
2) BT 방식 : 귀선레일에 병렬로 시설하여 운전용 전기를 변전소로 통하게 하는 전선으로 통신유도 장해 경감을 위한 설비이다.

4.2 특 징

1) 전압강하 경감 : 귀선의 저항을 감소시킨다.
2) 대지누설전류 억제 : 변압기에 접속 귀선전류를 흡상
3) 통신선의 차폐효과 높임 : 유도장해 경감
4) 섬락사고시 차단기를 신속하게 동작 : 전차선로의보호

5. 직류방식의 귀선로(예)

5.1 보조귀선

1) 개 념

귀선레일과 병행으로 전선을 부설하여 상호간을 약 1[km]마다 균압선(IV 200[mm^2])으로 접속한다.

2) 특 징

귀선전류는 급전선 전류와 크기가 비슷하다.

3) 설 치

레일과 평행으로 가설하여 전주 또는 지중에 매설하고, 레일과 사이를 약 1[km]마다 균압선(IV 200[mm^2]으로 접속한다)을 설치한다.

5.2 변전소 인입선

1) 개 념

변전소 인입개소에서 레일과 변전소 부극모선을 접속한 전선이다.

2) 특 징

귀선전류는 급전선 전류와 크기가 비슷하다..

3) 설 치

① 지중식 : 600[V] 알루미늄 도체 비닐절연전선 500[mm^2]사용하며, 열방산 관계로 가공 급전선보다 굵어야 한다.

② 가공식 : 경동연선 325[mm^2], 경알루미늄 연선 510[mm^2]

③ 귀선과 레일의 접속 : 임피던스본드, 중성점에 접속

④ 귀선과 변전소의 접속 : 고조파 제거 위해 직렬 리액터를 통해 접속

6. BT 방식의 귀선로

6.1 부급전선

6.2 흡상선(Booster Wire)

1) 개 념

부급전선과 귀선레일을 접속하는 전선으로 양쪽 흡상변압기의 중간 지점에서 연결한다.

2) 설치기준

① 선종 : 600[V] 비닐절연 케이블 동연선 100[mm^2] 사용한다.

② 지중매설시 : 트라후 관로 내장하고 궤도 밑 횡단시 노반에서 750[mm] 이상 깊게 매설한다.

③ 보호 : 지표상 2[m]까지는 절연관으로 보호한다.

④ 수량:2본을 병렬 설치한다.

7. AT 방식의 귀선로

7.1 중성선(Neutral Wire or Protective Wier)

1) 개 념

① AT의 중성점과 귀선레일을 접속하는 전선으로 BT 방식의 흡상선과 같은 역할을 한다.

② AT 보호선쪽은 보안기를 통하고 귀선레일쪽은 임피던스본드에 접속한다.

2) 중성선 및 보호선용 접속선 설치기준

① 중성선 및 보호선용접속선 : 흡상선에 준하여 시설, 단권변압기 설치장소에서 귀선레일과 연결된 임피던스본드의 중성점을 단권변압기의 중성점과 접속한다.

② 보호선용접속선 : 흡상선에 준하여 시설, 설치간격은 800[m] 이상 2.5[㎞] 이내로 하되 궤도회로 2~3개 이상 이격하여 설치한다. 다만, 1본만 시설할 수 있다.

7.2 보호선(PW)

1) 개 념

AT 방식에서 애자(180[mm] 현수애자)의 부측, 빔 등에 연접하여 귀선레일에 접속하는 가공전선으로 대지에 대하여 절연한 전선이다.

2) 설 치

양쪽 AT 변압기의 중간 지점에서 임피던스 본드를 통하여 레일에 접속하고 단말은 AT의 중성점에 접속한다.

4-23. 전 식

1. 개 요

1.1 부식의 정의

에너지 준위가 높은 물질에서 낮은 화합물로 되돌아가는 과정에서 물질 자체가 변질하거나 특성이 변질되는 것을 말한다.

1.2 부식의 종류

1) 습 식

금속재료의 표면에 주위 수분을 전해액으로 양극부와 음극부 생성되어 부식

① 자연부식 : 자연적인 전위차에 의해 양극부와 음극부가 형성되며 미소전류와 관계없으며 콘크리트-토양, 이중금속, 박테리아 등에서 생성

② 전식 : 인위적인 설비로부터 직류전류에 의해 양극부와 음극부가 형성되고, 미소전류의 전해 작용은 누설전류, 간섭에 의한다.

2) 건 식

고온의 공기, 고온의 가스에 의한 부식

2. 전 식

2.1 개 념

가공단선식 전차선로에서는 주행 레일을 귀선으로 사용하며, 레일 접속개소의 저항이 크면 레일과 변전소간에 전위차 발생한다. 전류는 레일에서 대지로 대지에서 지중매설금속을 통하여 변전소로 흐르고, 매설금속에서 전류가 나올 때 전기분해작용으로 부식발생한다.

2.2 누설전류 크기

$$I_L = \frac{V}{R_L} = K \cdot I \cdot \ell \cdot \frac{R_r}{R_L}$$

단, V 는 레일의 대지전위, R_L 은 누설저항, R_r 은 레일의 저항, K 는 상수(급전구역, 부하상태, 대지누설저항, 온도), I 는 부하전류, ℓ 은 부하점과 변전소 거리이다.

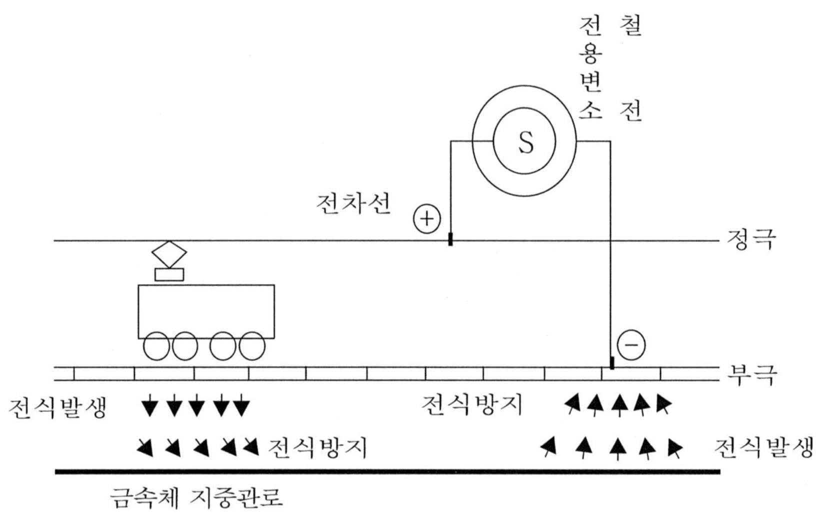

그림 4.61 누설전류의 분포도-

2.3 전해의 법칙(패러데이 법칙)

부식량 추정에 도움된다.

1) 정 의 : 금속체가 전식을 받을 때 부식량과 전기량 사이에 정량적 관계가 성립한다.
2) 전식량

$$M = Zit \ [g]$$

단, Z 는 전기 화학당량[mg](아연 0.3388, 알루미늄 0.0932, 동 0.6588), i 는 통전전류, t 는 통전시간[초]이다.

【예제 4.10】

지중매설 아연판에 1[mA]를 1년간 흘렸을 때의 전해량은 몇 [g]인가? 단, 아연의 전기화학당량은 0.3388[mg/c]이다.

☞ 해 설)

$$M = Zit = 0.3388 \times 10^{-3} \times 1 \times 10^{3} \times 365 \times 24 \times 60 \times 60 = 10.68\,[g]$$

2.4 전식의 영향

1) 매설 금속관의 전식에 의한 부식 : 수도관, 가스관, 전선관, … 기타 관로
2) 매설 금속관로의 부식으로 예기치 못한 사고 발생
3) 전식 방지대책 설치로 경제적, 보수적 손실 발생

2.5 전식조사

1) 조사항목 : 지형도, 변전소 위치, 급전상태, 급전전압 강하, 귀선저항, 누설전류, 누설저항
2) 정전류 시험 : 일정구간에 정전류를 흘려 급전선측과 귀선측의 저항을 측정하여 전차선로 전체의 도통상태, 누설전류 상태조사를 한다.

3. 전식방지 대책(누설전류를 적게 해야 함)

전식은 ⊕에서 ⊖로 전류가 흘러 ⊕측이 부식을 하므로 직류에서는 레일이 ⊖이므로 주위 배관이 부식되어 대책이 필요하고, 교류에서는 ⊕, ⊖가 60[Hz]로 계속 바뀌므로 부식과 방식을 반복하므로 별도 대책이 필요 없다.

3.1 전기철도측의 대책

1) 전차선(트롤리선) 전압을 승압한다(운전전류 감소로 누설전류가 감소).
2) 변전소 간격을 단축시킨다(급전구역을 축소하여 누설전류를 감소).
3) 귀선로의 전기저항을 감소시킨다(레일본드의 양호한 시공, 장대 레일 등을 선택하여 레일 접속부의 저항을 적게 하고, 보조귀선, 부급전선의 설치하며 크로스본드을 증설한다).
4) 도상의 누설저항을 증가시키기 위해 대지와 레일 사이의 절연저항을 크게 하며, 배수를 좋게 하고 절연 도상을 설치하며, 레일과 침목 사이에 절연층을 설치하

고, 귀선의 극성을 정기적으로 바꾸어 전기화학반응을 중화한다.

3.2 매설 금속체측의 대책

1) 배류장치의 적용

① 직접 배류법

㉠ 방 법 : 매설금속체와 귀선을 도체로 직접 연결한다.

㉡ 장 점 : 간단하고, 설치비가 적다.

㉢ 단 점 : 역류가 없는 경우에만 사용한다.

② 선택배류법 : 가장 많이 사용한다.

㉠ 방 법 : 선택배류기를 설치하여 역류가 없게 한 방법이다.

㉡ 장 점 : 전원장치가 없으므로 유지비가 저렴하고, 전철 운행시에도 자연부식이 방지된다.

㉢ 단 점 : 전철 휴지시에는 전기방식 효과가 없고, 전철 위치에 따라 효과 범위가 제한되며 다른 매설 금속체 영향 등을 고려한다.

③ 강제 배류법 : 선택배류법 및 외부전원법을 혼합하여 사용한다.

㉠ 방 법 : 직류전원장치로 레일에 강제적으로 배류한 것

㉡ 장 점 : 휴지기간에도 방식, 효과범위 넓고 설치비가 저렴하며, 전압조정이 쉽다.

㉢ 단 점 : 타 매설 금속체에 영향이 크고, 전철 신호에 장애가 있으며 과방식이 있고, 외부 전원도 필요하다.

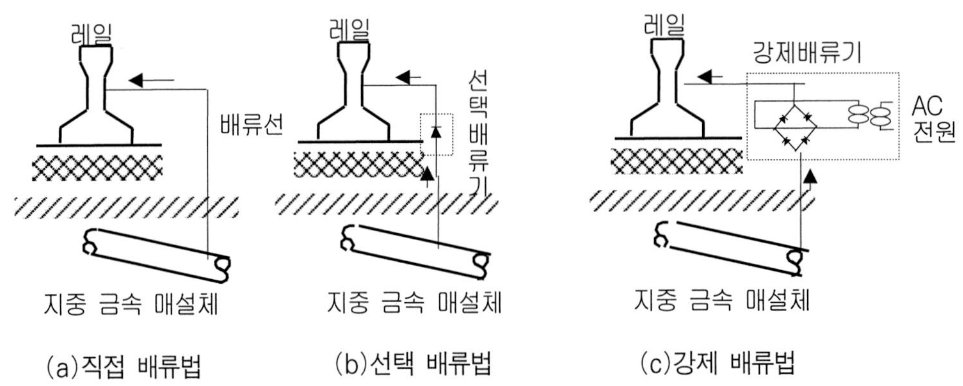

그림 4.62 전식 방지 위한 전기적인 접속 방법

2) 매설금속체에 시설

절연성 피막을 입혀, 매설 금속체에 누설전류 유입을 방지하고, 접속부를 절연하여 누설전류의 흐름을 차단하며, 저준위 금속체를 접속하여 저준위 금속을 전식시키고, 궤조와의 이격거리를 크게 한다.

3.3 전식방지설비 적용사례

구 분		항 목
서울 지하철 1기	본 선	○ 누설 전류 경감 대책 ▪ 레일에 고무 Pad 설치 ▪ 매입전 2중 절연
	차량 기지	▪ 절연하지 않음
서울 지하철 2기	본 선	○ 누설 전류 경감 대책 ▪ 레일에 고무 PAD 설치 ▪ 매입전 2중 절연 ▪ 궤도에 방진용 고무 PAD 설치 ▪ 누설전류 포집용 금속봉 설치 (금속봉 16[㎟]×2EA/Rail당 Jumper 60[㎟]나동선)
	차량 기지	▪ 절연하지 않음

제5장 구조물

5-1. 구조물의 기초

1. 개 요

1.1 구조물의 정의

구조물이란 각종 전선과 부속물 등을 지지하는 설비로 변전설비와 전차선로가 있지만 전기철도에서 구조물이란 주로 전차선로를 지지 또는 가선하기 위한 설비를 주로 의미한다 .

1.2 전기철도 구조물에 대한 기본적인 조건

1) 내부식성이 우수 할것
2) 유효수명(내용년수)이 길것
3) 열차의 진동에 따른 풀림이 없고 강도가 충분 할것
4) 보완도와 신뢰도가 있을것
5) 경제성, 시공성, 유지보수성이 우수 할것

1.3 전기철도 구조물의 종류

1) 전철주 : 가공전차선로를 지지 또는 인류하기 위한 설비
   [예] 콘크리트주, 철주(H형강주, 강관주), 목주
2) 전철주 기초 : 전철주를 대지에 고정시키기 위한 설비
   [예] 근가기초, 쇄석기초, 콘크리트기초, 특수기초
3) 빔 : 전철주와 조립하여 전차선과 급전선 등을 지지하기 위한 강구조물
   [예] 고정식, 스패선식, 가동식
4) 지선 : 인장력 또는 수평장력에 의하여 전주가 경사 또는 구부러지지 않도록 하기 위한 설비 예) 단지선, V형지선, 2단지선, 수평지선, 궁형지선
5) 완철 : 전주 또는 고정빔등에 취부하여 급전선, 부급전선, 보호선등을 지지 또는 인류하기 위한 구조물
6) 하수강 : 전주의 건식이 곤란한 개소에 고정빔이나 터널의 천정에서 아래로 가동브래킷, 곡선당김장치등을 지지하기 위한 지지물
7) 평행틀 : 전차선의 평행개소(Over lap)등에서 1본의 전주에 2대의 가동브래킷을 지지하기 위한 구조

1.4 기상의 적용

1) 기 온

① 온도가 상승하면 이도증가, 장력감소, 안전율 증가가 되고 지지물 높이 증가, 가격 상승, 혼촉 사고발생 가능성이 높아지므로 전차선로 설계시 온도변화가 중요하다.

② 적 용

구 분	최저온도	표준온도	최고온도
국내 전철주 설계시	−25[℃]	10[℃]	40[℃]
일본 A지구	−10[℃]	15[℃]	40[℃]
일본B지구(한전 가공 송전철탑)	−20[℃]	10[℃]	40[℃]
일본C지구	−40[℃]	5[℃]	40[℃]

2) 바 람

① 바람의 영향 : 구조물이나 전차선의 강도, 전차선의 기울기에 영향을 준다.

② 풍 속

㉠ 최대 풍속 : 구조물 강도계산에 적용되는 풍속은 50[m/s], 일반개소는 40[m/s]

㉡ 운전가능한 최대 풍속 : 바람의 영향에 의한 기울기(편위) 계산에 적용되는 풍속은 특수개소 35[m/s], 일반개소 30[m/s]이다.

㉢ 구조물에 가해지는 풍압

$$P = A \cdot C_x \cdot \frac{(V_x)^2}{16} \text{[kgf]}$$

단, P는 풍압[kgf], A는 바람을 받는 물체의 수직투영면적[m^2], C_x는 풍력계수(공기저항계수-실험결과 계수), V_x는 풍속[m/s]이다.

【예제 5.1】

풍속 : 30[m/s], 콘크리트전주의 수직투영면적 : 3[m^2]일 때 콘크리트전주에 가해지는 풍압은 몇 [kgf]인가? 단, 풍력계수는 1.4 이다.

☞ 해 설) $P = A \cdot C_x(\frac{V_x^2}{16}) = 3 \times 1.4 \times \frac{30^2}{16} = 236$ 〔kgf〕

3) 눈

적설량이 1[m] 이상 많이 오는 지역에서 실정에 따라 고려하여 설계에 적용하나 국내에서는 일반적으로 적용하지 않는다.

1.5 강도계산에 사용되는 상정하중

1) 수직하중

① 자 중: 전선류의 자중(얼음 제외)(W), 빔 등의 자중(ω), 전주 등의 자중(W_p)

② 설하중: 전선류의 착설하중(W_s), 빔 등의 자중(W_{s1}), 철주사재의 가한 침항력 (W_{s2}), 지선・지주에 가한 침항력(f)

③ 피빙하중: 전선류의 피빙중량

2) 수평하중

① 풍압하중 : 전선류의 풍압하중, 지지물(전주)의 풍압하중, 빔의 풍압하중

② 곡선로에 의한 횡장력: 표준온도에서의 횡장력 (P_1), −5[℃]에서의 횡장력 (P_2), 최저온도에서의 횡장력(P_3), 0[℃]에서의 횡장력 (P_4)

$$(p) \rightarrow P = \frac{S \cdot T}{R}$$

③ 설하중 (F): 사면적설의 이동에 따른 작용력 (F_1), 제설차의 횡장력 (F_2)

표 5.1 경사면 적설이동에 따른 작용력

가장 깊은 적설 깊이	작 용 력
0.5 ~ 1.5[m]	5[tf]
2.0[m] 이상	10[tf]

2. 수직하중

2.1 전선의 자중

1) 제조회사 데이터 이용 선정

2) 계산에 의한 전선 자중

$$W_0 = \frac{\pi}{4} d^2 \cdot \delta \cdot N \cdot k \cdot \ell \cdot 10^{-3} [kg/m]$$

단, d 는 전선직경[mm]으로 연선 내외 1개, δ 는 전선비중, N 은 연선 내 가닥수, k 는 전선의 연입률[%]로 (1 + 연입률), ℓ 은 전선길이[m]이다.

2.2 설하중

설하중은 일반적으로 1m 이상인 경우에 적용하며 국내에는 대개 적용하지 않으며 국내의 전기철도 자료는 거의 대부분 일본의 책자를 번역한 것으로 일본의 경우를 예를 들었다.

1) 피빙하중

① 빙설하중 : $W_s = 0.0054\pi(d+6) = 1.696(d+6) \times 10^{-2} [kg/m]$
단, d 는 전선의 총 직경[mm]이다.

② 전선의 피빙하중 : $W_i = W_s + W_0 [kg/m]$
단, W_0 은 전선의 자중 [kg/m]이다.

2) 기타 설하중

① 착설에 의한 하중 : 전차선에는 착설이 없는 것으로 보고 계산한다.

② 관설에 의한 하중 : 지지물의 상부, 완금부분, 애자장치 등 눈이 쌓이는 하중이다.

㉠ 빔과 완금에서 관설에 의한 하중(W_1)

$$W_1 = \frac{m \cdot b^2 \cdot f}{10} [kg/m]$$

단, m 은 눈의 비중, b 는 눈이 쌓이는 바닥의 폭, f 는 관설계수이다.

㉡ 빔 및 완철(V트라스트빔 및 4각빔)의 관설에 의한 하중(W_2)

$$W_2 = \frac{0.3 \times b \cdot H \cdot F}{10} [kg/m]$$

단, 0.3 : 눈의 비중, b : 빔(보)의 폭[㎝], H 는 관설높이[㎝](A지구:100, B지구 : 70, C지구 : 50, D지구 : 30), F 는 관설의 점유율(I 지구 : 1.1, Ⅱ지구 : 0.8, Ⅲ지구 : 0.5).

③ 적설에 의한 침강력: 눈속에 매몰될(1m이상) 우려가 있는 지지물의 부재에는 눈에 의한 매설부분에 침강력이 작용한다.

3. 수평하중

3.1 풍압하중

1) 갑종 풍압하중 : 여름철 태풍을 기준으로 한 설계 기준이다.

① 기 준 : 고온계(여름 ~ 가을)에 풍속이 40[m/s]로 가정할 때 생기는 하중

② 적용기준 : 표준온도

③ 갑 종 :풍압하중의 크기

<table>
<tr><th colspan="5">풍압을 받는 구분</th><th>구성재의 수직 투영면적
1 ㎡에 대한 풍압</th></tr>
<tr><td colspan="5">목 주</td><td>588 Pa</td></tr>
<tr><td rowspan="11">지지물</td><td rowspan="5">철 주</td><td colspan="3">원 형,</td><td>588 Pa</td></tr>
<tr><td colspan="3">삼각형, 마름모형</td><td>1,412 Pa</td></tr>
<tr><td colspan="3">강관에 의해 구성되는 4각형</td><td>1,117 Pa</td></tr>
<tr><td rowspan="2">기타</td><td colspan="2">복재가 전·후면에 겹치는 경우</td><td>1,627 Pa,</td></tr>
<tr><td colspan="2">기타의 경우</td><td>1,784 Pa</td></tr>
<tr><td rowspan="2">철근콘크리트주</td><td colspan="3">원 형</td><td>588 Pa</td></tr>
<tr><td colspan="3">기타</td><td>882 Pa</td></tr>
<tr><td rowspan="4">철 탑</td><td colspan="2" rowspan="2">단주(완철류는 제외함)</td><td>원형</td><td>588 Pa</td></tr>
<tr><td>기타</td><td>1,117 Pa</td></tr>
<tr><td colspan="3">강관(단주는 제외함)</td><td>1,255 Pa</td></tr>
<tr><td colspan="3">기타의 것</td><td>2,157 Pa</td></tr>
<tr><td rowspan="2">전선 기타 가섭선</td><td colspan="4">다도체(구성하는 전선이 2가닥마다 수평으로 배열되고 당해 전선 그 전선 상호 간의 거리가 전선의 바깥지름의 20배 이하인 것)</td><td>666 Pa</td></tr>
<tr><td colspan="4">기타의 것</td><td>745 Pa</td></tr>
<tr><td colspan="5">애자장치(특별 전선용의 것에 한한다)</td><td>1,039 Pa</td></tr>
<tr><td colspan="5">목주 · 철주(원형의 것에 한한다) 및 철근 콘크리트주의 완금류(특고압 전선로용의 것에 한한다)</td><td>단일재로서 사용하는 경우에는1,196 Pa, 기타의 경우에는 1,627 Pa</td></tr>
</table>

※ 1[kgf] = 9.8[N] = 9.8[pa]

2) 을종 풍압하중 : 겨울철 계절풍을 기준으로 한 설계 기준이다.

① 기 준 : 빙설이 많은 지방의 저온계(겨울~봄)에 빙설(두께 6[mm], 비중 0.9)이 부착한 상태에서 수직 투영면적 372 Pa(다도체를 구성하는 전선은 333 Pa), 그 이외의 것은 갑종 풍압하중의 1/2 을 적용, 풍압(풍속 28[m/s])을 받는다고 가정한 하중이다.

② 적용온도 : −5[℃]

3) 병종 풍압하중

① 기 준 : 빙설이 적은 지방의 저온계, 인가가 많은 장소 등에서 갑종 풍압 하중의 1/2 의 풍압(풍속 28[m/s])을 받는다고 가정한 하중이다.

② 적용온도 : 최저온도

3.2 수평장력

1) 곡선로의 수평장력

$$P = \frac{S \cdot T}{R} [\text{kgf}]$$

단, P 는 수평장력, S 는 경간[m], T 는 전선장력[kgf], R 은 곡선 반지름[m]이다.

【예제 5.2】

전주경간 : 40[m], 전선의 장력 : 1,000[kgf], 곡선반지름 : 400[m]일 때 곡선로의 수평장력 P는?

☞ 해 설) $P = \frac{S \cdot T}{R} = \frac{40 \times 1,000}{400} = 100$ [kgf]

2) 곡선 인류개소의 수평장력

$$P_1 = \frac{S \cdot T}{R} [\text{kgf}] \text{ 또는 } P_1 = \frac{(S_1 + S_2)T}{2R} [\text{kgf}]$$

$$P_2 = \frac{(d \pm g)T}{S} \text{ 또는 } P_2 = \frac{(d \pm g)T}{S_2} [\text{kgf}]$$

단, + 는 인류가 전선보다 내측으로 된 경우, − 는 인류가 전선보다 외측으로 된 경우, P_1은 AB 간의 곡선에 따른 수평장력[kgf], P_2는 BC 간의 인류에 따른 수평장력[kgf], S_1 은 AB 간의 경간[m], S_2는 BC 간의 경간[m], d 는 편위(0.2[m]), g 는 궤도중심부터 인류주 중심까지의 거리이다.

3) 직선로의 지그재그 편위에 따른 수평장력

$$P = 2T\sin\theta = 2T \cdot \frac{2d}{\sqrt{S^2 + (2d)^2}}$$

단, d 는 전차선의 기울어짐[m][편위]이다.

【예제 5.3】

조가선, 전차선 장력 각각 1,000[kgf], 경간 50[m], 편위 0.2[m], 수평장력은?

☞ 해 설) $P = 2T\frac{2d}{\sqrt{S^2 + (2d)^2}}$

$$= 2 \times 1,000 \times \frac{2 \times 0.2}{\sqrt{50^2 + (2 \times 0.2)^2}} = 16[kgf]$$

4. 하중계산

4.1 수직하중

1) 전선의 수직하중 = 단위길이당 중량[kg/m] × 전주경간 = 전선의 자중 (W_c)× 전주경간

2) 애자와 금구류 등의 수직하중 = 개당 중량[kg/m] × 수량

4.2 수평하중

1) 전선의 풍압하중

$$P_\omega = P_0 \times S[kgf] \rightarrow d \cdot P_{\omega n} \cdot S$$

단, P_0은 단위풍압하중[kgf/m] $= d \times P_{\omega n}$, d 는 전선의 지름[m], $P_{\omega n}$은 n 종의 풍압하중의 수직투영면적당 풍압[kgf]이다.

2) 전선의 수평장력

$$장력\ T = T^3 - \left[T_0 - \frac{8AED_0^2}{3S^2} - AE\alpha(t - t_0)\right]T^2 - \frac{AEW^2S^2}{24} = 0$$

단, T 는 전선의 온도 t에서의 장력, T_0은 전선의 온도 t_0에서의 장력, A 는 전선의 단면적[mm^2], E는 전선의 탄성계수[kgf/mm^2], D_0은 장력 T_0에서의 이도[m]는 $W_0S^2/8T_0$, a는 선팽창계수, t 는 표준온도, t_0은 최저온도, W 은 전선의 단위길이당 합성중량[kg]이다.

※ 전선에 풍압하중이나 착설이 있는 경우 합성하중 : $W = \sqrt{(W_0 + W_i)^2 + W_\omega^2}$ [kg]

단, W 는 전선의 단위길이당 합성하중[kg], W_0은 전선의 단위중량, W_i는 전선의 피빙중량, W_ω는 전선의 풍압하중이다.

【예제 5.4】

경동연선 7/3.2[mm], 빙설비중 0.9, 두께 6[mm], 전선비중 8.9, 연입률 1.2[%], 풍압 50[kgf/m^2], ω_0, ω_i, ω_ω, W = ?

☞ 해 설)

1) 전선자중

$$\omega_0 = \frac{\pi}{4}d^2 \cdot \delta \cdot 1 \cdot k \cdot N \cdot 10^{-3}$$

$$= \frac{\pi}{4} \times 3.2^2 \times 8.9 \times 1 \times (1 + 0.12) \times 7 \times 10^{-3}$$

$$= 0.507[kg/m]$$

2) 빙설하중

$$\omega_i = 0.0054\pi(d + 6) = 0.0054 \times \pi \times (9.6 + 6) = 0.264[kg/m]$$

3) 풍압하중

$$\omega_\omega = P(d + 12) \cdot 10^{-3} = 50(9.6 + 12) \cdot 10^{-3} = 1.08[kg/m]$$

4) 합성하중

$$W = \sqrt{(\omega_c + \omega_i)^2 + \omega_\omega^2}\ [kg/m]$$

$$= \sqrt{(0.507 + 0.264)^2 + 1.08^2} = 1.326$$

5. 강재의 단면형상

5.1 일반형강

1) L 형강(angle) : 등변과 부등변으로 구별
2) I 형강(I-beam) : 단면형은 H 형강과 비슷, 플랜지 선단부가 곡면
3) ㄷ형강(channel) : 단면원심과 전단 중심 위치 다를 경우 비틀림 생긴다.
4) H 형강 : 좌굴과 휨에 대해 유리, 플랜지 두께 일정, 가공성 용이

5.2 강판(Plate)

두께 6[mm]를 기준으로 후판(두께운 강판)과 박판(얇은 강판)으로 나누고, 두께는 t [mm] P · L − t 라고 표시한다.

5.3 평강(Plat Bar)

두께(3[mm] 이상) × 폭(125[mm]) 미만

1) 개념 : 두께 3[mm] 이상의 판
2) 평강 : 폭이 125[mm] 미만의 것
3) 강판 : 폭이 125[mm] 이상의 것

5.4 봉 강

둥근강 φ, 이형강 D

5.5 강관 및 각형 강관

좌굴과 비틀림에 대해 유리한 단면으로 폐쇄된 것은 부식에 강하다.

5.6 경량 형강

판 두께를 얇게 하여 단면 성능을 좋게 한 것, 1.6[mm], 2.3[mm], 3.2[mm]가 있다.

5-2. 힘과 구조물

1. 개 요

구조물에 힘(외력)이 작용하면 응력이 생겨 구조물이 변형하며, 구조물의 설계, 시공, 유지보수시 힘의 성질을 이해하고 이에 맞게 대응해야 한다.

2. 힘과 모멘트

2.1 힘

공학분야에서 힘의 단위는 힘의 중력단위를 사용하고 질량 1[kg]의 물체에 작용하고 있는 중력을 1[kg]중의 힘이라고 정하며, 1[kg]중의 힘은 1[kgf]로 표시한다.

$$F \propto ma\,[N] \text{ or } [dyne]$$

단, F는 힘, m은 물체의 질량, a는 가속도이다.

1[N] = 10,000[dyne], 1[g] = 980[dyne], 1[g 중] =980[dyne], 1[kg 중] = 9.80665[N] or [kg · m/s^2]

2.2 힘의 3요소와 표시

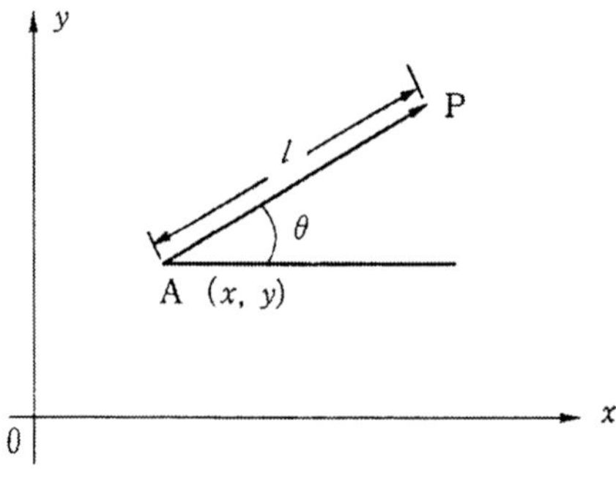

그림 5.1 힘의3요소

1) 크기 : 임의로 적당하게 축척된 선분의 길이로 표시한다 (ℓ).
2) 방향 : 화살표와 선분의 기울기로 표시한다 (θ).
3) 작용점 : 화살표의 끝 또는 시작점으로 선분 위의 한점으로 표시한다 (x, y).

2.3 힘의 모멘트

1) 개 념 : 어떤 점(기준으로 하는 O점)을 중심으로 돌리려고 하는 힘, 즉 물체로 하여금 지지점 둘레를 회전하도록 하는 힘의 작용을 힘의 모멘트라 한다.
2) 크 기

모멘트 M = 힘 × 수직거리 = $P \cdot \ell = 2 \triangle AOB$

3) 단 위 : 힘과 거리의 곱으로 [t · cm], [t · m], [kg · cm], [kg · m]이다.
4) 모멘트의 방향 : 모멘트가 우회전, 즉 시계방향이면 정(+), 좌회전, 즉 시계반대 방향이면 부(-)이다.

2.4 우력과 우력 모멘트

1) 우 력 : 짝힘이라고 하며 크기가 같고 방향이 반대인 나란한 두 힘이다.
2) 우력 모멘트

$$M = P \cdot \ell$$

단, P는 힘, ℓ은 두 힘 사이의 거리이다.

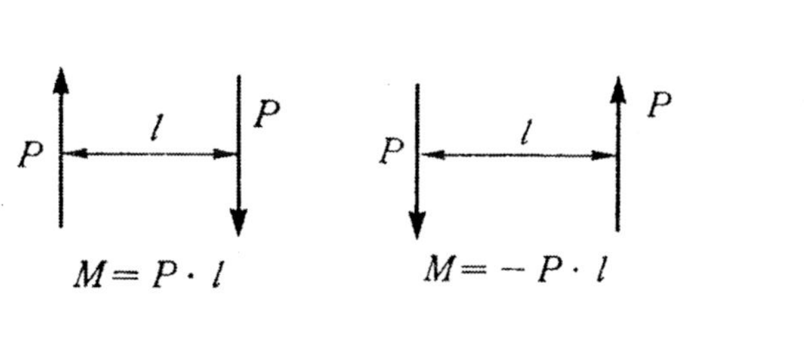

그림 5.2 우력모멘트

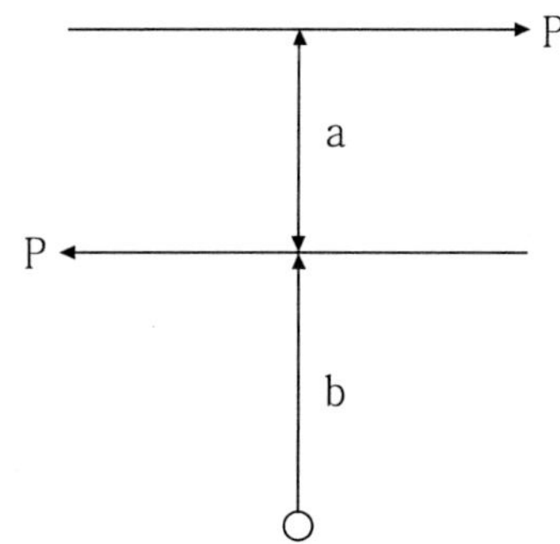

그림 5.3 우력모멘트의 대수합

3) 우력모멘트의 대수합

$$M_O = P(a+b) - Pb = Pa + Pb - Pb = Pa$$

3. 힘의 평형

3.1 개　념

2개 이상의 힘이 구조물에 작용하여 구조물이 움직이거나 회전하지 않고 정지상태로 있는 것을 평형이라 한다.

3.2 힘의 평형조건

힘의 평형조건	힘의 평형조건 내용	역학적 표현
합력 R=0이 되어야 한다($\sum P = 0$).	상・하(수직방향)로 움직이지 않는다.	$\Sigma V = 0$
모멘트 M=0이 되어야 한다.	좌・우(수평방향)로 움직이지 않는다.	$\Sigma H = 0$
	회전하지 않는다.	$\Sigma M = 0$

4. 라미의 정리(Lami's Theorem)

1) 개　념 : 한 점에 작용하는 세 힘이 평형을 이룬다면 각각의 힘은 다른 두 힘의 사이각의 sin에 비례하는 것을 라미의 정리 또는 sin의 정리라 한다.

2) 공　식

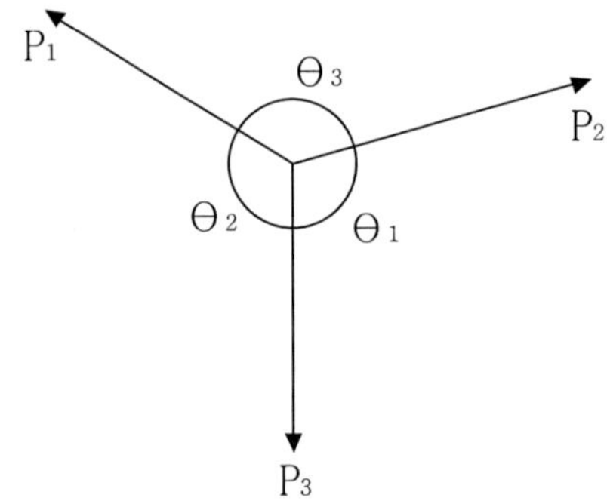

그림 5.4 라미의 정리

$$\frac{P_1}{\sin(180^\circ - \Theta_1)} = \frac{P_2}{\sin(180^\circ - \Theta_2)} = \frac{P_3}{\sin(180^\circ - \Theta_3)}$$

단, $\sin(180^\circ + \Theta) = -\Theta$ 이므로 $\frac{P_1}{\sin\Theta_1} = \frac{P_2}{\sin\Theta_2} = \frac{P_3}{\sin\Theta_3}$ 이다.

5. 구 조 물

5.1 지점과 반력

1) 지점(Support) : 정지하고 있는 구조물 또는 부재를 받치는 점
2) 절점(Panel point) : 구조물의 부재와 부재의 접합점
3) 반력(Reaction) : 지점은 보를 지지하는 점이므로, 지점에는 보를 지지하기 위하한 힘(반작용)이 생긴다 이것을 반력이라 한다.

5.2 지점의 종류와 반발력

지점 종류	내 용	기 호	반력수	반력의 종류
이동지점	구조물이 이동, 회전 가능		1	↑ 수직반력
회전지점	구조물이 핀으로 연결되어 이동을 못하고, 회전만 가능		2	↑ 수직반력 →수평반력
고정지점	완전히 고정되어 이동, 회전 불가능		3	↑ 수직반력 →수평반력 ↷ 모멘트반력

5.3 구조물의 안정, 불안정

구조물이 어떤 외력을 받았을 때 반력과 평형을 이루는 상태를 안정, 그렇지 못한 경우를 불안정이라 한다.

1) 내 적 : 안정시는 외력이 작용했을 때 구조물의 형태가 변하지 않고, 불안정시는 외력이 작용했을 때 구조물의 형태가 변하는 경우이다.
2) 외 적 : 안정시는 외력이 작용했을 때 구조물 위치가 변하지 않는 경우이고, 불안정시는 외력이 작용했을 때 구조물 위치가 변하는 경우이다.

5.4 구조물의 정정, 부정정

1) 내 적 : 정정시는 힘의 조건만으로 반력과 단면력을 구할 수 있는 경우이고, 부정정시는 힘의 조건만으로 반력과 단면력을 구할 수 없는 경우이다.
2) 외 적 : 정정시는 힘의 조건만으로 반력을 구할 수 있는 경우이고, 부정정시는 힘의 조건만으로 반력을 구할 수 없는 경우이다.

5.5 전체 부정정차수의 판별

다음 식에서 $N > 0$ 이면 불안정, $N = 0$ 이면 정정, $N < 0$ 이면 부정정이 된다.

$$N = r + m + S - 2k$$

단, N은 부정정정차수, r은 반발력, m은 전부재수, S는 각절점에서 한부재에 강접합된 수, k는 절점수이다.

5-3. 응력과 변형도

1. 개 요

1.1 응력과 변형과의 관계

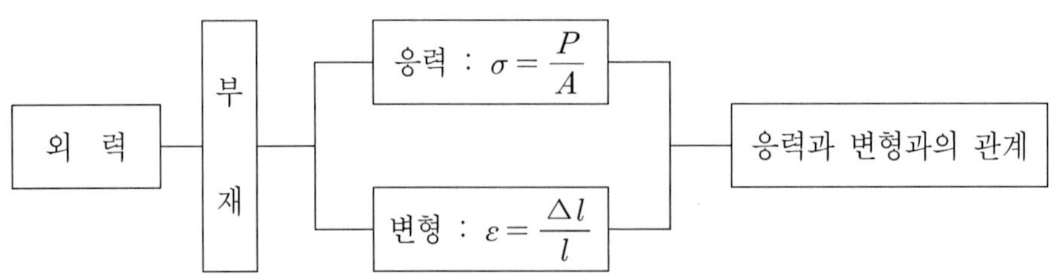

1.2 응 력

물체에 외력이 작용하면 내부에는 저항하는 힘이 생긴다. 이와 같이 내부에 일어나는 힘을 내력 또는 응력이라 하며, 응력의 크기는 다음과 같다.

$$\sigma = \frac{P}{A}$$

단, σ는 응력, P는 외력, A는 전단면적이다.

1.3 변 형

물체에 외력이 작용하면 물체의 형상과 치수가 변화하는 것을 변형이라 하고 변형의 양과 변형 전의 양과의 비를 변형률 또는 변형도라 하고 선변형률, 전단변형률, 부피변형률, 휨변형률, 비틀림변형률, 온도변형률등이 있고 변형률은 다음과 나타낸다.

$$\varepsilon_{\ell} = \frac{\Delta\ell}{\ell} \text{ 또는 } \varepsilon_{d} = \frac{\Delta d}{d}$$

단,$\Delta\ell$은 변형량, ℓ 은 원래 길이이다.

1.4 외 력

구조물의 외부로부터 작용하는 힘으로 하중과 반반력을 외력이라 함

2. 응력의 종류

2.1 수직응력(법선응력) : 부재 축방향에 수직인 단면에 생기는 응력

1) 인장응력(+)

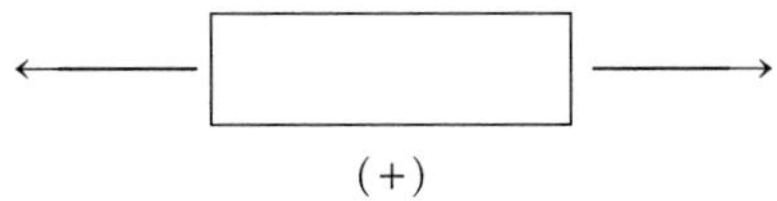

① 개 념 : 부재가 축방향으로 늘어나려는 힘을 받을 때 부재 내부에 생기는 응력이다.

② 크 기

$$\sigma_t = \frac{P}{A}$$

단, σ_t는 인장응력, P는 외력, A는 전단면적이다.

2) 압축응력(-)

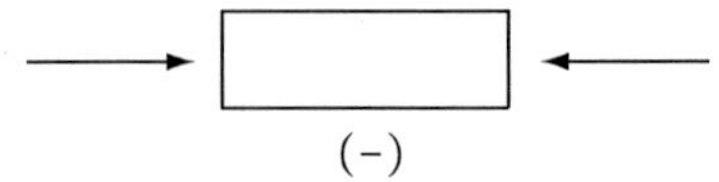

① 개 념 : 부재가 줄어들게 하려는 힘을 받을 때 부재 내부에 생기는 응력

② 크 기

$$\sigma_c = \frac{P}{A}$$

단, σ_c는 인장응력, P는 외력, A는 전단면적이다.

2.2 전단응력(접선응력)

1) 개 념 : 부재가 축직각방향으로 전단력을 받을 때 응력

2) 크 기

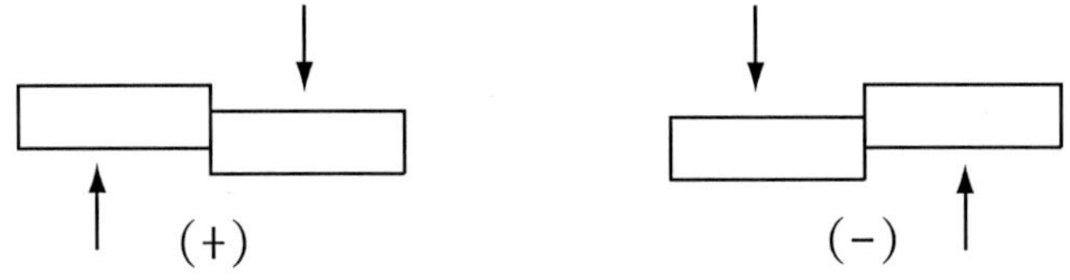

전단응력 : $\tau = \frac{S}{A}$ 단, S: 전단력 A: 단면적

2.3 휨응력

1) 개 념

부재가 연직방향으로 하중이 작용하면 부재가 휠려고 한다. 부재 내부에 휠려는 힘에 저항하기 위한 응력이다.

2) 크 기

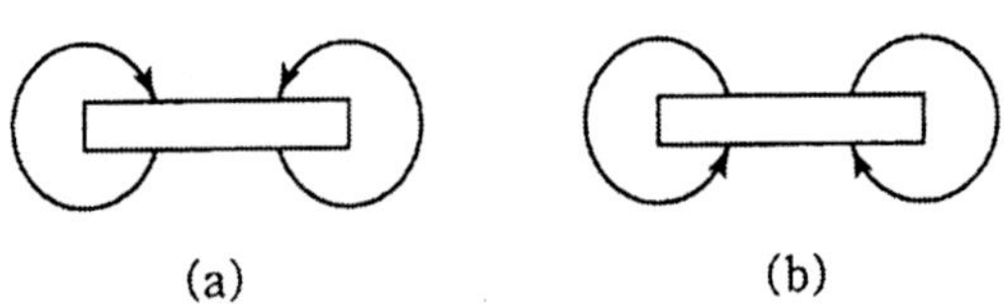

그림 5.5 휨응력

$$\sigma = \frac{M}{I} y$$

단, σ는 휨응력, M은 휨모멘트(부재를 굽혀서 휠려는 능률의 크기), I는 단면 2차 모멘트, y는 중립축에서 거리이다.

2.4 비틀림 응력

1) 개 념

① 직선봉의 양단에 크기기 같고 방향이 반대인 우력 모멘트가 작용하면 부재가 비틀어진다. 특히 H형 강주는 비틀림에 주의 해야 함으로 비틀림 응력을 고려해야한다.

② 비틀림에 저항하여 생기는 응력을 비틀림 응력이다.

2) 크 기

$$\tau = \frac{T \cdot r}{J} \rightarrow \frac{T \cdot r}{I_P} \text{(원형단면일 때)}$$

단, r은 반지름이다.

2.5 온도응력(열응력)

1) 개 념

부정정 구조물에 온도변화로 구조물이 팽창, 수축하려는 것에 저항하여 생기는 응력이다.

2) 크 기

$$\sigma = \frac{R}{A} = E\alpha\triangle T, \quad \varepsilon = \frac{\sigma}{E} = \alpha\triangle T$$

단, σ는 봉속의 압축응력, E는 탄성계수, α는 선팽창계수, △T는 온도변화, ε은 변형이다.

2.6 좌굴응력

가늘고 긴 부재는 압축 파괴되기 전에 부재가 가로방향으로 변위하여 그로인해 휨 모멘트도 가해져 드디어는 겪여 휘여진다 . 이와 같이 가늘고 긴 부재에 압축력을 가해 가로방향으로 변위하는 것을 좌굴한다고 하며 좌굴할 때의 하중을 좌굴하중, 그때의 응력을 좌굴응력이하고 한다.

2.7 전단력선도와 휨모멘트선도

보에 외력이 작용하여 임의의 단면에 작용하는 전단력 V와 휨모멘트 M은 보의 위치에 따라 다르고 보의 어느 단면위치에서 최대전단력 및 최대굽힘모멘트가 작용하는지를 알면 구조설계시 유리하므로 전단력과 휨모멘트가 보의 길이 전체에 대하여 어떻게 작용하는지를 한눈에 알아볼 수 있도록 그림으로 나타낸 것이다. 부재의 응력선도를 그릴 때에는 그 부재의 상측을 정(+)으로 하고, 하측을 부(-)로 하거나 또는 그 반대로 그리기도 한다.

1) 전단력선도(S.F.D : Shearing Force Diagram) : 전단력을 그림으로 나타낸 것
2) 휨모멘트선도(B.M.D : Bending Moment Diagram) : 휨모멘트를 그림으로 나타낸 것
3) 축방향선도(A.F.D : Axial Force Diagram) : 축방향력을 그림으로 나타낸 것

3. 탄성과 탄성계수

3.1 훅의 법칙

모든 재료는 탄성한도 내에서 응력도와 변형도가 정비례하는 것을 말한다.
응력도 = 탄성계수 × 변형도, 탄성계수 = 응력도 / 변형도

$$\delta \propto \frac{P \cdot \ell}{A} \quad \text{또는} \quad \delta = \frac{1}{E} \cdot \frac{P\ell}{A} = \frac{P\ell}{AE}$$

단, δ는 신장, P는 인장력, ℓ은 봉의 길이, A는 단면적, E는 탄성계수이다.

【예제 5.5】

지름 5[cm], 길이 400[cm]인 연강봉재에 7,000[kg]의 인장하중이 작용 할 때 봉재가 늘어나는 길이는 얼마인가? 단, $E = 2.1 \times 10^6$[kg/cm^2]이다.

☞ 해 설) $\delta = \frac{Pl}{AE} = \frac{7,000 \times 400}{19.63 \times 2.1 \times 10^6} = 0.0679$ [cm]

$$A = \frac{\pi d^2}{4} = \frac{\pi \times 5^2}{4} = 19.63[cm]$$

3.2 영계수(종탄성 계수)

1) 개 념

수직응력 δ와 종변형률 ε이 훅의 법칙에 따라 비례하는 관계를 Young이 수량적으로 처음 측정하여 이를 영계수라 한다.

2) 크 기

$$E = \frac{\delta}{\varepsilon} \text{ 또는 } E = \frac{N \cdot l}{\triangle l \cdot A} [kg/cm^2] \text{ 또는 } [t/cm^2]$$

3.3 횡탄성계수

1) 개 념

탄성한도 내에서 전단응력 τ와 전단변형률 γ와의 비가 일정하게 되는 상수이다.

2) 크 기

$$G = \frac{\tau}{\gamma} = \frac{P/A}{\triangle\lambda/l} = \frac{P \cdot l}{A \cdot \triangle\lambda} \text{ 또는 } \tau = \gamma G$$

단, G는 종탄성계수 E의 약 2/5정도이다.

3.4 체적 탄성계수

1) 개 념

수직응력 σ와 체적변형률 εV와 비는 동일재료에 대해 일정하다는 것

2) 크 기

$$\sigma = K\varepsilon V = K\frac{\Delta V}{V}, K = \frac{\sigma}{\varepsilon V}$$

4. 응력과 변형도에서 프와송비(Poiss on's Ratio)

4.1 개 요

1) 봉에 축방향으로 인장 또는 압축하중이 작용하면 축방향으로 신축하는 동시에

횡방향에 수축 또는 신장을 하게 된다. 이와 같이 횡변형률 ε' 와 종변형률 ε 과의 비를 프와송비라 고한다.(V 또는 1 / m 표현).

2) 수식 표현

$$V = \frac{1}{m} = \frac{\varepsilon'}{\varepsilon} = \frac{\Delta d / d}{\Delta \ell / \ell 1} = \frac{\Delta d \cdot \ell}{\Delta \ell \cdot d}$$

단, m : 프와송비(연철:0.278, 연강:0.303, 동 : 0.333. 고무: 0.5)

4.2 봉의 체적 계산

1) 주어진 재료의 탄성계수 E 와 프와송비를 알면 봉의 체적이 계산된다.

2) 변형된 단면적 A_1

$$A_1 = \ell^{12} = \ell^2 (1 - V\varepsilon)^2 = A(1 - V\varepsilon)^2$$

3) 변형된 체적

$$V_1 = A\ell(1 + \varepsilon - 2V\varepsilon) = A1[1 + \varepsilon(1 - 2V)]$$

$$\triangle V = V_1 - V = A\ell(1 + \varepsilon(1 - 2V)] - A\ell = A\ell\varepsilon(1 - 2V)$$

4) 체적 변화율

$$\varepsilon_V - \frac{\triangle V}{V} = \frac{A\ell\varepsilon(1 - 2V)}{A\ell} = \varepsilon(1 - 2V)$$

5. 인장시험(Tensile Test)

5.1 개 념

인장시험에 의해 응력과 변형률 사이의 관계를 결정하며, 시료는 봉모양의 시험편을 시험기에 장치하고 인장하중을 가하면서 시험한다.

5.2 응력(변형률 곡선)

1) 개 념

① 응력 = 봉에 가해지는 힘 / 단면적 $\rightarrow \sigma = \frac{P}{A}$

② 변형률 = 신장길이 / 전체길이 $\rightarrow \varepsilon_{\ell} = \dfrac{\triangle P}{\ell}$

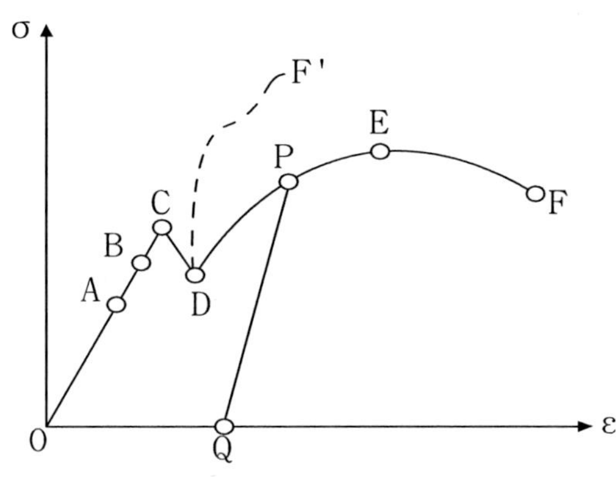

그림 5.6 연동의 응력(변형률 선도)

2) 해 석

① A는 비례한도, B는 탄성한도, C는 상항복점, D는 하항복점, E는 극한응력, F는 시험편의 판단, OQ는 잔류변형 또는 영구변형이다.

② AB 영역은 거의 일치한다.

③ C 점에 도달하면 인장력을 증가시키지 않아도 신장이 시작된다.

④ CD 영역은 재료가 소성상태이다(봉에서는 비례한도까지 생긴 신장의 10 ~ 15배 정도 소성신장).

⑤ DF′점은 전응력으로 변형률 선도이다.

3) 응력과 변형률 관계

$$\varepsilon = K\varepsilon^{n}$$

단, ε는 변형률, K는 실험상수, σ는 응력이다.

【예제 5.6】

인장강도 50[kg / cm²], 강재환봉에 인장하중 3,000[kg], 안전율 8, 강재환봉 지름은?

☞ 해 설)

$$\sigma_a = \frac{\sigma y}{n_1} = \frac{50}{8} = 6.25[\mathrm{kg/cm^2}]$$

$$A = \frac{P}{\sigma_a} = \frac{3000}{6.25} = 480[\mathrm{mm^2}]$$

$$A = \frac{\pi d^2}{4} \rightarrow d = \sqrt{\frac{4A}{\pi}} = \sqrt{\frac{4 \times 480}{\pi}} = 24.73[\mathrm{mm}]$$

【예제 5.7】

인장력 N=3,800[kg]를 받는 원형강의 단면은? 단, 원형강의 허용인장력 $f_t =$ 1,900[cm²]

☞ 해 설)

$$A_e \geq \frac{N}{f_t} = \frac{3800}{1900} = 2[\mathrm{cm^2}]$$

단면적 A_e 를 만족하는 원형강의 지름 d 는

$$\frac{\pi d^2}{4} = 2 \rightarrow d = \sqrt{\frac{2 \times 4}{\pi}} = 1.6[\mathrm{cm}] \quad \therefore \ \phi 16[\mathrm{mm}] \text{ 강봉}$$

5-4. 부재단면의 성질

1. 개 요

기계부품이나 구조물을 설계할 때 구성요소의 단면형상 및 치수를 결정하는 것이 중요한 문제이다. 단면형상 및 치수를 결정할 수 있는 역학의 기초로 도심, 관성모멘트, 회전반경, 단면계수, 극관성모멘트, 극단면계수 등이 있다.

2. 단면 1차 모멘트와 도심

2.1 단면 1차 모멘트

1) 개 념

① 도심의 계산과 보의 전단응력도를 구하는데 필요한 요소이다

② 어떤 단면이 임의의 축에대한 모멘트

③ 단면의 형상을 값으로 나타낸 것

2) 정 의

① 면적 A의 단면을 x축에 평행하는 작은 폭의 띠로 나누고, 그띠의 폭이 무한히 작은 값을 갖는다고 할때, x축에서 y_i만큼의 거리에 있는 띠의 단면적을 a_i로 한다면, 이 a_i를 x축에 평행인 힘으로 간주하여 x축에 대한 모멘트를 구하면

$Q_x = a_1y_1 + a_2y_2 + ... + a_iy_i + ... + a_ny_n = \sum_{i=1}^{n} a_iy_i$ 가 되고

동일한방법으로 y축에대한 모멘트를 구하면,

$Q_y = a_1x_1 + a_2x_2 + ... + a_iy_i + ... + a_ny_n = \sum_{i=1}^{n} a_iy_i$ 가된다

이때 Q_x, Q_y를 x축 또는 y축에 대한 단면1차모멘트라 한다.

② 한 단면의 미소 면적에서 임의로 설정한 직교 좌표축까지의 거리를 미소면적

에 곱한 것과 전단면적에 걸쳐 적분한 것이다. 즉, 단면 1차모멘트 = 전단면적 × 축 (x, y)에서 그 단면도심 (x_0, y_0)까지의 거리로 단위는 [cm^3], [m^3] 등으로 표시한다.

$$G_x = \int_A y\,dA = \int_{y_1}^{y_2} Z\,y\,dy,\ G_y = \int_A x \cdot dA = \int_{x_1}^{x_2} Z\,x\,dx$$

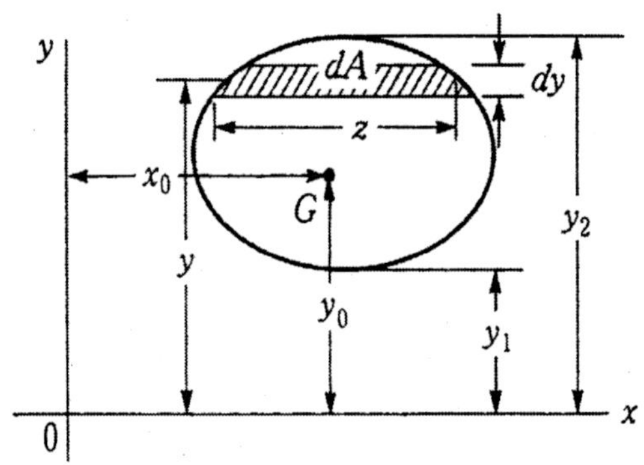

그림 5.7 단면1차모멘트

2.2 도 심

도형의 중심, 즉 임의의 1점을 원점으로 하는 직교 좌표축을 생각하면 이 직교 좌표축에 대한 단면 1차 모멘트가 0이 될 때 그 원점을 주어진 단면의 도심 또는 중심이라 한다.

2.3 파프스(Pappus)의 정리

회전체의 표면적과 체적을 구하는 원리를 이용하여 단면의 도심을 구하는 것

1) 제 1 정리

A = (선분의 길이) × (평면의 도심이 이동한 거리) = L (Θ · y_c)

단, A 는 Θ 만큼 회전시켰을 때의 표면적이다.

2) 제 2 정리

V = (단면적) × (평면의 도심이 이동한 거리) = A (Θ · y_c)

3. 단면 2차 모멘트와 단면계수

3.1 2차 단면 모멘트

1) 개 념

① 부재의 강도는 모양에 따라 다르다

② 단면 2차 모멘트가 클수록 휨에 강하다.

2) 정의

① 일반적으로 굵은 부재는 강하다고 여겨진다. 길이에 비해 굵은 부재가 세로방향으로 압축력을 받을 때 부재강도는 굵기에 비례하며, 단면의 모양에는 관계가 없다. 그러나 휨모멘트를 받는 보의 강도는 굵기뿐 아니라 단면의 모양에 관계된다.

예를 들면, 직사각형인 보에서는 길이방향과 가로방향의 강도에 큰차이가 있다. 이와 같이 부재단면의 모양을 생각할 경우, 단면 2차모멘트의 크기가 중요한 역할을 한다.

즉, 그림과같이 A의 단면적에서 x축에 평행하며 미소폭을 갖는 띠의 단면적을 a_i, x축까지의 그 단면적의 거리를 y_i라 할때,

$$I_x = a_1 y_1^2 + a_2 y_2^2 + \ldots.. + a_i y_i^2 + \ldots.. + a_n y_n^2 + \ldots.. = \sum_{i=1}^{n} a_i y_i^2$$

을 단면 A의 x축에 대한 단면2차모멘트라 한다.

같은 방법으로 y축에 대한 단면2차모멘트 I_y는 다음과 같다.

$$I_y = a_1 x_1^2 + a_2 x_2^2 + \ldots.. + a_i x_i^2 + \ldots.. + a_n x_n^2 + \ldots.. = \sum_{i=1}^{n} a_i x_i^2$$

② 미소면적 dA와 직교하는 축에서 미소면적과의 거리를 x, y라 할 때 y^2dA 및 x^2dA를 dA의 x, y축에 대한 2차 모멘트라 하고 이것을 전단면적에 걸쳐서 적분한 것을 단면 2차 모멘트라 한다.

즉, 평면을 구성하는 각각의 축에서 미소면적에 이르는 거리를 제곱한 값에 미소면적을 곱하여 전단면에 대하여 적분한 것으로 클수록 휨에 대하여 강하고 단위는 [cm^4], [m^4]으로 표시한다.

$$I_x = \int_A y^2 dA,\ I_y = \int_A x^2 dA$$

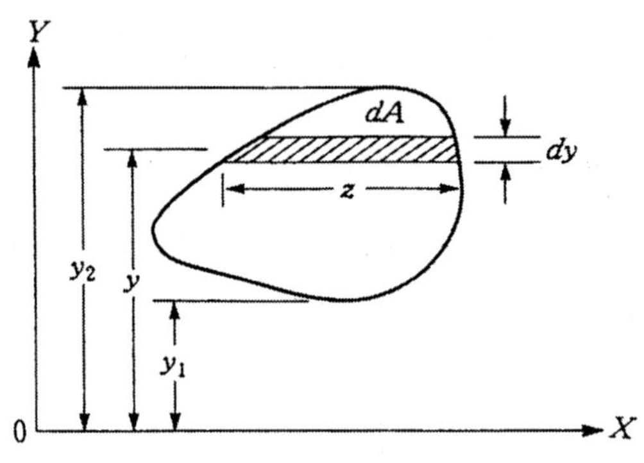

그림 5.8 단면2차모멘트

3) 기본 도형에 대한 2 차 모멘트

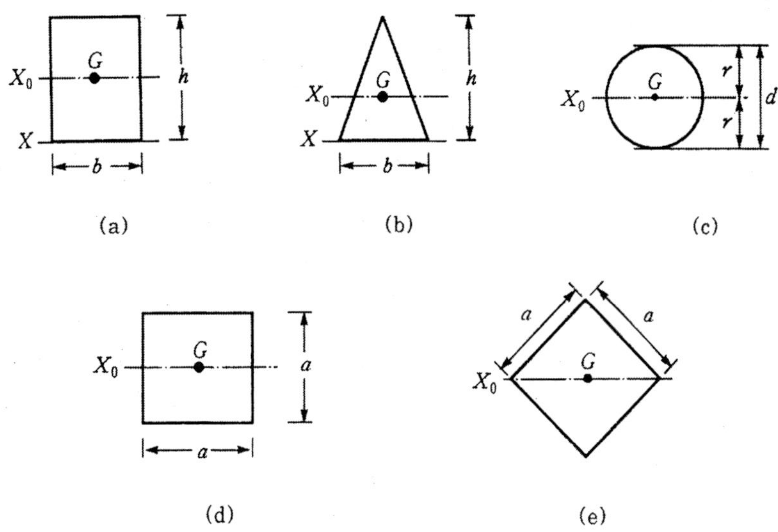

그림 5.9 여러가지도심

① 장방형 단면인 경우 : 그림 5.9(a)에서

도심축 $I_{x0} = \dfrac{bh^2}{12}$, 밑변 $I_x = \dfrac{bh^3}{3}$

② 삼각형 단면인 경우 : 그림 5.9(b)에서

도심축 $I_{x0} = \frac{bh^2}{36}$, 밑변 $I_x = \frac{bh^3}{12}$

③ 원형단면인 경우 : 그림 5.9(c)에서

도심축 지름 (d) $I_{x0} = \frac{\pi d^4}{64}$

도심축 반지름 (r) $I_x = \frac{\pi r^4}{4}$

④ 정방형 단면인 경우 : 그림 5.9(d), (e)에서

도심축 $I_{x0} = \frac{a^4}{12}$, 밑변 $I_x = \frac{a^4}{12}$

3.2 단면계수

1) 개 념

한 단면의 도심 G를 지나는 축에 대한 단면 2차 모멘트를 그 축에서 상·하로 가장 먼 거리로 나눈 것을 그 단면의 단면계수라 한다.

2) 크 기

$$Z_{x1} = \frac{I_x}{y_1},\ Z_{x2} = \frac{I_x}{y_2}$$

3) 단 위 ; [cm^3], [m^3]

5-5. 전철주

1. 개 요

1.1 전철주의 종류

철근 콘크리트주, 철주(조합철주, 강관주, H형 강주), 목주

1.2 전철주의 적용

1) 일반 개소 : 콘크리트주, 철주, H형 강주(많이 사용), 강관주(최근)
2) 교량, 옹벽 등 특수 개소 : 조합철주, 특수철주

2. 콘크리트주

2.1 개 념

원심력을 이용하여 제작하고, 전차선로 지지주에 사용한다.

2.2 종 류

1) 철근콘크리트주 : 철근을 넣은 콘크리트주로써 사용이 적다.
2) PC 콘크리트주 : PC 강선과 철근을 넣고 PC 강선에 인장을 가해 제작 일반적으로 콘크리트주라 부르며 전철주에 사용한다.

2.3 PC 콘크리트주의 특징(프리텐션 콘크리트주)

1) 모멘트가 크며 취급, 운반, 건식 중의 균열이 적다.
2) 수평력에 대해 전주의 구부러짐이 적다.

2.4 콘크리트주의 구분

1) 전주형상에 의한 구분

① T형(taper type) : 전주 외형(지름)이 말구쪽으로 갈수록 가늘어진다.

② N형(no taper type) : 전주 회형(지름)이 균일화된 형태이다.

2) 전주 사용목적에 의한 구분

① A 형 : 보통 빔식, 브래킷식 등에 사용되고, 곡선로, 인류개소에 사용하는 경우 지선 취부이다.

② B 형, C 형 : 트러스식 등의 라멘구조 개소에 사용되고, 곡선로에서 지름 30[cm] 미만을 사용하는 경우 지선 취부이다.

③ D 형 : 스팬선식, 보통 빔식, 브래킷식 등에 사용하고, 수평하중에 대해 강도가 크므로 지선 취부를 하지 않는다.

④ E 형 : 브래킷식 등에서 전주 앞부분에 A 형 이상의 하중이 작용하는 경우이다.

3) 좌판식 콘크리트주

① 제조 : 특수 형상의 콘크리트주로 고가교 등 기초 시공이 곤란한 개소에 볼트 매입하여 기초를 만들어 건식한다.

② 적용 : 시공의 난이성으로 사용이 적다.

2.5 호 칭

길이[m], 끝지름[cm], 형식기호, 설계 모멘트[kg · m] 순으로 표시한다.

※ 【예】 10-35-N5000 인 경우, 길이 10[m], 끝지름 35[cm], 형식기호는 N 형, 설계 모멘트는 5000 [kg · m]이다.

3. 철 주

3.1 사용장소

하중이 많이 걸리는 장대빔 개소, 전차선로의 인류개소로 지선을 설치할 수 없는 개소, 공간이 협소하여 건축 한계에 여유가 없는 개소, 교량, 고가교, 옹벽, 터널의 입구, 기타 풍압에 따라 강도가 약한 개소

3.2 종 류

1) H 형 강주

① 적용 : 일반토공구간의 전철주로 가장 많이 사용되었다.

② 특징 : 단일재 사용으로 제작이 용이하고, 시공이 간편하며, 비틀림현상이 있으므로 설계시 주의하여야 한다.

2) 조합철주

① 4각주

㉠ 주재 : 산형강(ㄱ 형강)

㉡ 사재 : 산형강(ㄱ 형강) 또는 평강을 사용한다.

② 구형철주(채널주)

㉠ 주재 : ㄷ 형강

㉡ 사재 : ㄱ 형강 또는 평강을 사용한다.

㉢ 궤도중심 간격이 좁은 개소, 인류개소 등에 적용한다.

③ 적용 : 교량, 고가교, 옹벽 등에 적용한다.

④ 최근 추세 : 모멘트 분포에 적합한 변형 단면구조와 용접철주 채용

3) 강관주

① 적 용 : 콘크리트주 설치가 곤란한 곳의 고가교, 난간개소 등에 설치하고, 토목구조상 투입기초가 불가능하고 큰 하중(설계 굽힘 모멘트 15,000[kg/f·m] 이상)을 갖는 단독주이다.

② 최근 추세 : 운반 불편, 보수작업 곤란 등이 있지만 강도가 크므로 최근에 적용되고 있다.

3.3 전철주의 접지

제1종 접지로 접지저항 10[Ω] 이하로 시공한다.

4. 목 주

4.1 사용장소

단기간의 임시 설비용, 실제 적용이 적다.

4.2 특 징

1) 수명이 짧아 노후 부식이 된다(양호한 방수처리 목주는 30년, 일반방수 처리목주는 20년, 무방수처리 목주는 10년이다).

2) 강도선택이 자유롭지 못하고, 강도가 고르지 못하다.

3) 신뢰성이 낮고, 부식으로 강도가 저하되며, 화재에 약하다(가연성).

5. 전철주의 특징비교

구 분	장 점	단 점
콘크리트주	▪ 수명이 반영구적, 가격이 싸다. ▪ 강도 선택이 자유로움 ▪ 전주형상 일정, 보수가 필요없음 ▪ 제작, 품질관리 용이	▪ 중량이 무거움 ▪ 운반, 취급이 불편
철 주	▪ 내구성이 높고, 강도의 설계가 자유로움, 강도에 비해 경량임 ▪ 특수한 형상 제작이 가능 ▪ 전주 길이에 제약이 없음 ▪ 건식 장소의 제약이 적음 ▪ 분할운반이 가능	▪ 고가임 ▪ 초기 도금 후 방청 도장 필요
목 주	▪ 경량으로 건식이 용이 ▪ 가격이 쌈	▪ 수명이 짧음(노후, 부식) ▪ 강도 선택이 자유롭지 못함 ▪ 강도가 고르지 못함 ▪ 신뢰성이 낮음(부식으로 강도 저하) ▪ 화재에 약함(가연성)

6. 전철주의 설치기준

6.1 전주 건식게이지

1) 표준위치 : 궤도 중심에서 전주중심까지 거리는 3[m], 정거장 구내의 경우 3.5[m]로 한다. 단, 위와 같이 설치가 곤란한 경우는 건축한계에 저촉되지 않게 가감하여 설치
2) 승강장, 화물 적하장 : 연단으로부터 1.5[m] 이상
3) 전주는 차막이 바로 뒤에는 설치하지 않는다. 단, 부득이한 경우 10[m] 이상 이격, 특수 설비할 경우 제외
4) 자동차 통행하는 건널목에 인접한 전주 : 건널목 양측단으로부터 5[m] 이상 이격
5) 신호기 부근 : 신호 투시에 지장 없게 설치한다.
6) 낙석 우려있는 장소 : 전주에 방호책 설치 또는 선로를 건너서 설치한다.

6.2 전철주의 안전율

1) 철근 콘크리트주 : 파괴 하중에 대하여 2 이상
2) 철주 : 소재 허용응력에 대하여 1 이상

6.3 철주의 휨과 비틀림

1) 철주의 휨은 철주의 전차선 높이에서 50[mm] 이내로 한다
2) 철주의 비틀림은 상시하중(풍압에서는 병종풍압하중)에서 회전각이 0.1라디안 (5.73도) 이내로 한다.

5-6. 전철주의 기초

1. 개 요

1.1 전철주의 기초

전철주를 대지에 고정시키기 위한 설비이다.

1.2 전차선로용 전주 기초

외력에 대해 충분한 저항을 갖고 전주경사가 허용한도 이내이다.

1.3 구성재료의 조건

내구성이 있어야 하며, 부식 · 동결 · 건습 · 열화에 대해 자연환경과 인위적 영향을 고려한다.

1.4 전주 기초 선정시 검토사항

1) 전주 : 전주가 받은 하중, 전주 종류 검토
2) 건식 위치 : 지형, 토질에 대한 검토
3) 전주가 받은 하중에 적합한 것을 선정

2. 기초의 종류

2.1 근가 기초

1) 개 념 : 전철주에 근가를 철선 등으로 고정하여 전주가 경사되지 않게 한 것
2) 특 징 : 매몰기초이고, 강도가 적은 경우, 목주 등에 적용한다.

2.2 쇄석 기초

1) 개 념 : 전주 지름의 2배 정도로 구멍을 굴착하여 철근 콘크리트 바닥판을 설치 한 후 전주를 수직 건식하고 쇄석, 흙 등을 채운다.
2) 특 징 : 매몰기초이고, 강도가 적은 경우, 비교적 지반 모멘트 적은 곳에 적용하며, 쇄석과 토석의 혼합비 5:1

2.3 콘크리트 기초

전철주 기초로 가장 많이 사용하며, I형과 T형 기초가 있다.

1) I형 기초

① 개 념 : 기초의 형태가 상·하 직선으로 되어진 기초
② 특 징 : 전철주 콘크리트 기초로 가장 많이 사용하고, 원형·4각형 형태

2) T형 기초

① 개 념 : 기초 형태가 T형으로 침하, 전도되지 않게 기초 상부를 넓게 한 구조이다.
② 특 징 : 하중에 대해 지내력이 부족한 경우 적용한다.

2.4 특수 기초

앵커볼트, 우물통, 푸싱, 중력플롯, Z형, H주, 투입식, 항

1) 앵커볼트 기초

① 개 념 : 타설전 앵커볼트를 넣은 구조, 이미 만들어진 콘크리트 구조물의 천정 슬래브, 옹벽에 앵커볼트를 삽입하는 구조
② 특 징 : 좌판식 전철주에 사용한다.

2) 우물통 기초

① 개 념 : 둥근 원형통의 콘크리트 복관(우물통)을 사용 우물통 안쪽을 파면 우물

통이 땅속으로 들어간다. 아래를 잡석으로 다진 후 전주를 가설한다.

② 특 징 : 협소한 장소의 터파기 곤란한 경우, 지반이 약해 터파기가 곤란한 경우 적용, 중・하중 개소에 적용한다.

3) 푸싱 기초

① 개 념 : 기초의 밑면을 크게 하여 수직하중에 견딜 수 있게 한 기초이다.

② 특 징 : 선로연변을 크게 굴착해야 한다.

③ 적 용 : 모멘트와 수직하중이 큰 장경간 범용 대형 철주 등에 사용한다.

4) 중력형 플롯(plot) 기초

① 개 념 : 측면 토압이 특히 연약한 경우에 사용하는 콘크리트 기초이다.

② 특징 : 기초 크기를 크게 한다.

5) Z형 기초

① 개 념 : 기초 지반이 암반인 경우 암반에 구멍을 뚫어 전주를 가설하고 콘크리트를 타설한다.

② 특 징 : 보통 콘크리트주용으로 사용한다.

6) H주 기초

① 개 념 : 하중이 큰 지지물에 H주를 이용하여, 하중(荷重)을 분배하는 기초이다.

② 특 징 : 하부기초는 독립, 상부기초는 공통이다.

7) 투입식 기초

① 개 념 : 고가교, 옹벽 등에서 토목 구조물에 구멍을 만들어 전주를 건식 후 주위에 모래를 채우는 기초이다.

② 특 징 : 전주를 기중기 이용하여 미리 설치된 구멍에 투입한다.

8) 항기초

항타에 따라서 지내력을 보강하는 기초로 지지항, 마찰항, 압축항 등이 있다.

3. 전철주 기초의 시공

3.1 시공깊이

1) 전주의 근입 : 전주 길이의 1/6 이상(15[m] 이상의 것은 2.5[m] 이상) 묻는다.

2) 전철주 기초 깊이 선정시 고려사항 : 기온 등 영향으로 흙의 체적변화 우려없는

깊이, 콘크리트 주 2[m] 이상, 견고한 암반 기초, 항기초로 지반 내력에 따라 최소 깊이 결정, 고가교위는 철주를 사용하며, 콘크리트 기초로 한다.

3.2 철주다리 : 철주의 응력을 안전하게 기초로 전해야 한다.

1) 직매입

① 개 념 : 철주 본체를 직접 기초 콘크리트에 매입하는 가장 기본적인 방식

② 특 징 : 신설선로에 사용하며 시공 정밀도가 필요하고, 콘크리트를 양생하는 동안 철주가 움직이지 않아야 한다.

2) 근계 매입

① 개 념 : 주체를 기초와 상부로 분할하며 기초 완료 후 지체부분에 상부 주체를 볼트 체결한다.

② 특 징 : 가장 많이 사용한다.

3) 앵커볼트 매입

① 개 념 : 기초 콘크리트, 교량 구조물 등에 기초 볼트를 매입하여 철주를 볼트로 체결하는 방식을 말한다.

② 특 징 : 교량, 고가교 등에서 기초 설치가 곤란한 경우 적용한다.

4) 핀구조

① 개 념 : 철주다리 부분이 회전하게 만든 구조이다.

② 특 징 : 전철주에 사용하지 않는다.

3.3 철주다리의 배수

배수가 나쁜 경우 철주다리 부분의 부식을 촉진하고, 부식을 방지하기 위해 철주와 기초 부분의 접합부는 지표보다 높게 하여 배수를 좋게 한다.

4. 전주 기초의 설계

4.1 기둥형 기초 : 쇄석기초, 콘크리트 기초

1) 기초 강도에 필요한 계수

① 지형계수(K) : 지형(평지, 절취개소, 성토개소로 구분)에 대하여 하중방향으로 고려해야 할 조건의 계수를 말하며 평지절취의 경우(1.0, 1.2)와 성토의 경우

(0.6, 1.0)가 있다.

② 형상계수(f) : 기초 구덩이 파기를 할 때 흙막이 시판을 사용하는 경우와 아닌 경우에따라 토양과 기초재와의 접촉면에서 강도차가 생긴다. 형상계수는 토양과 기초재의 접촉면에서 발생하는 강도차를 보정하는 계수이다.

구 분	쇄 석		원주형 콘크리트		각주형 콘크리트		T 형(전붙임)
	흙막이 없 음	흙막이 있 음	흙막이 없 음	흙막이 있 음	흙막이 없 음	흙막이 있 음	바로 파면서 콘크리트치기
계 수	0.6	0.75	1.0	0.9	1.1	1.0	1.4

③ 강도계수(S_0) : 기설지반은 안정하고, 신설성토의 지반은 불안정하므로 지반에서 기초 강도에 미치는 영향을 보정하는 계수

④ 안전율(F_s) : 지내력에 따른 안전확보 계수로 페니트로미터 등으로 측정한 값을 기본으로 하여 계산하는 경우에는 아래 안전율을 고려한다.

구 분	폭풍시 최대 하중에 대해서	운전시 최대하중에 대해서	
		안정된 기설지반	불안정한 지반
강도계수	1.2	1.0	0.75
안 전 율	2.0	3.0	4.0

2) 지내력(지지력) 측정이 필요없는 양호한 지반의 기초

① 지반이 양호하여 잘 무너지지 않는 경우 기초 저항 모멘트 M_a

$$M_a = K \cdot f \cdot S_0 \cdot L^2 \cdot 3\sqrt{d^2\left(1 + 0.57\frac{b^2}{L^2} + 0.45\frac{b^2}{d}\right)^2} \ [\text{tf} \cdot \text{m}]$$

단, K 는 지형계수(0.6, 1.0, 1.2), f 는 형상계수(0.6 ~ 1.4), S_0 는 강도계수, L 은 지표에서 기초 밑까지 거리[m], d 는 기초의 하중방향에 직각인 폭[m], b 는 기초의 하중방향의 폭[m]이고, 위 식은 표토(상토) 깊이 $\ell' > 0.1L$ 인 경우 $M_a' = \left(1.12 - 1.2\frac{\ell'}{L}\right)M_a$ 이 된다.

② 건식하는 전주의 기초는 지내력을 측정하여 기초 크기 결정하고, 이미 건식되어 있고 지내력이 양호한 경우 측정이 생략한다.

3) 지내력의 측정이 필요한 지반의 기초

① 개 념

㉠ 지반이 분명하지 않는 경우 지내력을 측정하여 그 결과를 가지고 기초의 허용 저항 모멘트를 계산한다.

㉡ 측정방법 : 콘페니트로미터, 충격식 콘페니트로미터, 스웨던식 사운딩

② 보통지반 : 점토, 모래 등을 제외한 일반적인 토질의 지반

㉠ 페니트로미터의 측정값을 이용하는 경우

$$M_a = \frac{0.067d \cdot g_c \cdot \ell^2 \cdot K \cdot f}{F_s} [tf \cdot m]$$

단, K는 지형계수, f는 형상계수, d는 수직하중에 직각한 방향의 기초(폭), g_c는 콘크리트 지지력[tf/m²], ℓ은 기초에 근입한 길이[m], F_s는 안전율이다.

㉡ 스웨덴식 사운딩에 따른 측정값을 이용하는 경우

$$g_c = 0.6W_{s\omega} + 2.0N_{s\omega} [tf/m^2]$$

단, $W_{s\omega}$는 중량[kg], $N_{s\omega}$는 관입량 1[m]당 반회전지수이다.

③ 점토지반

㉠ 페니트로미터의 측정값을 이용하는 경우

$$M_a = \frac{0.137d \cdot g_c \cdot l^2 \cdot K \cdot f}{F_s} [tf \cdot m]$$

㉡ 스웨덴식 사운딩에 따른 측정값을 이용하는 경우

$$g_c = 0.225W_{s\omega} + 0.375N_{s\omega} [tf/m^2]$$

④ 모래 또는 무너지기 쉬운 지반

㉠ 충격식 페니트로미터의 측정값을 이용하는 경우

$$M_a = \frac{0.5N \cdot d \cdot l^2 (1 - d/2) K' \cdot f}{F_s} [tf \cdot m]$$

단, N은 충격식 페니트로미터의 관입량 10[cm]당의 타격수(기초 위 끝에서 아래 30~80[cm] 깊이의 평균값), K'는 모래의 지형계수이다.

㉡ 스웨덴식 사운딩에 따른 측정값을 이용하는 경우

$$g_c = 0.04W_{s\omega} + 0.134N_{s\omega}[tf/m^2]$$

4.2 우물통형 기초

1) 기초 바닥면의 저항 모멘트

$$M_b = \sigma_1 \cdot Z\,[kgf \cdot m],\quad \sigma_1 = \frac{q}{F} - \frac{W}{A}$$

단, σ_1는 기초 바닥의 유효 지지력[kgf/cm²], Z는 기초 바닥면의 단면계수[m³], q는 지내력(지지력)[kgf/m²], F는 안전율, W는 기초 바닥면에 가해지는 전수직하중[kg], A는 기초 바닥면적[m²]이다.

2) 발생하는 측압

① 밑부분의 측압

$$\sigma_b = \frac{12M_E - 2H_t}{1 \cdot t^2}$$

② 최대측압

$$\sigma_m = -\frac{t_m}{\ell \cdot t^3}(12M_E + H \cdot t)$$

단, t_m은 최대측압 발생 깊이 $t_m = t/3 + H \cdot t^2/36M_E$, ℓ은 하중 방향 기초의 평균폭[m], t는 근입의 깊이[m], $M_E = M - M_3$, H는 수평력[kgf]이다.

3) 수동토압

① 최대 측압이 발생하는 깊이에서의 수동토압

$$P_m = W_E \cdot t_m \cdot \frac{1 + \sin\phi}{1 - \sin\phi}$$

단, W_E는 기초 상부에서의 단위 중량[kg/m²], ϕ는 흙의 안식각이다.

② 기초 바닥부분에서의 수동토압

$$P_b = W_E \cdot t \cdot \frac{1 + \sin\phi}{1 - \sin\phi}$$

4) 응력의 점정

① 최대 측압 발생점

$$\frac{P_m}{\sigma_m} > 1$$

② 기초 바닥부분

$$\frac{P_b}{\sigma_b} > 1$$

4.3 중력형 블록 기초

1) 개 념

측면 토압이 연약하여 기초 바닥면의 지지력만으로 하중을 받게 만든 기초

2) 기초바닥면의 허용저항 모멘트

$$M_b = \sigma_1 \cdot Z, \quad \sigma_1 = \frac{q}{F} - \frac{W}{A}$$

4.4 푸싱기초

1) 개 념

하중의 일부를 측면 흙의 압력으로 지지하도록 한 것이며, 빔을 지지하는 철주, 인류주에 지선을 설치하지 않기 위해 사용한다.

2) 기초 바닥면을 저항 모멘트

$$M_b = \sigma_1 \cdot Z\,[\mathrm{kg \cdot m}], \quad \sigma_1 = \frac{q}{F} - \frac{W}{A}$$

3) 발생하는 측압 : 우물통 기초와 동일하다.

4) 수동토압 : 우물통 기초와 동일하다.

4.5 앵커볼트 기초

1) 앵커볼트 소요개수

$$n \geq \frac{M}{ft \cdot \frac{\pi}{4} d^2 \cdot L}$$

단, M은 지면 경계에서 전주의 굽힙 모멘트[kgf · cm], ft는 볼트의 허용인장 응력도[kgf/cm^2], d는 볼트의 유효지름[cm], L은 상대하는 볼트의 간격[cm], n은 인장측 소요 볼트 개수이다.

2) 앵커볼트의 길이

$$\ell \geq \frac{M}{\mu \cdot \pi \cdot d \cdot L \cdot n}$$

단, ℓ은 앵커볼트 매입길이[cm], μ는 앵커볼트와 콘크리트와의 허용 부착강도 5[kgf /cm^2]이다.

【예제 5.8】

다음 설계 조건에 의해 앵커볼트 기초의 볼트개수와 매입길이는?
조건-앵커볼트 SS400(구SS41 M22) 상대하는 볼트간격 60[cm] 볼트의 허용인장 응력도 1,650[kgf / cm^2] 지면 경계의 굽힙 모멘트 12,000[kgf · m]

☞ 해 설)

1) 볼트 개수 4개

$$n \geq \frac{M}{ft \frac{\pi}{4} d^2 \cdot L} \geq \frac{12,000 \times 10^2}{1,650 \times \frac{\pi}{4} \times 2.2^2 \times 60} \geq 3.190 \fallingdotseq 4$$

2) 앵커볼트 소요 매입길이 145[cm]

$$\ell = \frac{M}{\mu \cdot \pi \cdot d \cdot L \cdot n} \geq \frac{12,000 \times 10^2}{5 \times \pi \times 2.2 \times 60 \times 4} \geq 145[cm]$$

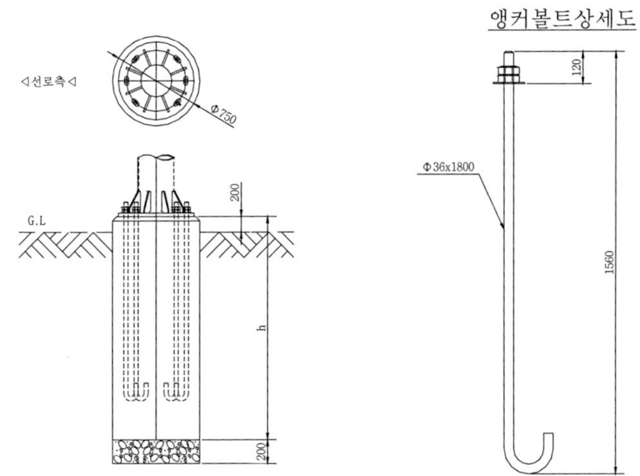

그림 5.10 전철주 기초 앵커볼트 설치도 예

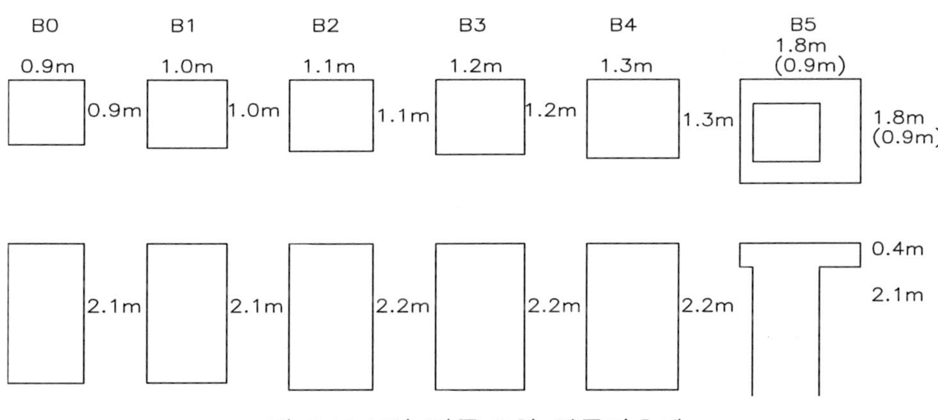

그림 5.11 H형 강주 B형 전주기초예

4.6 전철주의 기초설치 기준

1) 기초 안전율 : 2 이상
2) 기초가 부담해야하는 하중크기와 방향,사용목적, 지형, 토질 등을 고려하여 형상 및 크기결정 한다.
3) 일반형기초형 콘크리트 기초 : 보통지질과 암반개소의 경우 원형 콘크리트치기, 하중이 크고 지반이 연약한 개소에는 4각형 기초를 한다.

4) 터널·교량 등에 앵커볼트로 고정하는 경우를 제외하고는 콘크리트기초를 한다. 단, 선로변 배수로에 지장이 있는 경우에는 배수로용 특수기초
5) 터널 내에 : C찬넬 사용. 단, 현장여건에 따라 매입전(앵커볼트)기초를 사용할수 있다.
6) 토질이 연약한 곳 : 침하방지시설을 한다.

5-7. 빔

1. 개 요

1.1 전차선로 지지물

급전선, 전차선, 귀선 및 그 부속물을 지지하는 설비는 전주, 지선 지주, 빔, 완철 등이다.

1.2 브래킷

단독주에 전차선을 지지하기 위해 취부한 외팔 지지물로써 주로 역간의 단독 지지주에 사용되며, 고정 브래킷, 가동 브래킷 등이 있다.

1.3 빔

1) 정 의 : 전차선을 지지하기 위하여 두 개의 전주 사이를 건너지르는 지지물을 말하며 역구내 등 여러 개의 선로가 집중되어 있는 경우에 적용한다.
2) 종 류 : 크로스빔, 트러스빔(문형고정빔), 스팬선빔, 조합식빔

1.4 빔의 종류를 고정식, 가동식, 스팬선식의 3종류로 설명하면 다음과 같다.

2. 고정식 빔

2.1 고정 브래킷

1) 구 조 : 산형강 1본 또는 2본을 지지주에 취부하여 텐션로드(환봉 16[mm] 아연도금)로 조가하거나 산형강으로 지지하는 구조이다.
2) 적 용 : 단선구간의 역간 또는 역구내의 전차선을 1선 지지하는 경우에 적용
3) 특 징 : 구조가 간단하며, 사용이 적다.

2.2 크로스빔

고정 브래킷과 비슷하나 양전주를 건너지르는다(단빔 : 주재 1본, 포빔 : 주재 2본).

1) 구 조 : 산형강 1본 또는 2본을 지지주간에 취부하고 이것을 텐션로드를 걸거나 산형강으로 지지하여 2개의 전주 사이를 건너지르는 구조로 빔길이는 10[m] 이내이다.
2) 적 용 : 단선구간은 진동방지개소, 복선구간은 역간, 역구내의 일부에 사용한다.
3) 특 징 : 중하중에 견디기 어려우며, 전차선의 변동상태에 변동가능하다.

2.3 문형빔

1) 구 조 : 강재를 조합하여 지지물과 결합된 형태가 문형으로 되어 있다.
   ① 트러스 : 직선부재를 핀 연결로 3각형이 연속된 형태로 조합된 구조이다.
   ② 라멘 : 강결구조를 말하며 결구를 구성하고 있는 각 부재가 그 결합점에 강직하게 결합되고 어떠한 경우에 있어서도 그 교각을 바꾸지 않는 구조로 된 구조물이다.
2) 적 용 : 복선 또는 복선 이상의 전차선을 지지한다.
3) 특 징 : 강도가 크고 견고하다. 하중이 큰 개소, 고속운전구간에 적합하다.
4) 종 류 : 평면빔, V형빔, 사각빔, 강관빔, 인류빔, 인출용빔
   ① 평면빔
      ㉠ 구조 : 산형강과 평강을 조합한 평면형태이다.
      ㉡ 특징 : 크로스빔보나 하중이 큰 개소 및 빔의 길이 짧고 하중이 작은 개소에 적용한다.
   ② V형빔
      ㉠ 구조 : 상부주재(ㄱ 형강) 2본, 하부주재(ㄱ 형강) 1본으로 사용하여 양단에 부재를 붙여 V자 형태로 전주에 취부하는 구조이다.
      ㉡ 특징 : 빔의 축방향에 대한 응력이 크고(평면빔의 수평하중에 대한 응력을 보완하기 위해 개발), 강재를 합리적으로 이용하므로 경제적이며, 단면특성(최대빔의 길이 25[m] 정도)이 좋다.
   ③ 사각빔
      ㉠ 구조 : 측면과 상·하면을 4각 트러스형으로 조합한 빔이다.
      ㉡ 특징 : 빔의 길이가 길거나 수평하중이 큰 개소에 적합한 빔으로써 V형 빔 이상의 길이에 사용한다.

④ 강관빔

㉠ 구조 : 강관을 단독 또는 조합한 구조의 빔이다.

㉡ 특징 : 적설량이 많은 지역에서 눈이 쌓이는 것을 방지하는 빔으로 구조가 간단하고, 미관이 양호하며, 보수작업이 어려움이 있고, 강도가 약하다 (16[m] 이상의 빔에는 사용 못함).

⑤ 인류빔

㉠ 인류주 설치가 불가능한 경우 전차선을 인류하기 위해 사용한다.

㉡ 인류주는 차막이에서 10[m] 이상 이격 설치한다.

⑥ 인출용빔

㉠ 변전소, 급전구분소 등에서 급전선, 부급전선을 인출하거나 지지하기 위한 빔이다.

㉡ 산형강 또는 강관을 사용한다.

2.4. 고정빔 특성 비교

구 분	원 형 강 관	ㄱ 형 강 조 립
형 상	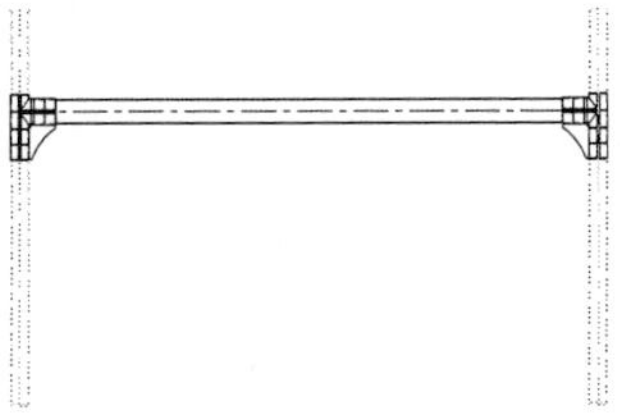	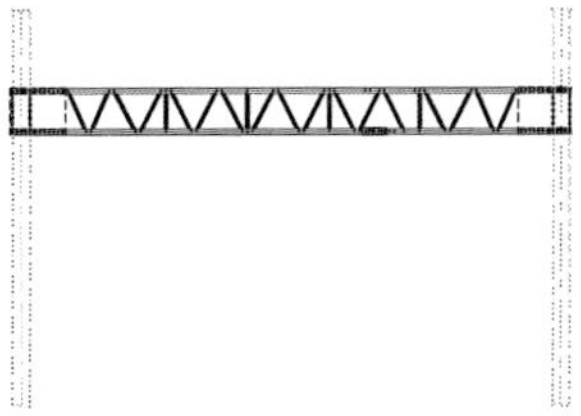
주요 구성비	원형강관(SM 490 재질)	ㄱ형강(SS 400)
장 점	• 원형으로 변형 및 비틀림 발생 우려 없음. • 주변 환경 및 지지물과 조화를 이뤄 미관에 좋음. • 조립 및 설치시간이 단축됨.	• 빔하스팬선 하부 전차선 높이 조정이 쉬움. • 사용실적이 풍부함. • 중량이 가벼워 시공성이 좋음. • 경제성에 유리함.
단 점	• 중량이 무겁고 시공성이 나쁨. • 풍압을 많이 받아 구조적으로 불리함.	• 제작 및 조립시 시간이 많이 소요됨. • 볼트조립으로 풀림의 우려가 있음. • 비틀림 및 변형의 발생 우려 있음.
사용실적	경부선, 영동선	수도권 전철, 호남선

1) 고정빔에서 방장의 효과

㉠ 개 념: V형 트러스빔 등을 전주에 취부시 상부와 하부간격을 크게 하여 다음 효과를 얻는다.

㉡ 효 과: 상부 주재와 하부 주재간의 전단력을 완화하고, 수평방향의 풍압하중에 의한 구조물의 우력에 의해 발생되며, 트러스와 전주간 접합이 견고하게 된다. V형 트러스빔보다 큰 하중을 부담시킬 수 있고, 전주와 접합시 강판 사용으로 4각 빔은 라멘효과를 더욱 높일 수 있다.

3. 가동식빔

3.1 구 조

1) 빔이 선로방향에 대하여 회전 가능한 구조이다.
2) 가동식 빔은 본체가 회전할 수 있으므로 가동 브래킷이라 한다.
3) 구 성 : 수평 파이프, 경사 파이프, 곡선당김금구(진동방지금구), 장간애자

3.2 가동 브래킷의 특성

1) 회전성능

수평방향으로 회전 가능한 각도 90°이며, 회전에 의해 전차선 위치 변동이 ±500[mm] 미만에서는 조가선 변동이 없어야 한다.

2) 회전억제저항

① 개 념: 회전억제저항이 작으면 장력 불균일을 방지할 수 있어 양호한 집전상태를 유지할 수 있다. 회전억제저항을 작게 하려면 가선상태, 용수철 정수가 양호하게 해야 한다.

② 크 기: 전차선의 수직하중과 횡장력을 받은 상태에서 1개소당 3[kg]이다.

3.3 특 징

1) 매연에 의한 애자의 소손이 적다.
2) 가선특성이 좋으며 경량이다.
3) 전차선 일괄 장력 조정이 가능하고, 경점이 적다(가동 브래킷에 진동방지, 곡선당김장치 취부).
4) 고속운전에 적합하여 역간, 역구내의 통과 본선 지지물의 표준으로 사용한다.
5) 가동 브래킷의 회전에 따라 가선 위치를 이동한다.

3.4 가동 브래킷의 종류

1) 인장형(I 형 : In Type) : 합성 전차선을 지지물측 에서 당기는 개소에 사용한다.
2) 압축형(O 형 : Out Type) : 합성 전차선을 지지물 반대측에서 당기는 개소에 사용한다.

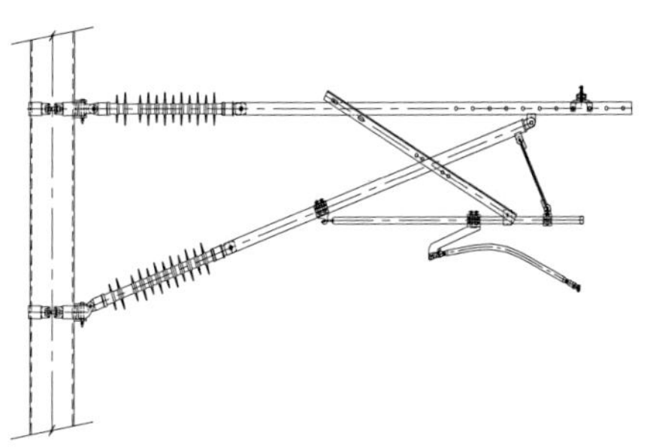

그림 5.12 가동브래킷 I형

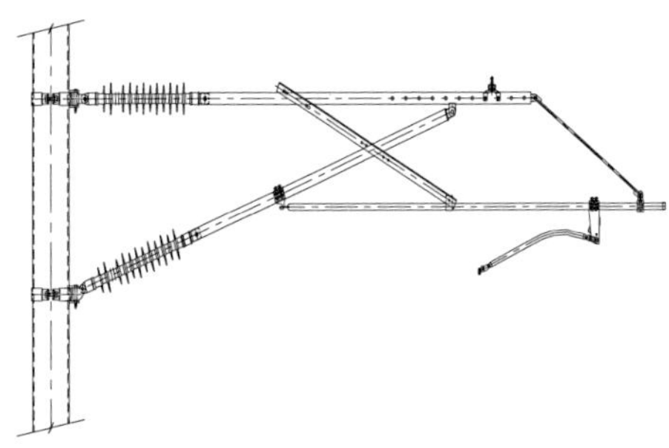

그림 5.13 가동브래킷 O형

3.5 가동 브래킷의 취부기준

1) 취부철물 : 전주, 하수강, 벽체 등에 취부한다. 단, 정거장 구내 등 사람의 접촉이 우려되는 장소에서는 절연 브래킷을 설치한다.
2) 지지재 : 필요에 따라 압축에 견디는 구조이다.
3) 평행개소 : 평행틀에 설치한다. 부득이한 경우 2 본의 전주(복주)에 설치한다. 단, 강체가선방식은 예외
4) 터널시 · 종단에 설치시 : 터널 시종단으로부터 5[m] 이내
5) 구름다리 앞뒤와 터널입구 등과 같이 인위적으로 애자의 파손 위험성이 있는 개소의 가동브래키트의 장간애자는 합성수지제 절연 장간애자를 사용한다.

4. 스팬선 빔

4.1 구 조

궤도 양측선로와 직각으로 가설된 스팬선에 의해 구성되며 직접 조가식으로 이용한다.

4.2 특 징

빔의 중량이 가볍고(건설비가 적다), 빔의 길이을 길게 할 수 있고, 전차선의 편위 조정이 쉬우나 한선로 사고시 다른 선로에 영향을 주며, 보수점검이 어려워 온도변화시 스팬선 이도 조정이 필요하다.

4.3 종 류

1) 스팬선빔방식

고정식 문형빔 대신 전선을 스팬선으로 가설하여 전차선을 조가한다.

① 종 류

㉠ 단스팬선빔방식 : 주스팬선만으로 구성

㉡ 커티너리선방식 : 주스팬선과 보조스팬선으로 구성

② 적 용 : 역구내 측선이 많은 개소와 차량기지, 화물기지, 선로의 수가 많은 개소

2) 빔하 스팬선방식

고정식, 문형빔 하부에 가동 브래킷 대신 스팬선을 설치하여 전차선을 조가하고, 작은 규모의 역구내 측선과 분기개소 등에 사용한다.

3) 가압빔방식

빔하 스팬선방식에서 스팬선 대신 산형강을 설치한 구조이다.

5. 각종 빔의 비교

구 분	장 점	단 점
고정브래킷 크로스빔	구조가 간단, 저가	중하중에 견기기 어렵고, 장대에 사용하기 곤란하며, 수평하중에 약함
고 정 빔	▪ 중하중에 견딤 ▪ 횡하중에 강함	▪ 조가물에 대한 지중이 큼 ▪ 적설에 대해 불리함
가동브래킷	▪ 매연에 의한 애자의 오손이 적음 ▪ 경점이 적음(가동 브래킷에 진동방지, 곡선당김장치를 취부하므로) ▪ 가선특성이 좋음(경량 전차선 일괄장력 조정) ▪ 고속운전에 적합함	▪ 가동 브래킷의 회전에 따라 가선위치 이동 ▪ 가선단선시 파급효과가 큼 ▪ 가선 상호 이격거리 작은 장소, 배선이 복잡한 장소에 사용 곤란
스팬선빔	▪ 빔의 중량 가벼움(애자수, 건설비 적음) ▪ 빔의 길이 길게 할 수 있음 ▪ 전차선의 편위 조정이 쉬움 ▪ 전주 건식 적음(미관, 투시 좋고 작업이 유리)	▪ 보수점검 어려움(온도변화시 스팬선의 이도 조정 필요) ▪ 한선로 사고시 다른 선로에 영향 ▪ 전주의 장대화(큰 강도 전주 필요)
가 압 빔	▪ 애자수량이 적음 ▪ 경점이 적음(가압빔에 진동방지, 곡선당김장치를 취부하므로)	▪ 급전구분이 복잡함 ▪ 순환전류에 의한 가닥 소손 우려 있음

6. 지지물의 설치 기준

6.1 지지물의 형식

1) 정거장간 및 정거장 구내의 본선 : 가동브래키트식을 사용이 원칙
2) 고정비임은 4각 비임 사용을 원칙으로 한다.다만, 필요한 경우에는 스팬선빔, 강관빔 등을 사용할 수 있다.
   ① 5선용 이하 : 4각트러스빔
   ② 6선용 이상 : 4각트러스라멘빔(하수강 설치개소 5선용)
3) 조차장, 선로수가 많은 역구내에 빔길이가 특히 긴 경우에는 스팬선빔
4) 조차장 · 차량기지 · 정거장구내 등 합성전차선이 밀집하는 장소, 건넘선장치 설치개소 등 브래키트 설치가 곤란한 곳에는 비임하부스팬선식 또는 가압비임식을 사용할 수 있다.
5) 터널 내에는 터널 브래킷, 가동브래킷식 강체가선방식

6.2 지지물의 경간

1) 전차선로 전주경간은 전차선로 속도등급 300킬로급 이상은 최대 65[m]이하(터널 50[m])로 하고 250킬로급 이하는 다음 각 호에 의하여 시설한다.
   ① 커티너리식 가공전차선로 지지물의 표준경간은 다음 표에 의하고 인접하는 경간의 차는 10[m] 이하로 한다. 단, 부득이 한 경우는 20[m] 이하로 할 수 있으며, 위조건을 만족하여 설치하지 못할 경우 아래 표의 5[m]내로 경간을 단축할 수 있다.

곡 선 반 경	경 간[m]
곡선반경 2,000[m]초과	60
곡선반경 1,000[m] 초과 ~ 2,000[m]까지	50
곡선반경 700[m] 초과 ~ 1000[m]까지	45
곡선반경 500[m] 초과 ~ 700[m]까지	40
곡선반경 400[m] 초과 ~ 500[m]까지	35
곡선반경 300[m] 초과 ~ 400[m]까지	30
곡선반경 200[m] 초과 ~ 300[m]까지	20

   ② 터널브래키트의 설치 표준경간은 20[m](강체가선방식의 경우는 10[m]) 이하

로 한다. 단, 선로조건이나 가선방식 등을 고려하여 단축할 수 있다.

2) 곡선로의 교량등 특수개소의 전주경간은 기준편위를 확보가능한 범위 내에서 교각의 위치에 따라 조정할수 있다.
3) 경간을 정할 때 기준점 : 분기개소의 중심지점의 전주위치와 구름다리 또는 터널입구 가장자리의 전주위치, 교량의 전주위치, 건넘선의 중앙 전주의 위치, 변전소 앞 등의 전주위치를 고정점으로 하여 다른 전주경간을 정한다.
4) 상하선의 전주위치 : 가급적 서로 대향하여 일치하도록 한다. 단, 절연구분장치 개소등 특수한 개소는 예외
5) 축소 경간이 필요한곳 : 완화곡선개소나 장애물이 있는 지역에서 조정, 설정한다.
6) 장력조정장치와 흐름방지장치주 : 건축물 하부나 건넘선 안에 설치하지 말아야 한다.
7) 교량 위의 전주기초 : 교각에 가까운 곳에 설치, 교량상판의 연결개소는 피한다.
8) 구름다리 및 짧은 교량 : 가급적 경간 중앙에 오도록 전주경간을 정하여야 한다.

6.3 빔의 설치기준

1) 고정빔의 길이별 호칭

호 칭	길 이[m]	호 칭	길 이[m]
1선용	6까지	6선용	22 초과 26까지
2선용	6 초과 10까지	7선용	26 초과 30까지
3선용	10 초과 14까지	8선용	30 초과 34까지
4선용	14 초과 18까지	9선용	34 초과 38까지
5선용	18 초과 22까지	10선용	38 초과 42까지

2) 고정빔은 전주밴드 또는 설치금구에 의하여 전주에 설치한다. 다만 외팔빔은 서스펜션 롯드 또는 지지재에 의하여 지지한다.
3) 비임의 길이가 38[m] 이상인 경우 스팬선비임으로 시공하는 것을 원칙으로 한다.
4) 스팬선은 취부철물 : 철주・하수강・벽체 등에 취부
5) 스팬선에 사용하는 애자의 위치・연결 개수 등은 될 수 있는 한 보수작업을 경감할 수 있도록 시설한다.

5-8. 전차선로용 애자

1. 개 요

1.1 애자의 용도 및 재질

전선가선, 가선 구분, 부속설비지지, 지지물 절연 등에 사용하며, 세라믹(자기, 유리) 애자, 폴리머(polymer) 애자등이 있다.

1.2 전차선로용 애자종별 사용구분

구 분 / 종별사용개소		현수애자			장간애자			지지애자		
		180[mm]	250[mm]	고분자	고분자	항압용	인장용	SP6	SP40	SP60
급전선	인 류		4	1	1		1			
	현 수		4	1	1				1	1
	이상구분		5	1						
	중오손지구		5(4)	1						
부급전선 및 보호선	인 류	1								
	현 수	1						1		
	흡상변압기 및 단자구분	2								
가공 전차선	인 류		4	1	1		1			
	현 수		4	1	1		1			1
	곡선당김장치		4	1	1		1			
	스 팬 선		4	1	1		1			
	보 조 곡선당김장치		4	1	1		1			
	이상구분장치		5	1						
	흡상변압기 구 분 장 치		2							
	중오손지구		5(4)	1	1					
가동 브래킷	수평파이프				1		1			
	경사파이프				1	1				
스팬선 브래킷	파이프						1			

※ 염해 우려 지역·공장지대 등 공해지역에는 내오손용 애자를 사용하거나 현수애자의 경우 그 수량을 늘려 설치한다.

1.3 폴리머 애자 :Polymer(plastics, rubber, fiber)

1) 구 조

분자량이 10,000 이상으로 중합된 고분자 화합물질

2) 적 용

초기에는 낙석 우려있는 개소, 과선교하부에 사용되었지만 최근에는 그 외에도 사용 된다.

3) 특 징

① 경량으로 세라믹에 비해 약 20[%] 정도의 중량으로 운반, 설치가 용이
② 기계적 강도가 크며(세라믹의 약 2배), 충격 강도가 크다(세라믹의 약 5배).
③ 사용된 기간이 짧아 신뢰성 확보가 미지수이다.
④ 내트래킹성, 내후성이 약하다.

2. 전차선로용 애자

2.1 현수애자(Suspension Issulator)

1) 구 조 : 캡과 핀을 자기부에 각각 시멘트로 접착
2) 적 용 : 전선류의 인류, 현수, 구분, 지지 등에 사용
3) 특 징 : 전압에 따라 적당한 개수를 연결하여 사용하고 시공, 유지관리가 용이하며, 지지물에 고정시키지 않고, 횡장력에 의한 균열이 없다.
4) 종 류 : 볼 소켓형, 클레버스 아이형

2.2 지지애자 : AT 급전선, 보호선의 지지에 사용한다.

1) 세라믹 애자

① 호칭 : 애자의 명칭과 기호로 표기(《예》 지지애자 SP-60)
② 6[kV] 부급전선, 보호선용 : SP-6
③ 25[kV] 급전선용 : SP-40, SP-60

2) 폴리머애자

① 호칭 : 사용전압과 기호로 표기(《예》 25[kV] 지지애자 NSP-50)
② NSP-50 : 과천, 분당선 구간 급전선에 최초로 적용

2.3 장간애자 : 압축력과 인장력이 가해지는 개소에 사용한다.

1) 구 조 : 접시형 갓을 많이 붙인 지지봉 양단에 현수 및 지지애자용 금속캡을 붙인 긴 애자
2) 특 징 : 건조섬락전압에 대한 주수섬락 전압의 저하가 적고, 내오손성이 있다.
3) 호 칭 : 종별과 기호로 표기(《예》 장간애자, type-a)
4) 세라믹 애자 : type-m(수도권), type-a(상부), type-b(수평), type-c(인장용), type-d (섹션용)가 있다.
5) 폴리머 애자 : type N-a, type-m

2.4 애자의 특성비교

구 분	고분자 애자	자기제 애자
깨 어 짐	• 아주 좋다	• 나쁘다
내 트래킹 성	• 좋다	• 좋다
표면 발수성	• 아주 좋다	• 나쁘다
내 오손성	• 아주 좋다	• 나쁘다
자기 세정성	• 아주 좋다	• 보통
내 후 성	• 좋다	• 아주 좋다
전기적 회복성	• 아주 좋다	• 좋다
기계적 특성	• 좋다	• 좋다
유지보수	• 아주 좋다	• 나쁘다
중 량	• 많다	• 적다
장 점	• 경량으로 건설비 및 운송비 절감 • 설비의 소형화로 취급이 용이 • 높은 인장강도 • 성형성 및 충격성 우수 • 오염지역에서의 우수한 절연성능 • 파편비산에 의한 2차사고 예방	• 내트랙킹 특성 우수 • 내후성 우수 • 사용 경험이 많으므로 신뢰성 확인 (30년 이상)
단 점	• 사용 경험이 짧음(20년 이하) • 장기 내트랙킹 특성. 내후성 등 장기 신뢰성 검증 필요	• 무거운 중량으로 운반 및 설치 불리 • 물리적 충격에 취약 • 내오손 특성이 나쁨 • 유지보수불리(세척 등)

2.5 애자 성능의 주요 항목

건조섬락전압[kV], 주수섬락전압[kV], 주수내전압[kV], 충격내전압[kV], 50[%] 충격전압[kV], 구부림 · 파괴하중[kg · m], 인장내하중[kg] 1분간, 비틀림하중[kg · m] 등이 있다.

5-9. 지 선

1. 개 요

1.1 지선의 정의

전주가 인장력, 수평장력을 받아 경사 또는 만곡되지 않도록 기계적 강도를 보강한 설비이다.

1.2 지선의 구조

한쪽은 전주에 취부, 다른 쪽은 지중에 매설한 기초에 취부

2. 지선의 종류

1 사용장소에 의한 분류

ㅣ 인류용 지선 : 합성 전차선과 급전선 등의 인류이다.

진동방지용 지선 : 진동방지장치 취부된 전주에 설치한다.

ㅓ당김용 지선 : 곡선당김장치 취부된 전주에 설치한다.

ㅓ용 지선

ㅏ 분류

존는 보통지선으로도 부르며, 기본적인 지선이며, 적용은 급전선용

지선, 부급전선용 지선, 섬락보호 지선용 등에 적용한다.

2) V형 지선 : 구조는 상부는 V형, 하부는 근가 1개이며, 전차선 인류용에 적용한다.

3) 2단자선 : 구조는 단지선 또는 V형 지선을 평행(상·하방향)으로 2개를 시설하며, 큰 장력, 수평장력이 가해지는 헤비심플카테나리식 가선방식의 인유용에 적용한다.

4) 수평지선 : 구조는 별도의 지선주를 설치하거나 인접전주에 수평으로 전주간에 지선가선하며, 도로횡단에 시설하는 경우, 건축물의 출입구 등에 적용한다.

5) 궁형지선 : 구조는 전주의 근원 부근에 근가를 시설해서 궁형으로 취부하며, 지선을 취부할 수 없는 경우 등 특별한 경우에 적용한다.

3. 지선의 설계

3.1 지선의 설계하중

지선은 전주에 작용하는 수평하중의 100[%]를 분담한다.

1) 인류용 지선

① 하　중 : 인류된 전선 장력의 최대값과 인류주가 받는 풍압하중의 합을 인류용 지선이 받는다.

② 풍압은 전선 위치의 하중으로 환산해야 한다.

㉠ 풍압하중에 대한 지면의 경계 모멘트

$$P = \frac{WH^2}{2} \rightarrow P'h = \frac{WH^2}{2} \rightarrow P' = \frac{WH^2}{2h}$$

㉡ 지선의 강도를 검토하는 경우 h 점의 하중

$$P + P' = P + \frac{WH^2}{2h}$$

단, P는 전선 장력, P′는 인류점 높이의 하중에 환산한 값, W는 단위 길이당 풍압, H는 전주의 지표 높이, h는 인류점 높이이다.

2) 진동방지용 지선

① 하　중 : 가선된 각 전선이 받는 풍압하중과 지지주가 받는 풍압하중의 합으로 진동방지용 지선이 받는다.

② 전선이 풍압을 받는 길이

$$\frac{S_1+S_2}{2}$$

③ 전선 1가닥의 풍압

$$\frac{S_1+S_2}{2}\times W$$

④ 전선 n가닥의 풍압

$$\frac{S_1+S_2}{2}\times W\cdot n$$

단, S는 지지물의 경간, W는 단위길이당 풍압, n은 전선 가닥수이다.

3) 곡선당김용 지선

가선된 각 전선에 받는 수평장력 및 풍압하중과 지지주가 받는 풍압하중의 합을 곡선당김용 지선이 받는다.

3.2 지선의 강도계산

1) 단지선

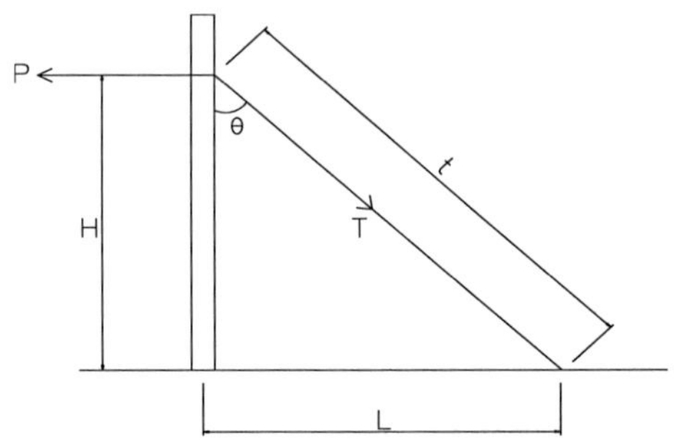

그림 5.14 단지선의 장력

$$T_1=\frac{T}{\sin\Theta}$$

$$P\geq 2.5T_1=2.5\cdot\frac{T}{\sin\Theta}$$

단, T 는 수평장력[kgf], T_1 은 지선에 작용하는 장력[kgf], P 는 지선용 재료의 합성장력[kgf], θ 는 지선과 전주의 각도[°]이다.

※ 지선과 전주의 각도 구하는 식: $\sin\theta = \frac{\ell}{t}$

※ 지선의 길이 구하는 식: $t = \sqrt{h^2 - \ell^2}$

단, θ 는 지선과 전주와 각도, ℓ 은 지선의 근개, t 는 지선의 길이, h 는 지선 취부점 지표상 높이이다.

【예제 5.9】

전선의 수평장력 1970[kgf], 지선과 전주의 각도 45°일 때 단지선에 작용하는 장력 2786[kgf], 이때 지선용 재료의 항장력 P 는 몇 [kgf] 이상이어야 하는가?

☞ 해 설) $P \geqq 2.5T \cdot \frac{1}{\sin\theta} = 2.5 \times 1970 \cdot \frac{1}{\sin 45^\circ} = 6965$ [kgf]

2) V형 지선

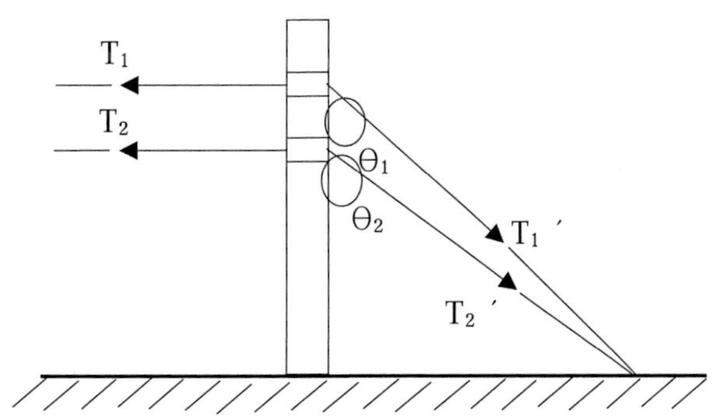

$$P_1 \geqq 2.5T_1 \cdot \frac{1}{\sin\theta_1} \qquad P_2 \geqq 2.5T_2 \cdot \frac{1}{\sin\theta_2}$$

P_1 , P_2 : 지선용 재료의 횡장력 T_1 ,T_2 : 수평 인장력(kg)

θ_1 , θ_2 :지선이 전주와 이루는 각도 $T_1{}'$,$T_2{}'$:지선에 작용하는 장력(kg)

3) 2조 일괄 단지선

$$T \cdot h_1 = T_1 \cdot h_1 + T_2 \cdot h_2 : T = T_1 + T_2 \cdot \frac{h_2}{h_1}, \quad P \geqq 2.5T \cdot \frac{1}{\sin\Theta}$$

$$\therefore P \geqq 2.5\left(T_1 + T_2 \cdot \frac{h_2}{h_1}\right)\frac{1}{\sin\Theta}$$

4) 2조 일괄 V지선

$$P_1 \geqq 2.5T_1 \cdot \frac{1}{\sin\Theta_1}, \quad P_2 \geqq 2.5\left(T_2 + T_3 \cdot \frac{h_3}{h_2}\right) \cdot \frac{1}{\sin\Theta_2}$$

5) 수평지선

$$P_1 \geqq 2.5T_1 \cdot \frac{1}{\sin\Theta}, \quad P_0 \geqq 2.5T \cdot \frac{\sin\alpha}{\sin\Theta \cdot \sin\beta}$$

3.3 지선검토예

1) 일반개소 계산

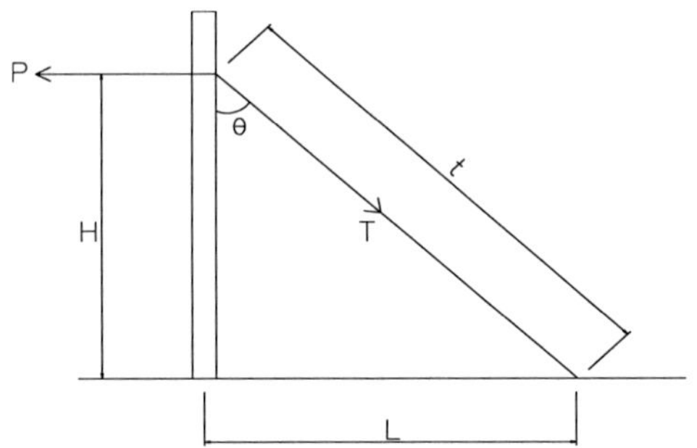

① 계산공식

$$T \geq \frac{P}{\sin\Theta} \times F \qquad \sin\Theta = \frac{L}{t}$$

단, T : 지선의 장력[kgf] P : 전선의 합성장력[kgf]

Θ : 전주에 대한 지선의 각도 [°] F : 지선의 안전율(2.5적용)

2) 자동장력 설치개소 (일괄인류개소)

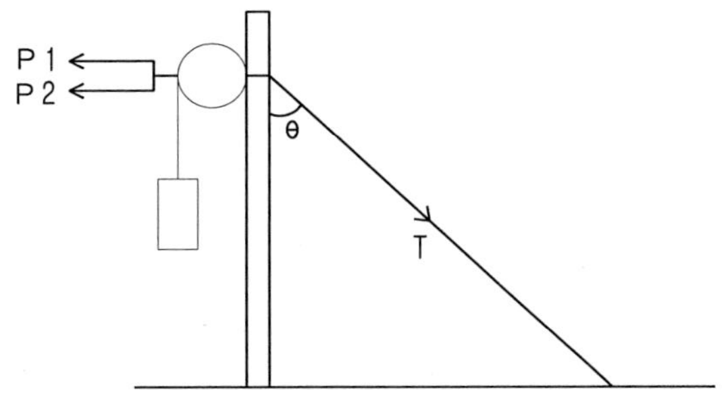

$$P_3 = 2,400[kgf] \quad T_3 = \frac{2,400}{Sin45} \times 2.5[kgf] = 8,485[kgf]$$

3) 인류장치 설치개소

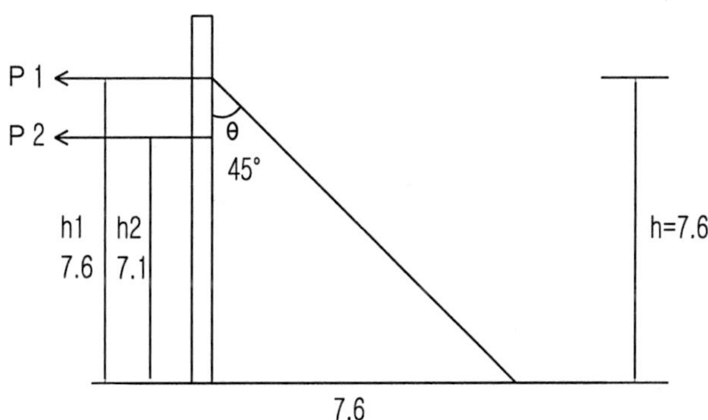

$$P = P_1\frac{h_1}{h} + P_2\frac{h_2}{h} = 1,200 \times \frac{7.6}{7.6} + 1,200 \times \frac{7.1}{7.6} = 2,320\ [kgf]$$

$$T_2 = \frac{2,320}{Sin45} \times 2.5[kgf] = 8,210[kgf]$$

3.4 지선용 근가의 강도계산

$$T = W + \omega \cdot h\left[a \cdot b + (a + b)h \cdot \tan\Phi + \frac{4}{3} \cdot h^2 \cdot \tan^2\Phi\right]$$

단, T 는 지선근가의 내력(인발 저항력)[kgf], W 는 근가의 중량[kg], ω는 흙의 단위중량[kg/m3], a 는 근가의 길이[m], b 는 근가의 폭[m], φ는 지선의 인상력을 저항하는 토양의 유효각도[°], h는 근가의 매입각도이다.

3.5 지선 취부용 볼트 : 볼트류에는 굽힘하중, 전단하중이 작용한다.

1) 굽힘강도

$$T \leqq T_m = \frac{\pi \cdot d^3}{8\left(t - \frac{\ell}{2}\right)} \cdot f_m [kg]$$

단, T 는 지선에 가한 장력[kgf], T_m 은 볼트에 허용되는 지선의 장력[kgf], d 는 볼트의 유효지름[m], ℓ 은 볼트에 가한 힘의 폭[cm], f_m 은 볼트의 굽힘 응력[kgf/cm^2]이다.

2) 전단강도

$$T \leqq T_s = \frac{\pi \cdot d^2}{4} \cdot f_s$$

단, T_s 는 볼트에 허용되는 지선장력[kgf], f_s 는 볼트의 허용전단 응력도[kgf/cm^2]이다.

4. 지선의 설치기준

4.1 지선의 시설

1) 각도주·인류주 기타 불평형장력이 작용하는 전주에는 특수한 경우를 제외하고는 지선을 시설한다.
2) 지선은 원칙적으로 용지 내에 시설하여 통행인·자동차 등에 의하여 손상을 받지 아니하는 장소에 시설한다. 다만, 야광페인트로 도색된 보호관(보호커버)을 사용하여 위험의 우려가 없도록 시설하는 경우에는 그러하지 아니하다.
3) 지선과 전주와의 설치 각도 : 45° 단, 부득이한 경우에는 30°

4.2 지선의 설비

1) 지선의 안전율 : 2.5 이상
2) 선종 : 아연도 강연선(st) 135[mm^2], 90[mm^2], 55[mm^2] 또는 동등이상의 아연도 강봉을 사용한다.
3) 가공전차선, 급전선 및 부급전선의 인류용 밴드와 지선용 전주밴드는 분리한다.
4) 가공전차선의 인류용 지선 : V형 또는 아연도 강봉, 단 기설된 2단 지선은 향후 개량시까지 사용한다.
5) 지선의 도로횡단 : 지표상 5[m] 이상. 단, 기술상 부득이한 경우로서 교통에 지장을 줄 우려가 없을 때에는 지표상 4.5[m] 이상, 보도의 경우에는 보도상 2.5[m] 이상
6) 지선의 철도횡단 : 전철구간에서 원칙적으로 철도를 횡단할 수 없다.

4.3 지선의 사용제한

1) 가공전선로의 지지물로서 사용하는 철탑은 지선을 사용 하지 않는다.
2) 가공전선로의 지지물로서 사용하는 철주·콘크리트주는 지선을 설치하지 않는다. 단, 지선을 사용하지 아니하는 상태에서 풍압하중의 1/2 이상의 하중에 견디는 강도를 가지는 경우를 제외

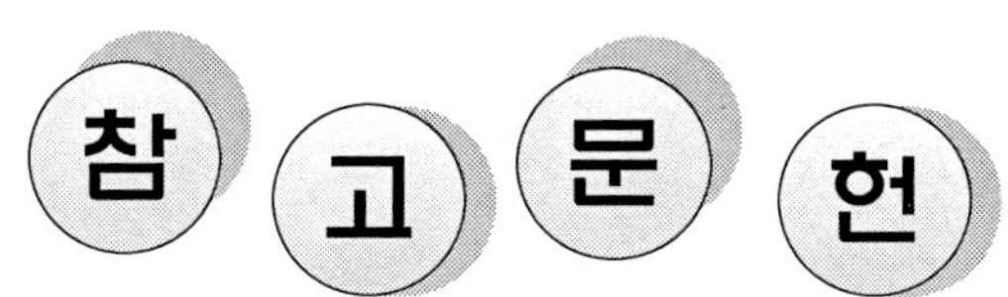

1. 김양수외1인, 전기철도공학, 동일출판사 - 1999.3

2. 정연택외1인, 신편전기철도, 동명사 - 1993.2

3. 김용순, 철도기술자를 위한 전기개론 시리즈, (사)일본철도전기기술협회 및 JR교본 연구회 - 1995.6

4. 김용순, 제2회 전력세미나(예고집), (사)일본철도전기기술협회 - 1995.6

5. 서울지하철공사교육원, 전차선로

6, 이중호외1, 지하철전기설비1,2

7. 김선호, 철도시스템의 이해, 자작아카데미 - 1997.12

8. 철도청, 전철전력 시설규정 - 1999.12

9. 서울지하철공사, 전기설비관리규정 - 1998.9

10. 서울지하철, 각종설계보고서

11. 철도공무원 교육원, 전기설계 - 1997.10

12. 육제호외3인, 전기응용, 도서출판 조원사

13. 백관현외3인, 전기응용, 도서출판광명 - 1998.2

14. 정타관, 전기응용, 청문각 - 1997.8

15. 박재영외2인, 전기철도신호공학, 동일출판사 - 2001.9

16. 철도시설공단, 각종설계보고서

17. 부산지하철, 각종설계보고서

18. 김선호 고속철도 시속300㎞의 비밀

19. 강인권 전기철도 시스템공학 성안당 2002.

20. 강인권 최신 전기철도 개론 도서출판 의제

21. 김정철 전기철도 급전 시스템 기다리

22. 편집부 전기철도 공학 도서출판 신기술
23. 김양수외1인, 전기철도구조물공학, 동일출판사 - 1999.7
24. 철도청, 전차선로 설계시공표준(시설편) - 1982
25. 일본국유철도, 전차설로설비강도계산(지지물편)
26. 이희목, 응용역학, 도서출판 구미서관 -2001.3
27. 박길현외2인, 응용역학, 원창출판사 -2001.3
28. 그림으로 해설한 토목시리즈② 응용역학, 성안당 - 2000.11
29. 박연수외2인, 재료역학, 도서출판 구미서관 - 2002.3
30. 윤병수외3인, 재료역학, 선학출판사 - 2001.2
31. 이종득 철도공학 개론, 노해출판사
32. 한국전력공사 설계기준 -2007.
33. 한국전력공사 교육원 교육교재
34. 한국철도시설공단 전철설계지침
35. 편집부 전기철도 공학, 도서출판 신기술
36. 김이중, 송전선로 설계지침, 도서출판 전력기술
37. 한국전력공사 배전규정
38. 정연택외1인, 신편전기철도, 동명사 - 1993.2
39. 박정석, 전차선로설비강도계산, 도서출판 기다리-2004.7
40. 서울지하철공사교육원, 전차선로
41. 철도공무원 교육원, 전기설계 - 1997.10
42. 박재영외2인, 전기철도신호공학, 동일출판사 - 2001.9
43. 일본국유철도, 전차설로설비강도계산(지지물편)

저 자 : 이 준 경

현) 세종기술주식회사 근무

- 공학박사
- 전기철도기술사
- 전기응용기술사
- 건축전기설비기술사
- PMP(미국공인 사업관리사)
- 09년 기술사의날 대통령상 수상

저 자 : 김 진 오

현) 한양대학교 전기 · 생체공학부 정교수

- 서울대 공학사
- 서울대 공학석사
- Texas A&M University 공학박사

전기철도공학(종합정리)

2010년 3월 5일 초판 인쇄

공 저 : 이준경 · 김진오

발행인 : 김 복 순

발행처 : (株) 圖書出版 技多利

서울특별시 성동구 성수1가 2동 13-187

TEL : 497-1322~4

FAX : 497-1326

등록 : 1975년 3월 31일 NO. 서울 제6-25호

e-mail : kidarico@hanmail.net

Homepage : http://www.kidari.co.kr

ISBN 978-89-7374-320-9(93560) 정가 : 20,000